习近平新时代中国特色社会主义思想研究工程（二期）

汤维祺 ◎ 著

碳达峰与碳中和的
理论与实践

上海人民出版社

目　录

1

目　录

引　言

实现碳达峰与碳中和，是以习近平同志为核心的党中央统筹国内国际两个大局作出的重大战略决策，是中国对世界的庄严承诺，也是新时期推动高质量发展的内在要求。习近平总书记在 2021 年中央经济工作会议上提出五个重大理论和实践问题，其中之一就是要"正确认识和把握碳达峰碳中和"。

二十届三中全会上，习近平进一步提出，中国式现代化是人与自然和谐共生的现代化，要完善生态文明制度体系，协同推进降碳、减污、扩绿、增长，积极应对气候变化。"双碳"目标的提出，是习近平生态文明思想的具体体现，也是人类命运共同体建设的关键内容。需要站在更高的视角，从中华民族伟大复兴和新时代中国特色社会主义建设的大背景出发，科学认识"双碳"战略的历史意义和理论内涵；需要构建全局性的视角，在统筹推进经济建设、政治建设、文化建设、社会建设、生态文明建设"五位一体"总体布局中，系统梳理"双碳"战略与中国特色社会主义现代化建设的内在关系，从贯彻新发展理念、深化体制机制改革、构建新发展格局、推动高质量发展的战略高度，深刻认识"双碳"工作的科学内涵与现实需要，系统谋划"双碳"工作的实施路径。

二十届三中全会明确提出要完善生态文明基础体制，健全生态环境治理体系，健全绿色低碳发展机制。当前，全国各领域各行业绿色低碳转型的探索正在全面铺开，政策体系也在加快完善，但支撑系统科学实践的理论基础和知识体系仍待充实。系统全面地探析当下与未来不同历史阶段"双碳"战略的思想脉络、理论内涵、现实意义，分析内外部环境深刻变革和经济社会系统深刻转型背景下，关键领域"减碳""脱碳"的约束条件、动力机制和优化路径，以系统科学的理论体系指导实践，对于扎实做好"双碳"工作，推动生态文明建设、支撑"三新一高"新发展格局具有重大价值。

随着气候治理的不断深入，国内外关于碳达峰与碳中和的研究也迅速充实。从"双碳"目标的实现路径看，包含减排和负碳，前者聚焦于产业转型、能源系统变革，人居交通模式变革等；后者则依靠碳汇、人工固碳、负碳能源等技术的发展和应用。从政策机制看，则主要聚焦碳交易、能源政策、产业政策，以及负碳技术政策等。现有研究针对各个子系统的低碳转型路径，以及各种政策机制自身的优化设计，已经较为细致深入。但正如党的二十大报告中强调的，实现碳达峰碳中和是一场"广泛而深刻的经济社会系统性变革"，需要协同推进降碳、减污、扩绿、增长。静态、割裂地分析单一政策在特定阶段和领域的作用，忽略转型过程中的经济产业结构、社会发展模式、科学技术创新以及国内外形势的动态变化性，忽视各子系统间动态交互的高度复杂性，就难免盲人摸象或是刻舟求剑。必须要提高战略思维能力，把系统观念贯穿"双碳"工作全过程，从实现高质量发展、促进人与自然和谐共生、推动构建人类命运共同体的高度，谋划行动、推动落实。

当前我国"双碳"行动已经进入全面推进落实的关键时期，"1+N"政策体系加快构建，经济社会各方主体广泛动员，各项工作深入推进。但关于"双碳"战略的理论内涵、实践外延，尚缺乏系统性的研究和论述。从系统论的角度对"双碳"工作与经济社会高质量发展转型、国家治理能力现代化的内在关系的探讨，也缺乏全面性和系统性，不利于"双碳"工作的持续、深入推进。从研究的角度看，亟待理论联系实际全面梳理"双碳"相关的知识体系和理论框架，结合我国当前与未来发展现实需要，识别重点领域、目前核心目标、提出关键举措、规划实施路径。

全面准确理解"双碳"目标需要全局性的视野。我国推进"双碳"目标的时间紧、节奏快，相比发达经济体同期在发展水平、人民收入和产业结构等方面均有明显差距。这意味着减排脱碳任务更加艰巨、转型风险更加巨大、技术创新挑战更加严峻，需要经济社会系统实现全方位的深刻变革。不论是经济产业的绿色发展、能源系统的低碳转型、环境生态保护和治理、低碳科技的创新发展，以及居民生活和社会观念的转变，都是实现"双碳"目标的重要内容。习近平总书记在中央财经委第九次会议强调，"要把碳达峰、碳中和纳入生态文明建设整体布局"。全面准确理解"双碳"目标不仅需要认识单一领域的转型动力机制和路径，更需要对经济社会各个系统间的动态交互影响有准确的把握。

科学规划碳达峰碳中和路径需要系统性的框架。我国正处在两个百年奋斗目标的历史交汇期和国际国内双循环新发展格局的构筑期，只有解决好绿色低碳转型与其他公共治理、社会经济发展、对外开放的矛盾冲突，使低碳转型能够被各方利益主体所接受，形成社会共识、动机激励，才能够引领绿色转型过程与高质量发展过程的有机统一。其背后的学理本质，是在多重约束和不确定性条件下，厘定多维度发展目标，并运用多种政策手段实现最优的策略抉择。由于气候风险存在严重的负外部性、时空和人群的特殊脆弱性、高度的不确定性，以及与社会经济方方面面广泛、深刻和复杂的交互影响，科学规划"双碳"路径，必须充分运用系统性思维构建研究体系，兼顾效率与公平、减排与发展，塑造社会经济系统根本性变革的内生动力；协调好区域、行业、个体在转型过程中的异质性，确保可调节、可延展、抗冲击的转型过程能够顺利推进。

高效推动"双碳"工作需要适应多维度政策体系的理论和方法。要将"双碳"目标纳入我国"三新一高"的新发展格局中，就必须要构建起与我国国情相契合的政策体系。要在厘清局域性转型与系统性变革动力机制和演化规律的基础上层层深入，识别中央与地方、政府与市场、企业与民众共同行动的难点和策略选择，从发展理念、治理体系、产业技术、基础设施、社会认知等维度，提出引导各类主体协同合力，共同推动"双碳"工作的政策机制。当前我国面向"双碳"目标的"1+N"政策体系中，顶层设计已基本成型，各部委正聚焦重点领域，从科技支撑、能源保障、财政金融、市场建设等多个维度，构建政策矩阵。在政策机制设计的过程中，关注引导微观企业、居民、社会组织以及城市等多层级主体协同参与气候治理，有助于提升政策有效性、效率性和适应性，推动"双碳"目标更好实现。

本书旨在面向协同推进"双碳"目标和高质量发展的内在需要，在深刻揭示各关键部门低碳转型和绿色发展动力机制的基础上，立足"双碳"工作的跨系统交互、多目标共存、多政策协同等复杂特征，构建宏微观贯通、多系统耦合的研究范式，提出我国实现"双碳"目标的优化路径，为政策体系的优化完善提供有益的参考。

第一篇
碳达峰碳中和的理论内涵

第一章　习近平生态文明思想与"双碳"战略的提出

　　生态兴则文明兴、生态衰则文明衰，建设生态文明是关系中华民族永续发展的千年大计。党的十八大以来，以习近平同志为核心的党中央深刻把握生态文明建设在新时代中国特色社会主义事业中的重要地位和战略意义，大力推动生态文明理论创新、实践创新、制度创新，创造性提出一系列新理念新思想新战略，形成了习近平生态文明思想。2020 年，习近平进一步提出碳达峰碳中和目标，并在多个重要场合强调：实现碳达峰、碳中和是一场广泛而深刻的经济社会系统性变革，要把碳达峰、碳中和纳入生态文明建设整体布局，拿出抓铁有痕的劲头，如期实现"双碳"目标。

　　深刻解读习近平生态文明思想的提出与发展过程，是理解"双碳"战略历史背景、认识其理论内涵的重要起点。

第一节　习近平生态文明思想的形成背景与内涵发展

习近平生态文明思想是习近平新时代中国特色社会主义思想的重要组成部分，是马克思主义基本原理同中国生态文明建设实践相结合、同中华优秀传统生态文化相结合的重大成果，是以习近平同志为核心的党中央党对人类社会发展规律和中国特色社会主义事业发展规律认识所取得的重大理论成果，是治国理政实践创新和理论创新在生态文明建设领域的集中体现，为我国社会主义生态文明建设指明了科学方向。

一、习近平生态文明思想形成的背景

习近平生态文明思想是对中华传统文化优秀基因的继承和扬弃，是党在环境保护方面成就与经验的延续和升华，是习近平同志从政经验、个人思考与中国特色社会主义建设伟大实践相融合的智慧结晶。

（一）习近平生态文明思想是对中华文化优秀基因的继承和扬弃

中国文明持续数千年，这与它注重环境生态的可持续的生态智慧密不可分。在中华民族源远流长的发展过程中，自古倡导人与自然、人与人、人与社会的和谐共存。孟子"斧斤以时入山林""数罟不入洿池"的论断，便体现了"入之有时、取之有度、用之有节"

的生态平衡理念。通过对维系生态平衡的经验不断总结和提炼，形成了"有时、有度、有节、平衡、节制、有序"的生态智慧，尊重自然、顺应自然已深刻融入中华文化基因。其中，"天人合一""道法自然""致中和"等理念，是中华文明生态哲学最集中的反映。①

"天人合一"的世界观体现了传统文化对协调人与自然关系的目标的认识。"天"即指自然以及生生不息的自然规律；"人"则指人以及人类活动。"天人合一"的观念蕴含了对"人与自然作为统一协调的整体"的认识，即认为人应当是自然的一部分，"天"与人是内在和谐的，自然系统中的一切生命互相关联，并以此为指导构建世界观。"天人合一"思想为正确处理人与自然的关系、化解人类当前面临的生态危机，提供了指导思想——大自然赋予人类生存的条件，同样也需要得到人类的尊重与爱护；而爱护和尊重大自然，也就是在爱护人类的生存环境，爱护人类自身。这种尊重自然、顺应自然、保护自然的思想，在绿色发展、循环经济、低碳转型、生态保育等生态文明建设的各个方面都得到了充分的体现。

"道法自然"的方法论体现了传统文化对协调人与自然关系的客观规律的认知。"道法自然"强调要顺应、遵循万物自己的生命状态，主张维护万物自己的本性、生长进程，人类行为不应阻碍、破坏万物发展的自然进程。这其中的"道"，包括自然之道、社会之道、人

---

① 贺祖斌：《生态文明建设的传统智慧与现实意义》,《人民周刊》2019 年第 24 期。

为之道，都有其内在的规律，认识和遵循这些规律是正确处理人与人、人与社会关系、人与自然关系的基本原则。在生态文明建设过程中，一方面要运用自然规律，促进人类社会更好发展；另一方面，强调自然本身也是人类社会存在和发展的基本保障和有机系统，只有遵循规律、尊重自然，才能减少与自然的矛盾，实现长久生存。

"泽被后世""兼济天下"的朴素的伦理观，是中华传统文化中生态智慧发扬发展的内在动力。中华文化基因在根源上不是以个人为本位，而是从家庭、氏族、社群的视角下孕育发展起来的。[①] 在这样的视角下，中国文化的价值观主张"泽被后世"，倡导"与邻为善"，推崇"兼济天下"，反对"涸泽而渔"的短视行为。这种代际平衡、永续发展的导向与"天人合一""道法自然"的观念相结合，为生态文明思想提供了文化根系，孕育出"协调适度发展"、决不以牺牲环境为代价换取一时的经济增长，建立人与自然和谐相处的永续发展状态等核心思想。

（二）生态文明思想是党在环境保护方面成就与经验的延续和升华

以中华民族伟大复兴和永续发展为目标，我国对环境保护和生态治理的认识深度和重视程度不断提升。一是环境意识不断增强。从提出"环境保护"，到将环境保护作为基本国策，再到提出生态

---

① 陈来：《中国文化为何能为生态文明提供理念基础？》，载中国新闻网 https://www.tsinghua.edu.cn/info/1662/97226.htm，2022 年 8 月 12 日。

文明建设并纳入"五位一体"总布局，我们党对环境问题的意识不断增强。二是发展理念更加科学。从经济发展和环境保护"二元对立"，到"可持续发展"的对立统一，再到"五位一体总体布局"的协同共生和"绿色发展"的内在统一，生态文明建设的发展理念日益科学。三是治理机制日臻完善、治理手段更加丰富。从政府主导转向全民参与，从条块分割转向多为协同和全局统筹，从政策导向转向政策和市场协同，我国环境治理体制机制和模式日臻完善。

回顾发展历程，生态文明建设思想的萌芽、发展和成熟，主要经历了四个阶段：

从改革开放到 20 世纪 90 年代初：将环境保护确立为我国的基本国策。早在 1973 年 8 月，第一次全国环境保护会议就提出了环境保护的 32 字工作方针，即"全面规划，合理布局，综合利用，化害为利，依靠群众，大家动手，保护环境，造福人民"，揭开了新中国环境保护事业的序幕。会议讨论通过了《关于保护和改善环境的若干规定（试行草案）》，制定了《关于加强全国环境监测工作意见》和《自然保护区暂行条例》等规范性文件，确立了我国环境保护法律制度的框架基础，标志着环境保护在中国开始列入各级政府的职能范围。1982 年，党的十二大明确指出，在大力发展经济的同时要"保护生态平衡"，提出了关于控制人口增长、加强能源开发与节约能源消耗等生态文明建设观点。为了贯彻十二大精神，1983 年底的第二次全国环境保护会议正式将保护环境确立为我国长期坚持的一项基本国策，制定了中国环境保护的总方针、总政策。自此以后，党的历届全国代表大会及历年环保工作会议均持续强调环境保护，逐步形成了"促进经济与环境协调发展"的根本目标，建立了人口、资源、环境和经济协同治理的方法论体系，明确了"坚持预防为主、谁污染谁治理、强化环境管理"三项基本原则。1989 年 12 月，我国正式颁布《中华人民共和国环境保护法（试行）》，标志着环境保护法律正式建立，标志着我国环境治理体系的成熟和完善。

从 20 世纪 90 年代初到 21 世纪初：将保护生态环境纳入可持续发展战略，明确环境保护和经济发展相辅相成的关系。1994 年《中国 21 世纪议程——中国 21 世纪人口、环境与发展白皮书》的制定和实施，标志着中国可持续发展思想和战略的正式确立。1996 年 3 月，八届全国人大四次会议明确指出，要把科教兴国战略和可持续发展战略作为指导我国经济社会发展总体战略。同年 7 月，第四次全国环境保护会议进一步提出，保护环境的实质就是保护生产力，要坚持污染防治和生态保护并举，全面推进环保工作。次年，党的十五大报告对实施可持续发展战略作了部署，强调"正确处理经济发展同人口、资源、环境的关系"，并针对资源严重不足情况，指出要"提高资源利用效率"。环境保护作为可持续发展战略的重要组成部分，其内涵和外延明显扩大。2002 年，党的十六大提出了"全面建设小康社会"的目标，要求可持续发展能力不断增强，生态环境得到改善，资源利用效率显著提高，促进人与自然的和谐，推动整个社会走上生产发展、生活富裕、生态良好的文明发展道路。这构成了十六届三中全会提出的"科学发展观"的核心内容之一，即坚持以人为本，树立全面、协调、可持续的发展观。这一阶段我国GDP高速增长，同时也带来了资源的高消耗，导致各类环境问题集中爆发，环境保护已成为社会利益冲突的重要触发点。在日益紧迫的环境资源压力下，我国环境治理发生了三个明显变化，一是内化到可持续发展中，力求从二元对立转向协同统一；二是明确环境保护作为政府治理的重要目标，强化落实推进；三是环境保护从政府行为转化为全社会行为。①

从21世纪初到党的十八大：生态文明建设思想逐步形成，纳入中国特色社会主义建设的总体布局。2006年第六次全国环境保护大会提出，要推动经济社会全面协调可持续发展，加快实现三个转变，即：从重经济增长轻环境保护转变为保护环境与经济增长并重；从环境保护滞后于经济发展转变为环境保护和经济发展同步；从主要用行政办法保护环境转变为综合运用法律、经济、技术和必要的行政办法解决环境问题。明确三个转变，表明在贯彻科学发展观和落实可持续发展的过程中，环境保护被放到了更加突出的位置，环境治理的全局性、整体性、战略性地位进一步提升。2007年，党的十七大报告提出了实现全面建设小康社会奋斗目标的新要求，并首次把"生态文明"写入了大会报告。2012年，党的十八大进一步把生态文明纳入中国特色"五位一体"总体布局中，并以"大力推进

---

① 秦宣：《习近平生态文明思想产生的历史逻辑背景》，《环境与可持续发展》2019年第6期。

生态文明建设"为题，独立成篇地系统论述了生态文明建设，生态文明建设提高到了新高度。十八大报告提出"把生态文明建设放在突出地位，融入经济建设、政治建设、文化建设、社会建设各方面和全过程，努力建设美丽中国，实现中华民族永续发展"。这表明中国共产党将环境保护纳入政治和意识形态范畴中，生态治理能力成为当代中国共产党执政能力的组成部分之一，是人们实践活动的价值向导。

党的十八大以来：习近平生态文明思想形成并不断丰富完善。以习近平同志为核心的党中央高度关注生态文明建设，把生态文明建设摆在改革发展和现代化建设全局位置，坚定贯彻新发展理念，不断深化生态文明体制改革，推进生态文明建设，开创了生态文明建设和环境保护新局面。其间，习近平同志全面系统提出了一

图 1.1　我国经济增长与碳排放治理历史阶段

资料来源：世界银行 WDI 数据库；国家统计局。

系列事关生态文明建设基本内涵、本质特征、演变规律、发展动力和历史使命等的崭新科学论断，不断丰富生态文明思想内涵。2018年5月，全国生态环境保护大会上，习近平同志首次提出了"生态文明体系"，将生态文化、生态经济、生态环境质量目标责任、生态文明制度和生态安全五大方面整合，确立了"习近平生态文明思想"。

当前我国生态文明建设处于"三期叠加"的特殊时期。生态环境质量持续好转、稳中向好，但成效并不稳固，环境污染的老问题和气候、资源等新问题复杂交织，同时新挑战不断凸显，生态文明建设处于问题复杂交织、负重攻坚的特殊历史时期。随着工业化的发展，当下我国环境问题也是日益凸显，面临"三高峰"叠加的状况，即环境污染最为严重的时期、突发性环境事件的高发期、群体性环境事件爆发期，污染问题成为影响经济发展和社会稳定的重大挑战。这三个高峰就是存在于当下的最大问题。2018年5月18日，习近平参加全国生态环境保护大会时，作出了生态文明建设"三期叠加"的重要论断，即生态文明建设正处于压力叠加、负重前行的关键期，也是提供更多优质生态产品，以满足人民日益增长的优美生态环境需要的攻坚期，更是有条件有能力解决生态环境突出问题的窗口期。而在全球气候变化日益紧迫、气候治理成为威胁永续发展重大挑战的背景下，生态文明建设的内涵进一步丰富，成为构建人类命运共同体的关键与核心。

二、习近平生态文明思想的理论内涵

习近平生态文明思想由习近平同志主要创立的关于生态文明建设的全部观点、科学论断、理论体系和话语体系组成，集中体现了以习近平同志为核心的党中央为推动和促进人与自然和谐对经济社会发展规律认识、党的执政理念和执政方式的不断深化和勇于变革。生态文明思想的内涵丰富，并且随着经济社会发展的进程，不断丰富、演化。2018 年全国生态环境保护大会确立了习近平生态文明思想体系，从习近平总书记关于生态文明的相关阐述中，提炼出六大基本原则，以此来概括习近平生态文明思想的核心内容[①]：

在指导思想上，坚持人与自然和谐共生，坚持节约优先、保护优先、自然恢复为主的方针，像保护眼睛一样保护生态环境，像对待生命一样对待生态环境，让自然生态美景永驻人间，还自然以宁静、和谐、美丽。

在发展思路上，坚持绿水青山就是金山银山，贯彻创新、协调、绿色、开放、共享的发展理念，加快形成节约资源和保护环境的空间格局、产业结构、生产方式、生活方式，给自然生态留下休养生息的时间和空间。

在目标导向上，坚持良好生态环境是最普惠的民生福祉，坚持生态惠民、生态利民、生态为民，重点解决损害群众健康的突出环

---

① 赵建军：《习近平生态文明思想的科学内涵及时代价值》，《环境与可持续发展》2019 年第 6 期。

境问题，不断满足人民日益增长的优美生态环境需要。

在治理方式上，坚持山水林田湖草是生命共同体，要统筹兼顾、整体施策、多措并举，全方位、全地域、全过程开展生态文明建设。

在体制机制上，坚持用最严格制度最严密法治保护生态环境，加快制度创新，强化制度执行，让制度成为刚性的约束和不可触碰的高压线。

在全球合作上，坚持共谋全球生态文明建设，深度参与全球环境治理，形成世界环境保护和可持续发展的解决方案，引导应对气候变化国际合作。

生态文明思想体系融合了生态文化体系、生态经济体系、生态环境质量目标责任体系、生态文明制度体系和生态安全体系五大方面，为建设人与自然和谐共处的生态文明社会指明了方向、路径和方法。

需要指出的是，习近平生态文明思想绝非静态、刻板的教条，而是随着经济社会发展的实际需要，不断演化发展、丰富完善的。2018年6月，中共中央、国务院发布《关于全面加强生态环境保护 坚决打好污染防治攻坚战的意见》，将六项基本原则扩充为"八个坚持"，增加了"坚持生态兴则文明兴"和"坚持建设美丽中国全民行动"；2022年8月18日，习近平生态文明思想研究中心在《人民日报》刊文，进一步提出"十个坚持"，补充"坚持党对生态文明建设的全面领导"以及"坚持绿色发展是发展观的深刻革命"。在持续丰富理论内涵之外，习近平生态文明思想的实践指引也在不断明晰。2023年7月，习近平总书记在全国生态环境保护大会上深刻阐述了新征程上推进生态文明建设需要处理好的五个重大关系，即：（1）高质量发展和高水平保护的关系；（2）重点攻坚和协同治理的关系；（3）自然恢复和人工修复的关系；（4）外部约束和内生动力的关系；（5）"双碳"承诺和自主行动的关系。这为进一步加强生态环境保护、推进生态文明建设的实践工作，提供了方向指引和根本遵循。

在生态文明思想的指引下，我国环境和气候治理取得了显著的成效。2013年，联合国环境署会议通过了推广中国生态文明理念的决定草案；2016年，联合国环境署发布了《绿水青山就是金山银山：中国生态文明战略与行动》报告；2017年，正式发布了《中国库布其生态财富评估报告》，塞罕坝林场获联合国"地球卫士奖"；2019年，第四届联合国环境大会上，联合国环境规划署发布报告，认为中国治理污染河道的成功经验和北京大气污染治理模式为其他发展中国家和城市提供了范例和可借鉴的经验。党的十九大明确提出，到2035年要基本建成美丽中国，到2050年实现美丽中国建设。在远大目标的指引下，需要把习近平生态文明思想领会透彻，在实践中贯彻始终，借此推动更好实现高质量发展。

第二节　从生态文明思想看"双碳"战略的理论内涵

习近平总书记指出，要把碳达峰碳中和纳入经济社会发展和生态文明建设整体布局。碳达峰碳中和明确了我国经济社会发展全面绿色转型的战略方向和目标要求，为我国生态文明建设提供了一个中长期愿景、综合性目标和系统实施平台，成为加快生态文明建设的系统性抓手。"十四五"时期，我国生态文明建设进入了以降碳为重点战略方向、推动减污降碳协同增效、促进经济社会发展全面绿色转型、实现生态环境质量改善由量变到质变的关键时期。[①] 与环境治理相比，推动碳达峰碳中和有着相同的理论内涵，但具有更大的时间与空间尺度、更复杂的作用机理、更广的影响范围，更需要系统性、全局性的认识，但同时，也是生态文明思想更集中、更充分、更全面的体现与应用领域。在生态文明思想的体系框架下，探析"双碳"战略的理论内涵，理解重要意义，把握关键要求，对于准确全面科学落实相关目标、做好相关工作具有重要作用。

一、从文明兴衰的高度认识气候治理的意义

坚持生态兴则文明兴，是生态文明思想的出发点。而生态环境的重大变迁很大程度上都是由气候变化所驱动的，毫无疑问气候变化与文明兴衰息息相关。在人类活动不断加快全球气候变暖的大背景下，从文明兴衰的高度看待气候变化，有助于我们更深刻地理解气候治理的历史意义。

生态环境是人类生存和发展的根基，生态环境变化直接影响着

---

① 黄润秋：《把碳达峰碳中和纳入生态文明建设整体布局》，《学习时报》2021 年 11 月 18 日。

文明的兴衰更替。回顾人类历史，尼罗河孕育了古埃及文明，但由于上游地区的森林砍伐、过度发展畜牧业导致林草退化等原因，使得水土流失日益加剧，尼罗河泥沙增加、干旱洪水交替频发，"地中海粮仓"变为干旱的沙漠，从而葬送了古埃及文明；两河流域的古巴比伦文明同样由于连年战乱导致对河流的疏浚不利、河流泥沙淤积，弱化了农业灌溉功能，最终推动农业文明逐渐走向衰落。我国河西走廊和黄土高原也曾经是水草风貌物产丰富的地区，孕育了古楼兰文明。而历朝各代的持续性的毁林开荒、乱砍滥伐，使得这一广袤区域逐渐走向河湖减少、河流干涸、沙化加剧，导致文明逐渐衰落。不仅如此，西部地区生态环境渐趋贫瘠恶化，不仅直接或间接地导致了我国经济中心自唐代中叶以来从西北向东南转移，而且也造成了我国整体生态安全的重大隐患。

气候变化导致的生态环境变化具有更大的时间与空间尺度，因而也就有着更加深远、广泛的影响，集中体现在三个方面：

首先，气候变化最直接的影响是对农业生产造成系统性的冲击。从历史长周期尺度看，全球气候在寒冷和温暖之间转换，导致农耕面积和农业生产的起伏，是人口增减和迁移的最主要的驱动因素。气候变暖可能导致一些地区原本适宜农作物种植的气候条件变得不适宜，导致农业产量下降；而某些地区由于降水增加等因素可能出现农业产量增加的趋势。中世纪温暖时期（约公元900—1300年），欧洲北部和西伯利亚等地区农业生产大幅增加，促进了人口的增长和扩张；古代玛雅文明就因气候变化导致的长期干旱而崩溃，其主要粮食作物玉米产量锐减，社会秩序崩溃，人口大量减少。随着人类行为导致全球气候变暖，带来降水分化，呈现中高纬度地区和热带地区降水增加、副热带地区降水量下降的趋势。暖湿地区洪涝增加，其他地区干旱加剧，使粮食安全成为气候变化给全球带来的最大威胁。

其次，降水、干旱的分化和海平面上升，会带来水资源、土地等资源在局地的稀缺，加剧地缘冲突。气候变化会影响自然资源的分布和可利用性，引发资源争夺和冲突。最典型的就是水资源问题，引发不同文明之间的历史冲突经久不绝。例如中东地区长期以来一直是水资源稀缺的地区之一，国家和族群之间对土地、耕地的争夺本质上是对水资源的争夺。近年来由于气候变化加快导致尼罗河流域、幼发拉底河流域以及约旦河流域等地区的水资源供应受到了影响，引发了一系列水资源争夺和地区冲突，加剧了地区紧张局势。撒哈拉以南非洲地区，气候变化导致了干旱的加剧和水资源的减少，导致了一些部族之间的冲突和战争。在印度次大陆，季风的变化以及冰川融化等因素导致了水资源的不稳定分布。这加剧了印度与巴基斯坦之间关于克什米尔地区的争议，其中水资源分布不均导致了双方之间对河流水资源的争夺。政府间气候变化专门委员会（IPCC）2008 年发布《气候变化与水》技术报告指出，气候变化会导致 21 世纪及未来高纬度地区和部分热带地区降水增加，而在一些亚热带地区和较低的中纬度地区（可能）降水减少，干旱加剧。降水强度和变化率的增加将加大许多地区发生洪水和干旱的风险，尤其是在亚热带、低纬度和中纬度地区。由于气候变暖，冰川和积雪中的水的供应下降，导致全世界六分之一以上人口在暖季和旱季可用水量不断减少。此外，由于较高的水温和极端事件的变化（包括洪水和干旱）将会影响水质并使许多水污染形式加重，海平面上升也会扩大地下水和河流出海口的盐化面积，从而导致在海岸带地区可供人类和各种生态系统使用的淡水减少。

第三，粮食、水和土地资源的变化导致大规模迁徙，引发文化冲突。气候变化引起自然灾害频发、资源稀缺、生态环境恶化等问题，迫使人们不得不离开原有居住地。这种人口迁移不仅对当地社会和经济产生直接影响，还对全球范围内的人口分布和社会结构产生重大变化。一是气候变化引发的极端天气事件，比如洪水、干旱、台风、飓风等，常常迫使居民不得不弃家逃离。这些灾害会摧毁农田、居住环境和基础设施，迫使数以百万计的人们离开家园，寻求更安全的居住地。二是气候变化导致的资源稀缺，比如水资源短缺、农田退化等，人们可能被迫离开原有生活的地方，前往资源相对丰富的地区寻求生存。一些岛屿国家的居民因为海平面上升等问题而不得不寻找新的居住地。这种迁徙的持续时间更长、影响范围更广。最后，气候变化会影响经济模式，导致某些地区的经济活动受到限制，而另一些地区可能因为气候条件的改善而成为新的经济中心。这种经济迁移也会引起人口的大规模迁移，可能会引发文化间的冲突和融合。

气候变化因其极大的时间和空间尺度，导致影响范围广、周期长，对人类社会文明变迁产生了多方面的深远影响，不仅在当代，也在历史上造成了许多重大的社会、经济和文化变革。对这些影响的深入研究有助于我们更好地理解气候变化对人类社会的潜在影响，并为未来制定更有效的适应和应对策略提供参考。

二、从人与自然和谐共生看待气候治理的目标

2020 年 9 月习近平总书记在联合国生物多样性峰会上的讲话中提出，我们要站在对人类文明负责的高度，尊重自然、顺应自然、保护自然，探索人与自然和谐共生之路，促进经济发展与生态保护协调统一。这一论断也写在了党的二十大报告中。促进人与自然和谐共生，是生态文明建设的最终目标，同时也是人类社会可持续发展的必然选择，更是推动高质量发展、实现中华民族伟大复兴和永续发展的内在要求。

马克思在《1844 年经济学哲学手稿》中提出了人与自然的同一性，他指出："自然界是人的无机的身体。人靠自然界生活。这就是说，自然界是人为了不致死亡而必须与之不断交往的、人的身体。所谓人的肉体生活和精神生活同自然界相联系，也就等于说自然界同自身相联系，因为人是自然界的一部分。""没有自然界，没有感性的外部世界，工人就什么也不能创造。它是工人的劳动得以实现、工人的劳动在其中活动、工人的劳动从中生产出和借以生产出自己的产品的材料。"人类的经济生产、社会活动也是自然界的一部分。但同时，人与自然也具有矛盾性，"自然界一方面这样在意义上给

劳动提供生活资料，即没有劳动加工的对象，劳动就不能存在，另一方面，自然界也在更狭隘的意义上提供生活资料，即维持工人本身的肉体生存所需。因此，工人越是通过自己的劳动占有外部世界、感性自然界，他就越是在两个方面失去生活资料：第一，感性的外部世界越来越不成为属于他的劳动的对象，不成为他的劳动的生活资料；第二，这个外部世界越来越不给他提供直接意义的生活资料，即维持劳动者的肉体生存的手段"。恩格斯在《自然辩证法》中则强调："以一种征服自然的态度对待自然的，不要过分陶醉于人类对自然的胜利。对于每一次这样的胜利，自然界都对我们进行了报复。"气候变化正是人类对自然索取无度的报复，更是一种警示，让我们在推进工业化的过程中思考应如何对待自然。习近平总书记在马克思主义自然观的基础上，作了进一步的阐发，他指出：人因自然而生，人与自然是一种共生关系，对自然的伤害最终会伤及人类自身。只有尊重自然规律，才能有效防止在开发利用自然上走弯路，这个道理要铭记于心、落实于行。

人类行为导致的气候变化，主要来自碳基化石燃料燃烧带来的二氧化碳等温室气体排放。因此，实现控制全球变暖的关键抓手，就是减少化石燃料使用，深化温室气体减排。传统观点将应对气候变化和保障经济增长对立起来，将碳排放权与"发展权"相挂钩，认为控制排放就是约束经济增长空间。这实质是在以静态的思维看待经济社会运行模式。事实上随着科学技术的升级，以及生产生活方式的变革，增长与减排的关系已经远非简单的"非此即彼"，而是出现了更为复杂的关联。应对气候变化和经济发展可以相辅相成，一些措施可以帮助实现对气候变化的有效应对，同时促进经济的可持续增长：

（1）投资绿色技术和可再生能源：转向绿色技术和可再生能源有助于减少对化石燃料的依赖，同时创造就业机会和新的经济增长点。这种转型不仅有利于降低碳排放，还可以促进新兴产业的发展和经济结构的升级。

（2）提高资源利用效率：通过提高资源的利用效率，包括能源、水资源和原材料等，不仅有助于减少环境负荷，还可以降低企业生产成本，提高经济效益。

（3）推动绿色金融和可持续投资：鼓励金融机构和投资者投资环保和可持续发展项目，不仅可以推动绿色经济的发展，还可以降低投资风险并提高长期经济回报。通过制定明智的政策和规范，如碳排放定价、环境税收、绿色产业补贴等，可以进一步加快资源引导，鼓励企业和个人采取更环保的行动，促进可持续发展。

（4）加强国际合作和跨国行动：气候变化是全球性的挑战，需要各国通力合作。通过加强国际合作、技术转让和知识共享，可以促进全球范围内的绿色经济发展，实现经济和环境双赢。

通过采取可持续的措施和政策，可以促进经济的绿色转型，实现经济的长期可持续增长，同时保护环境和生态系统，造福人类和地球的未来。

三、从"生命共同体"提炼气候治理的思路

"山水林田湖草是一个生命共同体"作为习近平生态文明思想的重要内容，是新时代推进生态文明建设，实现人与自然和谐共生的理论指引，也是开展自然资源管理工作、构建更加科学的自然资源管理体制所应该遵循的指导原则。2013年11月，习近平总书记在党的十八届三中全会上作关于《中共中央关于全面深化改革若干重大问题的决定》的说明时指出："山水林田湖是一个生命共同体，人的命脉在田，田的命脉在水，水的命脉在山，山的命脉在土，土的命脉在树。"2017年7月，中央全面深化改革领导小组第三十七次会议将"草"的内容补充纳入，并强调要"坚持山水林田湖草是一个生命共同体"。随后，党的十九大报告提出像对待生命一样对待生态环境，统筹山水林田湖草系统治理，系统性推进生态环境的整体保护、系统修复以及综合治理。面对自然资源和生态系统，不能从一时一地来看问题，一定要树立大局观，算大账、算长远账、算整体账、算综合账，以系统思维考量、以整体观念推进。

深化气候治理同样需要构建系统性的思维。习近平总书记在党的二十大报告中指出："实现碳达峰碳中和是一场广泛而深刻的经济社会系统性变革。"为了实现这样的系统性变革，必须坚持全国统筹、节约优先、双轮驱动、内外畅通、防范风险的原则，更好发挥我国制度优势、资源条件、技术潜力、市场活力，加快形成节约资源和保护环境的产业结构、生产方式、生活方式、空间格局，协同

推进降碳、减污、扩绿、增长。需要动员产业、能源、科技、消费等多领域，调动经济、产业、财税金融等多种工具手段，统筹好国际国内两个市场、两种资源，协调好低碳转型和经济社会高质量发展。具体而言，需要协同推进五方面的关键工作：

（1）加强顶层部署和统筹协调。把"双碳"工作纳入生态文明建设整体布局和经济社会发展全局，立足我国能源资源禀赋，坚持先立后破，有计划分步骤实施碳达峰行动。加快制定出台相关规划、实施方案和保障措施，科学把握碳达峰节奏，明确责任主体、工作任务、完成时间，稳妥有序推进。

（2）科学推进能源革命。从我国富煤贫油少气的现实出发，加强煤炭清洁高效利用，推进煤炭消费转型升级。加大油气资源勘探开发和增储上产力度，夯实国内能源生产基础，提升能源自主供给能力。加快规划建设新型能源体系，统筹水电开发和生态保护，积极安全有序发展核电，加强能源产供储销体系建设，确保能源安全。

（3）推进生产生活方式绿色转型。紧紧抓住新一轮科技革命和产业变革的机遇，推动互联网、大数据、人工智能、第五代移动通信（5G）等新兴技术与绿色低碳产业深度融合，大力建设绿色制造体系和服务体系。推进工业、建筑、交通等领域清洁低碳转型。倡导简约适度、绿色低碳、文明健康的生活方式，增强全民节约意识和生态环保意识，探索建立碳标识制度，引导绿色低碳消费，形成全民参与的良好格局。

（4）完善绿色低碳政策体系。完善能源消耗总量和强度调控，重点控制化石能源消费，逐步转向碳排放总量和强度"双控"制度。健全"双碳"标准，完善碳排放统计核算制度。健全碳排放权市场交易制度，完善碳定价机制。推进山水林田湖草沙一体化保护和系统治理，提升生态系统碳汇能力。

（5）积极参与应对气候变化全球治理。以更加积极姿态参与全球气候谈判议程和国际规则制定，推动构建公平合理、合作共赢的全球气候治理体系。

四、从民生福祉的角度规划气候治理的路径

2013年4月习近平总书记在海南考察时指出：良好的生态环境是最公平的公共产品，是最普惠的民生福祉。在2018年5月全国生态环境保护大会上，习近平就提出，要把解决突出生态环境问题作为民生优先领域，坚决打赢蓝天保卫战，还老百姓蓝天白云繁星闪烁，深入实施水污染防治行动计划，还给老百姓清水绿岸、鱼翔浅底的景象，全面落实土壤污染防治行动，让老百姓吃得放心、住得安心。

气候变化给各国经济社会发展和人民生命财产安全带来严重威胁，应对气候变化关系最广大人民的根本利益。减缓与适应气候变化不仅是增强人民群众生态环境获得感的迫切需要，而且可以为人民提供更高质量、更有效率、更加公平、更可持续、更为安全的发展空间。中国坚持人民至上、生命至上，呵护每个人的生命、价值、尊严，充分考虑人民对美好生活的向往、对优良环境的期待、对子

孙后代的责任，探索应对气候变化和发展经济、创造就业、消除贫困、保护环境的协同增效，在发展中保障和改善民生，在绿色转型过程中努力实现社会公平正义，增加人民获得感、幸福感、安全感。

从坚持生态惠民、生态利民、生态为民的角度出发，气候治理行动也需要关注社会福祉，从对基本民生影响最大的领域、与居民生活关系最紧密的方面入手。在实施气候治理的过程中，也需要始终关注社会福利、收入分配、减贫扶贫和能源安全等问题，将产业转型与就业保障、固碳增汇与生态产业培育、能源转型与减贫扶贫协同推进，在转型中保障和提升人民生活水平，更好建设美丽中国和美好生活。

五、从"两山论"理解气候治理与经济社会发展的协同

坚持"绿水青山就是金山银山"的"两山论"，是习近平生态文明思想的关键内容，同时也是绿色发展理念的生动体现。2005年8月，习近平同志在浙江考察时首次提出"绿水青山就是金山银山"的论断，并在《浙江日报》撰文进一步阐释。文章指出，如果能够把生态环境优势转化为生态农业、生态工业、生态旅游等生态经济的优势，那么绿水青山也就变成了金山银山。在落实"两山论"、践行绿色发展理念的过程中，各地的实践呈现出三种模式：一是将自然资源视为生产资料，"靠山吃山、靠水吃水"，竭泽而渔地攫取经济价值，但同时也破坏了生态资源的可持续供给能力；二是有序开发，即在可持续发展理念的指导下，科学有序规划资源的开采利用，

实现长期经济效益的最大化，但这种理念依然没有摆脱自然和经济对立的模式；三是发掘生态服务功能，实现自然资源提升生产力的功能。保护生态环境有助于引人、聚人、留人，为新型农业、文旅产业，乃至金融、研发等高端人才集聚的服务业提供同发展条件。从某种程度上说，保护环境就是保护生产力，改善生态环境，就是发展生产力。通过创造性地与传统产业，以及新兴产业结合，能够转化成为更高的经济价值。

在气候治理方面，践行"两山论"同样具有深远的意义。要探索将自然资源转化为和再生能源的过程中，持续并深化对自然资源自身的保护和对经济产业的扶持。在科学合理的规划下，发展可再生能源在贫困地区可以产生积极的影响。一是增加就业。可再生能源项目的建设和维护需要大量的工程师、技术人员和施工人员，这为当地居民提供了就业机会和稳定的收入来源。二是拉动增长。可再生能源项目的建设通常伴随着各种支持性服务和产业的发展，例如运输、物流和设备制造等。这些产业链的发展为当地经济带来了增长机会，并促进了相关产业的繁荣。三是促进社会治理现代化。可再生能源项目通常需要与当地社区密切合作。在项目开发和管理过程中，当地居民可以参与讨论和决策，从而实现共赢局面。这种参与可以促进社区的凝聚力，并在社区发展中发挥积极作用。四是降低能源成本，促进产业发展。可再生能源的发展通常会带来能源成本的降低，这对贫困地区居民尤为重要。降低能源成本可以释放出资金，用于其他基本需求，例如教育、医疗和食品。五是减少环境污染。可再生能源的发展有助于减少对环境的污染，这对当地居民的健康和生活质量具有直接的积极影响。减少环境污染可以减少医疗支出，提高居民的生活水平。

此外，利用自然生态系统实现固碳增汇的同时，也能够提升生态服务功能和价值。通过林草保育开发碳汇产品一方面实现了固碳增汇、提升经济价值，另一方面也能够以更好的生态环境、林草质量，提供更优质的生态产品和生态服务，实现涵养水源、保持水土、净化空气、美化环境，提供宜居的生存环境，承载丰富的社会人文财富。

在这样的背景下，我们更需要关注气候治理与生态环境治理工作的协同，培育和建立生态经济体系，以"生态产业化，产业生态化"的路径推动形成绿色发展生活方式。一方面在推动气候治理的同时，探索优化经济社会溢出效应；另一方面在实施生态治理的同时，探索优化减碳固碳效应，实现降碳、减污、扩绿和增长四方面目标的有效协同。

六、从"两个最严格"指引气候治理体系的构建

为了保障生态文明建设顺利推进，切实践行绿色发展，需要构建科学、高效、严格的政策和法律体系。2013年十八届三中全会强调，要用"最严格的制度，最严密的法治"保护生态环境，并提出构建"源头严防、过程严管、后果严惩"的制度体系。由于生态环境治理影响的广泛性、涉及主体的多元性、监测监管的复杂性以及各级政府间的博弈性，给相关工作带来巨大挑战，而这同样是气候

治理需要解决的问题。

制定适合我国国情的政策体系，完成从目前的高碳能源系统、产业系统、基础设施系统向低碳、零碳的社会经济系统转型，需要在一系列约束性因素和不确定性条件下的目标厘定、策略抉择和路径选择，需要充分运用系统论的思维，推动发展理念、治理体系、产业技术、基础设施、社会认知等多维度、全局性变革，具有高度的系统性和复杂性。当前，我国面向碳达峰碳中和的"1+N"政策体系初露峥嵘。2021年10月24日，《中共中央国务院关于完整准确全面贯彻新发展理念做好碳达峰碳中和工作的意见》发布，这意味着双碳"1+N"政策体系中的"1"正式出台，整体部署了十个方面31项重点任务。紧随其后出台的《国务院关于印发2030年前碳达峰行动方案的通知》，明确将碳达峰贯穿于经济社会发展全过程和各方面，重点实施"碳达峰十大行动"。这两项政策的出台，意味着"1+N"政策体系中发挥统领作用的顶层设计基本形成，而后续的"N"主要由两部分构成：一是能源、钢铁、有色金属、石化化工、建材、交通、建筑等重点行业和关键领域的碳达峰、碳中和实施方案；二是"双碳"战略落实保障方案，主要包括科技支撑、能源保障、财政金融价格政策等。在这一碳中和政策体系加速构建的关键战略机遇期，管理科学的有力支撑将有助于优化碳中和治理体系、强化治理效能。

我国正处在两个百年奋斗目标的历史交汇期和国际国内双循环新发展格局的构筑期，只有解决好绿色低碳转型与其他公共治理、社会经济发展、对外开放的矛盾冲突，使低碳转型能够被各方利益主体所接受，形成社会共识、动机激励，才能够引领绿色转型过程与高质量发展过程的有机统一。基于系统性思维的碳中和多维度政策研究可以有效兼顾效率与公平、减排与发展，塑造社会经济系统根本性变革的内生动力；协调好区域、行业、个体在转型过程中的异质性，确保可调节、可延展、抗冲击的转型过程能够顺利推进。客观而言，由于气候风险存在严重的负外部性、时空和人群的特殊脆弱性、高度的不确定性，以及与社会经济方方面面广泛、深刻和复杂的交互影响，从国家层面的顶层目标，分解到地区、行业、个体层面的气候行动存在诸多挑战。面向碳中和目标的政策体系，既需要考虑在多重公共治理目标约束下，明晰政策与制度设计的标准和多种规制体系组合的模式；又需要在多元主体共同参与下，实现气候治理的有效性、效率性和公平性。只有充分激发各方的变革和创新动力，以更低的社会经济转型成本、更强的技术创造和绿色增长效应实现产业兴替和技术更迭，才能够使双碳目标成为中国经济高质量增长的助推器，实现包容性的可持续增长。

七、从建设美丽中国全民行动探析气候治理的行动边界

良好生态环境是全面建成小康社会的重要体现，是人民群众的共有财富，反过来也需要全民共建共享。因此，生态文明建设要坚持全国动员，全民动手，全社会共同参与。2017 年习近平总书记参加首都义务植树活动时指出，各级领导干部要身体力行，要让人民群众更好更方便地参与国土绿化，为人民群众提供更多优质生态产

品，让人民群众共享生态文明建设的成果，形成共治、共建、共享。多年来，我国发挥集中力量办大事的制度优势，深入开展大规模国土绿化行动，实现了森林资源连续增长，沙化荒漠化土地面积连续减少，为应对气候变化推动全球生态治理作出了重要贡献。

深化气候治理同样需要全民行动，包括：（1）节能减排。全民应该努力减少能源消耗，包括降低家庭和工业用电，选择节能家电和灯具，减少开车和飞行频率等。这些个人行为对减少温室气体排放和全球变暖都有积极影响。（2）支持可再生能源。个人可以选择购买和使用可再生能源，例如太阳能和风能。支持和投资可再生能源技术的发展对减缓气候变化具有重要意义。（3）增加绿色消费，减少碳足迹。个人可以通过减少使用一次性塑料制品，尽量使用公共交通工具，鼓励步行和骑行，选择本地和季节性食物，以及在日常生活中采取其他环保措施的手段，减少个人碳足迹。（4）加强教育与社会引导。全民应该参与气候变化教育和倡导活动，提高公众对气候变化和环境保护的认识。教育可以促使人们采取积极行动，倡导可持续发展和环保意识。（5）支持绿色发展和可持续投资。个人可以选择支持环保友好的公司和产品，投资绿色技术和可持续发展项目，以促进绿色经济的发展和气候治理的实现。

通过鼓励和引导全民参与和行动，每个人都可以通过自己的日常生活选择和行为来减缓气候变化，促进环境保护和可持续发展。同时，公民应该积极参与政治和社会活动，推动社会各界采取更多措施协同合作，推动全球气候治理。

八、从人类命运共同体指引气候治理国际合作

生态环境保护是全人类共同的行动，需要世界各国协同合作。2012年，十八大报告首次正式提出了"人类命运共同体"的概念。2015年，习近平总书记在联合国成立70周年系列峰会上，全面论述了打造人类命运共同体的主要内涵，即建立平等相待、互商互谅的伙伴关系，营造公道正义、共建共享的安全格局，谋求开放创新、包容互惠的发展前景，促进和而不同、兼收并蓄的文明交流，构筑尊崇自然、绿色发展的生态体系。在2017年12月的中国共产党与世界政党高层对话会上，习近平进一步阐释："人类命运共同体，顾名思义，就是每个民族、每个国家的前途命运都紧紧联系在一起，应该风雨同舟，荣辱与共，努力把我们生于斯、长于斯的这个星球建成一个和睦的大家庭，把世界各国人民对美好生活的向往变成现实。"应对气候变化是人类命运共同体最直接的体现。

由于人类的工业化生产，尤其是利用化石能源导致温室气体排放增加，诱发全球气候变暖。其形成于人类工业化发展的整体过程，其应对也需要全人类共同行动。气候变化是一种全球性挑战，其影响不受国界限制。温室气体的排放和环境破坏对全球都有影响，因此需要国际社会共同努力来应对这一挑战。气候变化引起了许多极端天气事件，如干旱、洪水、飓风等。这些灾害对全球各国都构成了巨大威胁。国际合作可以加强各国在灾害预防、减灾和救灾方面的合作，共同保障全球人民的安全和福祉。各国对气候治理有共同

31

的责任。气候变化是由全球范围内的人类活动引起的，因此应对气候变化也是全球社会的共同责任。国际合作可以促使各国共同承担责任，共同采取行动减缓气候变化的影响。更广泛的资源共享与技术合作是气候治理的内在要求。各国在应对气候变化方面拥有不同的资源和技术优势。国际合作可以促使资源和技术的共享，加速可持续发展和绿色技术的推广，从而更有效地应对气候变化。交流和共享最佳实践也有助于优化气候治理。国际合作可以促进各国之间的经验交流和最佳实践共享。通过学习其他国家的成功经验和失败教训，各国可以更好地制定和实施气候变化应对策略，从而取得更好的效果。气候合作有助于促进全球经济稳定和可持续发展。气候变化对全球经济稳定和可持续发展都带来了巨大挑战。国际合作可以促进全球经济的稳定和可持续发展，推动绿色经济的发展，从而为未来的世代创造更好的生活条件。

面对气候变化这一全球性挑战，国际社会需要加强合作和协调，共同制定并实施具有全球影响力的气候治理政策和行动方案，以确保全球的可持续发展和人类的共同福祉。为此，中国在推动全球可持续发展和气候合作方面积极作为。值得一提的是，我国在推进"一带一路"建设的过程中，携手沿路各国共建"绿色一带一路"，发起了绿色发展国际联盟，研究制定"绿色一带一路"案例研究报告，推动绿色行动。在联合国框架下，以及在我国主导的国际议程中，全面推广绿色发展理念，推行生态文明建设，推动构建人类命运共同体。

第二章 我国"双碳"战略的推进成果与挑战

气候变化是全人类的共同挑战。应对气候变化，事关中华民族永续发展，关乎人类前途命运。中国高度重视应对气候变化。党的十八大以来，在习近平生态文明思想指引下，中国贯彻新发展理念，将应对气候变化摆在国家治理更加突出的位置，不断提高碳排放强度削减幅度，不断强化自主贡献目标，以最大努力提高应对气候变化力度，推动经济社会发展全面绿色转型，建设人与自然和谐共生的现代化。2020年9月，习近平总书记在第75届联合国大会一般性辩论上郑重宣示：中国将提高国家自主贡献力度，采取更加有力的政策和措施，二氧化碳排放力争于2030年前达到峰值，努力争取2060年前实现碳中和。中国正在多措并举、积极作为，推动"双碳"目标的落地落实。

近年来全球气候变化和国际气候合作出现一些新特征和新趋势，对气候治理提出了更严峻的挑战，需要进一步深化体制机制改革、推动经济社会全面转型、呼吁和引导国内外更广泛的参与和更有力的行动。

第一节　建立应对气候变化新理念

我国把积极应对气候变化作为推进生态文明建设、实现高质量发展的重要抓手。结合新时期国家发展和治理理念的变革，基于中国实际和经济社会发展转型的内在要求，以及推动建设人类命运共同体的大国担当，建立了积极和科学应对气候变化的新理念，为全球气候治理贡献力量。

一是贯彻新发展理念，全面深化气候行动。立足新发展阶段、构建新发展格局的内在需要，我国提出"创新、协调、绿色、开放、共享"的新发展理念。其中，"绿色发展"是实现永续发展的必要条件，也是满足人民对美好生活需要的关键体现，更是应对气候变化问题的重要遵循。绿水青山就是金山银山，保护生态环境就是保护生产力，改善生态环境就是发展生产力。应对气候变化代表了全球绿色低碳转型的大方向。中国摒弃损害甚至破坏生态环境的发展模式，顺应当代科技革命和产业变革趋势，抓住绿色转型带来的巨大发展机遇，以创新为驱动，大力推进经济、能源、产业结构转型升级，推动实现绿色复苏发展，让良好生态环境成为经济社会可持续发展的支撑。通过全面、科学、准确、坚决地贯彻新发展理念，中国将气候治理融入生态文明建设、经济社会转型发展、推动永续发展的进程。

二是以"双碳"目标为指引，加快推进气候治理。实现碳达峰碳中和是中国深思熟虑作出的重大战略决策，是着力解决资源环境约束突出问题、实现中华民族永续发展的必然选择，是构建人类命运共同体的庄严承诺。我国将"双碳"工作深度融入经济社会发展全局，坚持统筹发展和减排、整体和局部、短期和中长期的关系，以经济社会发展全面绿色转型为引领，以能源绿色低碳发展为关键，加快形成节约资源和保护环境的产业结构、生产方式、生活方式、空间格局，坚定不移走生态优先、绿色低碳的高质量发展道路。

三是以"减污降碳"为抓手，探索优化多目标协同。气候治理一方面在客观上与环境治理、经济转型等经济社会发展多维度目标间具有内在关联；另一方面优化气候治理的协同效应有助于降低政策制定和推行的阻力，优化政策实施。以优化多目标协同为导向，我国提出"减污降碳、协同增效"的治理理念，并在二十大报告中进一步将"减污"和"降碳"的两维目标拓展为"降碳、减污、扩绿、增长"。二氧化碳和常规污染物的排放具有同源性，大部分来自化石能源的燃烧和利用。控制化石能源利用和碳排放对经济结构、能源结构、交通运输结构和生产生活方式都将产生深远的影响，有利于倒逼和推动经济结构绿色转型，助推高质量发展；有利于减缓气候变化带来的不利影响，减少对人民生命财产和经济社会造成的损失；有利于推动污染源头治理，实现降碳与污染物减排、改善生态环境质量协同增效；有利于促进生物多样性保护，提升生态系统服务功能。把握污染防治和气候治理的阶段性特征和现实需要，以结构调整、布局优化为重点，以政策协同、机制创新为手段，推动减污降碳协同增效一体谋划、一体部署、一体推进、一体考核，实现环境效益、气候效益、经济效益多赢。

第二节 我国"双碳"战略的推进成果

中国是全球最大的排放国，同时也是最大的发展中国家，面临着经济发展、民生改善、污染治理、生态保护等一系列艰巨任务。面对气候变化这一全人类共同面临的挑战，中国践行大国担当、迎

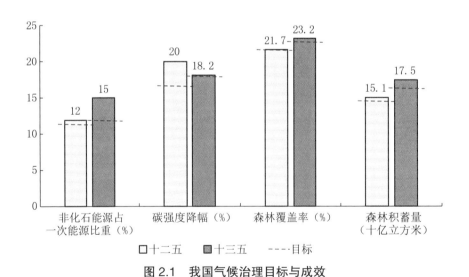

图 2.1　我国气候治理目标与成效

资料来源：国家统计局。

难而上，积极制定和实施了一系列应对气候变化战略、法规、政策、标准与行动，推动气候治理行动取得显著成效。

一、将应对气候变化上升为国家战略，推动治理体系不断完善

（一）建立应对气候变化领导机制，强化跨领域统筹协调

应对气候变化工作覆盖面广、涉及领域众多。为加强协调、形成合力，2007 年 6 月国务院印发《国务院关于成立国家应对气候变化及节能减排工作领导小组的通知》（国发〔2007〕18 号），设立国家应对气候变化及节能减排工作领导小组（国家应对气候变化领导小组或国务院节能减排工作领导小组），作为国家应对气候变化和节能减排工作的议事协调机构，研究制订国家应对气候变化的重大战略、方针和对策，统一部署应对气候变化工作，研究审议国际合作和谈判方案，协调解决应对气候变化工作中的重大问题；组织贯彻落实国务院有关节能减排工作的方针政策，统一部署节能减排工作，研究审议重大政策建议，协调解决工作中的重大问题。国家应对气候变化领导小组由国务院总理任组长，30 个相关部委为成员；各省（区、市）均成立了省级应对气候变化及节能减排工作领导小组。2018 年 4 月，中国调整相关部门职能，由新组建的生态环境部负责应对气候变化工作，强化了应对气候变化与生态环境保护的协同。2021 年，为指导和统筹做好碳达峰碳中和工作，中国成立碳达峰碳中和工作领导小组。各省（区、市）陆续成立碳达峰碳中和工作领

导小组，加强地方碳达峰碳中和工作统筹。

（二）将气候治理目标纳入国民经济社会发展规划

自"十二五"开始，我国将单位国内生产总值（GDP）二氧化碳排放（碳排放强度）作为约束性指标纳入国民经济和社会发展规划纲要，并明确应对气候变化的重点任务、重要领域和重大工程。"十四五"规划将"2025 年单位 GDP 二氧化碳排放较 2020 年降低 18%"作为约束性指标。中国各省（区、市）均将应对气候变化作为"十四五"规划的重要内容，明确具体目标和工作任务。此外，各领域、各行业分别制定的发展规划、路线图，以及"双碳"工作专项规划等文件，也都将节能减排和气候治理作为关键内容。作为经济社会和各类产业发展的纲领性、指引性文件，国家及各级各地各类规划将气候治理工作纳入核心内容，充分体现了将"双碳"战略内化在经济社会发展各个方面。

（三）系统全面规划绿色低碳发展道路

中国一直本着负责任的态度积极应对气候变化，将应对气候变化作为实现发展方式转变的重大机遇，积极探索符合中国国情的绿色低碳发展道路。经过长期、持续的探索和创新，逐步形成了中国特色的绿色低碳发展道路，具有丰富的内涵，包括推动减污降碳协同治理、加快形成绿色发展的空间格局、大力发展绿色低碳产业、坚决遏制高耗能高排放项目盲目发展、优化能源结构、强化能源节约与能效提升、推动自然资源节约集约利用，以及积极探索低碳发展新模式和新机制等方面。

（四）明确气候治理目标分解落实和监管机制，确保"双碳"工作落地见效

为确保规划目标落实，综合考虑各省（区、市）发展阶段、资源禀赋、战略定位、生态环保等因素，中国分类确定省级碳排放控制目标，并对省级政府开展控制温室气体排放目标责任进行考核，将其作为各省（区、市）主要负责人和领导班子综合考核评价、干部奖惩任免等重要依据。省级政府对下一级行政区域控制温室气体排放目标责任也开展相应考核，确保应对气候变化与温室气体减排工作落地见效。

二、深入推进节能减排，推动碳排放与经济增长基本脱钩

"十一五"以来，我国聚焦关键领域，采取积极措施控制温室气体排放。世界银行 WDI 数据库统计数据显示，我国 2000—2010 年间，年均温室气体排放增速约 9.7%，而到了 2010—2020 年则迅速降至 2.6%。受此影响，我国单位 GDP 产出的 CO_2 排放量（碳强度）从 2010 年的 0.71 吨 CO_2/ 万美元 GDP[①] 下降至 2020 年的 0.48 吨 CO_2/ 万美元 GDP，累计降幅 33%。通过系统全面的举措和大力度的政策推动，我国温室气体排放增速放缓、碳排放强度持续快速下降，碳排放增长趋势与经济发展基本脱钩。

---

① 按 2017 年不变价美元计价，经购买力评价修正。资料来源为世界银行 WDI 数据库。

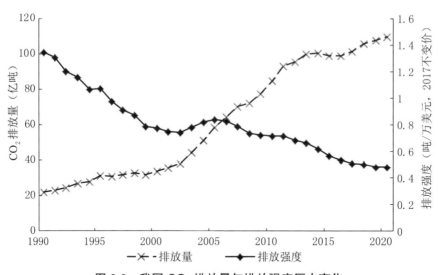

图 2.2 我国 CO_2 排放量与排放强度历史变化

资料来源：世界银行 WDI 数据库。

在重点领域多措并举，全面系统推进节能减排和固碳增汇，是推动碳排放和经济增长脱钩的重要动力。根据国务院新闻办公室2021 年 10 月发布的《中国应对气候变化的政策与行动》白皮书，我国应对气候变化、深化节能减排的关键举措包括：推动重点工业行业节能减排，推动城乡建设和建筑领域绿色低碳发展，构建绿色低碳交通体系等。

在重点工业行业减排方面，持续强化钢铁、建材、化工、有色金属等重点高耗能、高排放行业能源消费及碳排放目标管理，实施低碳标杆引领计划，推动重点行业企业开展碳排放对标活动，推行绿色制造，推进工业绿色化改造。加强工业过程温室气体排放控制，通过原料替代、改善生产工艺、改进设备使用等措施积极控制工业过程温室气体排放。加强再生资源回收利用,提高资源利用效率,减少资源全生命周期二氧化碳排放。

在城乡建设方面,加快建设节能低碳城市和相关基础设施,以绿色发展引领乡村振兴。推广绿色建筑,逐步完善绿色建筑评价标准体系。开展超低能耗、近零能耗建筑示范。推动既有居住建筑节能改造,提升公共建筑能效水平,加强可再生能源建筑应用。大力开展绿色低碳宜居村镇建设,结合农村危房改造开展建筑节能示范,引导农户建设节能农房,加快推进中国北方地区冬季清洁取暖。

在交通领域,大力优化运输结构,减少大宗货物公路运输量,增加铁路和水路运输量。以"绿色货运配送示范城市"建设为契机,加快建立"集约、高效、绿色、智能"的城市货运配送服务体系。提升铁路电气化水平,推广天然气车船,完善充换电和加氢基础设施,加大新能源汽车推广应用力度,鼓励靠港船舶和民航飞机停靠期间使用岸电。完善绿色交通制度和标准,发布相关标准体系、行动计划和方案,在节能减碳等方面发布了221项标准,积极推动绿色出行,已有100多个城市开展了绿色出行创建行动,每年在全国组织开展绿色出行宣传月和公交出行宣传周活动。加快交通燃料替代和优化,推动交通排放标准与油品标准升级,通过信息化手段提升交通运输效率。

三、全面深化能源低碳转型,加快培育新能源相关产业

能源领域是温室气体排放的主要来源,包括能源供给、转化以

及能源消耗等过程中的直接碳排放。2020年，我国一次能源消费量达49.8亿吨标准煤，占全球26.1%；能源燃烧相关二氧化碳排放量为98.9亿吨，占全球30.9%[①]，占全国排放总量的77%。其他碳排放来源，包括工业过程碳排放量占比14%，农业及废弃物碳排放占比分别为7%和2%。

（一）科学推进"减煤"，推进清洁高效利用

我国"富煤、贫油、少气"的资源禀赋特征决定了一次能源消费结构中，煤炭占比高，石油、天然气和新能源占比小的"一大三小"格局。煤炭长期作为我国第一大主体能源，具有高碳属性，其单位热值碳排放量是石油的1.4倍、天然气的2倍，煤炭燃烧碳排放占我国能源相关二氧化碳排放量的79%，导致能源系统碳排放规

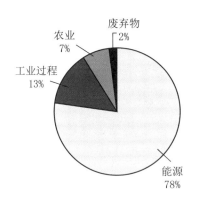

图2.3 2020年我国 CO_2 排放来源结构

资料来源：世界银行WDI数据库。

---

① 戴厚良、苏义脑、刘吉臻、顾大钊、匡立春、邹才能：《碳中和目标下我国能源发展战略思考》，《石油科技论坛》2022年第1期。

模居高不下。在"双碳"目标的指引下，我国大力推动"减煤"，着力推进煤炭清洁高效利用，累计完成煤电机组节能降碳改造、灵活性改造、供热改造超过 5.2 亿千瓦。截至 2020 年，煤炭在我国一次能源消费中的比重从 2000 年的 68.5% 下降 11.7 个百分点到 2020 年的 56.8%。①

（二）把促进新能源和清洁能源发展放在更加突出的位置

2016 年以来，我国优先发展非化石能源，推进水电绿色发展，全面协调推进风电和太阳能发电开发，在确保安全的前提下有序发展核电，因地制宜发展生物质能、地热能和海洋能，全面提升可再生能源利用率。可再生能源替代取得了长足的进步，风电、光伏和生物质新增装机合计 20 亿千瓦，年均增长 25%。其中仅 2022 年就实现可再生能源新增装机 1.52 亿千瓦，占新增发电装机的 76.2%，占全球 47%。截至 2022 年，全国可再生能源装机突破 13 亿千瓦，历史性超过煤电。天然气、水电、核电、风电、太阳能发电等清洁能源消费量占一次能源消费量的比重达到 25.9%②；风光等可再生能源年发电量 2.7 万亿千瓦时，占比 31.6%。通过提升系统智能化和灵活性、建立市场机制以及转变化石能源利用方式等，突破可再生能源消纳瓶颈，使弃风、弃光率 2016 年的 10%—20% 降至 2%—3%。

---

① 《2022 年我国能源生产和消费相关数据》，载国家发改委网站 https://www.ndrc.gov.cn/fggz/hjyzy/jnhnx/202303/t20230302_1350587.html，2023 年 3 月 2 日。
② 《国家发展改革委发布碳达峰碳中和重大宣示三周年重要成果》，载国家发改委网站 https://www.ndrc.gov.cn/fzggw/wld/zcx/lddt/202308/t20230817_1359896.html，2023 年 8 月 17 日。

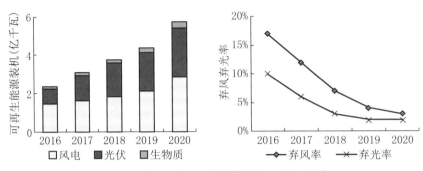

图 2.4 非水可再生能源装机及弃风弃光率

资料来源：国家能源局。

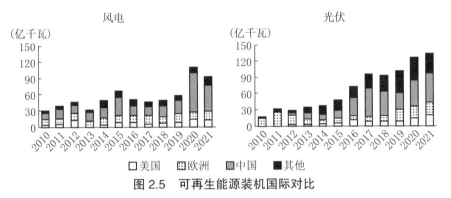

图 2.5 可再生能源装机国际对比

资料来源：IEA。

（三）可再生能源的快速发展使相关产业快速壮大

从 2010 年到 2019 年间，中国在可再生能源领域累计投资超过 8000 亿美元，居全球第一，并拥有全球三分之一的可再生能源专利。2022 年 9 月，彭博新能源财经（BNEF）报告显示，2022 年上半年全球可再生能源投资 2660 亿美元创历史最高，其中中国占43%，成为全球可再生能源投资领域的"领头羊"。[①] 全球新能源产

---

① 《中国引领全球可再生能源投资 能源目标加速实现》，《科技日报》2022 年9 月 26 日。

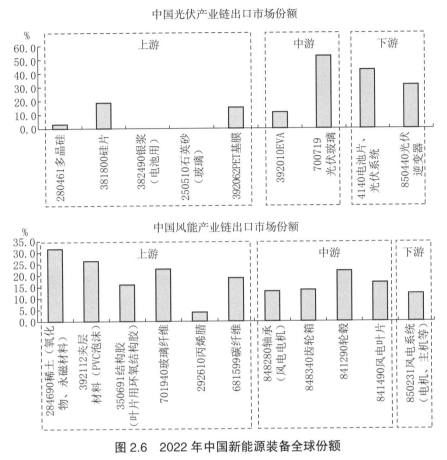

图 2.6 2022 年中国新能源装备全球份额

资料来源：UN-comtrade 数据库。

业重心进一步向中国转移，中国生产的光伏组件、风力发电机、齿轮箱等关键零部件占全球市场份额 70%。

（四）建立和完善促进能源电力低碳转型和可再生能源加快发展的市场化政策机制

在加快推动可再生能源发展的政略导向下，我国能源体制机制不断改革完善。2014 年前，可再生能源发展以上网补贴为主导，旨在加快投资建设。随着装机规模增长，可再生能源间歇性、波动性与传统能源电力运行系统的矛盾凸显，导致弃风弃光等问题。为此，直接上网补贴自 2015 年至 2018 年间逐步退出，转向更加市场化的体制机制，提升消纳能力和意愿。2019 年起，我国加快推进电力市场改革和全国碳市场建设，并通过培育绿电、绿证市场部分替代补贴的作用。当前，全国碳市场已经成为全球最大的碳市场，并还将进一步扩容扩围。此外，我国正在开展电力市场改革试点，建立了省间及省内中长期和现货交易、容量交易、辅助服务等多层级、多类型市场，同时加快完善强制和自愿性的绿色电力和绿电证书市场。这些市场合作传递价格信号，推动能源需求和供应的调整，促进低碳转型。

四、大力"扩绿"，协同推进固碳增汇和美丽中国建设

清洁能源减碳的同时，植树造林也在吸收更多的二氧化碳。我国"十三五"规划中提出"2020 年森林蓄积量比 2005 年增长 13 亿立方米"的目标；在 2015 年中国向联合国气候变化大会提交的国家自主减排贡献（NDC）文件中也提出，到 2030 年森林面积比 2005 年增加 4.5 亿亩，森林蓄积量比 2005 年增加 45 亿立方米的目标。其中 2020 年目标实际在 2013 年就已完成；而 NDC 承诺的 2030 年目标也在 2018 年实现。截至 2020 年底，国家林草局森林资源核算研究显示，我国森林面积达到 2.2 亿公顷，森林蓄积 175.6 亿立方米，森林植被总碳储量 91.86 亿吨，年均增长 1.18 亿吨，年均增长率

1.40%。

森林是陆地生态系统中最大的碳库。森林植被通过光合作用可吸收大气中的二氧化碳，发挥巨大的碳汇功能，并具有碳汇量大、成本低、生态附加值高等特点。在生态文明建设的指引下，我国统筹推进山水林田湖草沙系统治理，深入开展大规模国土绿化行动，持续实施三北、长江等防护林和天然林保护，东北黑土地保护，高标准农田建设，湿地保护修复，退耕还林还草，草原生态修复，京津风沙源治理，荒漠化、石漠化综合治理等重点工程。稳步推进城乡绿化，科学开展森林抚育经营，精准提升森林质量，积极发展生物质能源，加强林草资源保护，持续增加林草资源总量，巩固提升森林、草原、湿地生态系统碳汇能力。构建以国家公园为主体的自然保护地体系，正式设立第一批 5 个国家公园，开展自然保护地整合优化。建立健全生态保护修复制度体系，统筹编制生态保护修复规划，实施蓝色海湾整治行动、海岸带保护修复工程、渤海综合治理攻坚战行动、红树林保护修复专项行动。开展长江干流和主要支流两侧、京津冀周边和汾渭平原重点城市、黄河流域重点地区等重点区域历史遗留矿山生态修复，在青藏高原、黄河、长江等 7 大重点区域布局生态保护和修复重大工程，支持 25 个山水林田湖草生态保护修复工程试点。出台社会资本参与整治修复的系列文件，努力建立市场化、多元化生态修复投入机制。中国提出的"划定生态保护红线，减缓和适应气候变化案例"成功入选联合国"基于自然的解决方案"全球 15 个精品案例，得到了国际社会的充分肯定和高度认可。

多年来，我国通过实施林业生态工程，开展了大规模造林和天然林保护修复，森林资源得到了有效的保护和发展。我国人工林面积 7954.28 万公顷，全球增绿四分之一来自中国，是世界上人工林面积最大的国家。此外，我国森林资源中幼龄林面积占森林面积的 60.94%，中幼龄林处于高生长阶段，伴随森林质量不断提升，具有较高的固碳速率和较大的碳汇增长潜力。

通过国土绿化和生态保护治理，对于美丽中国建设、满足人民对美好生活的需要提供了直接的益处。一是改善空气质量，实现减污降碳协同：树木通过光合作用吸收二氧化碳，并释放氧气，从而改善空气质量，减少空气中的污染物含量，提供更清新的空气。二是保护水资源，减少水土流失、防治气候变化次生的地质灾害：树木的根系可以防止水土流失，减少泥沙淤积，防止洪水发生。树木还有助于保持土壤湿度，减少干旱和沙漠化的风险，从而保护水资源。三是改善生态环境，保护生物多样性：植树造林有助于保护生物多样性，提供栖息地给野生动植物。森林生态系统的建立有助于维持整个生态平衡，保护地球的生态环境。四是提供生计和收入，有助减贫脱贫大计：植树造林项目可以为当地居民提供就业机会和经济收入，培育新型农业、特种农业，开展乡村文旅推动美丽乡村建设。五是美化城市乡村环境：在城市和乡村中植树造林可以改善环境美观度，提升居住环境质量。

第三节 气候变化的趋势与风险

2023 年 6 月以来，全球气温连创新高。当年世界气象组织发布报告称，从 7 月 3 日开始的一周是有记录以来全球最热的一周，其中 7 月 7 日成为历史最热的一天，比强厄尔尼诺年 2016 年 8 月 16 日创下纪录的 16.94 ℃高出 0.3 ℃。随着 2020—2022 年拉尼娜现象（赤道和东太平洋降温过程）带来的降温效应消失，全球温度回归较快增长的趋势，导致陆地和海洋温度突变，2023 年将成为历史最热年。而在太平洋上正在形成的厄尔尼诺现象，将在未来 1—2 年持续强化，引发更极端的气候条件。

全球气候变化几乎在沿着最悲观的发展路径演进。国际能源署（IEA）报告指出，受极端天气、疫后经济反弹、天然气涨价等因素影响，2022 年全球能源碳排放增长近 1% 达到 368 亿吨，突破疫情前水平并再创历史新高。按照现有趋势，全球升温大概率将在 2100 年之前突破 2 ℃警戒线，并引发一系列连锁反应，造成灾害天气频发、降水极化、生态破坏和海平面上升。气候变化还会通过改变农业生产布局、高纬度海域通航能力与资源开采条件等，诱发国际产业、贸易变革，给全球生态环境和经济政治体系造成多维度和多尺度的复合冲击。

当前我国正处在发展转型的过程中，国内经济产业和社会人口结构的快速变革，与外部环境的不稳定、不确定性因素交织。气候变化引发的直接和间接影响使我国经济社会高质量发展面临更加复杂严峻的风险挑战。在继续深化低碳转型、减缓气候变化的同时，亟待在"审慎"原则下，对气候变化各种悲观情景下的风险开展系统性的评估，建立"提升气候变化适应能力"行动框架，针对重点区域、重点领域提前规划部署。在全球化的视角下，推演未来产业、贸易格局变化，识别挑战与机遇，综合运用我国低碳领域经济、技术、环境、市场的竞争优势，推动全球气候治理南南合作与南北合作新模式、挖掘新空间，化挑战为机遇，推动经济社会环境全面高质量发展，加快构建人类命运共同体。

一、对气候变化趋势的认识与研判

从工业革命以来，全球平均气温在 100 多年的时间里增加了约 1 度，而这一升温趋势近年来不断加快。

从短期特征看，厄尔尼诺叠加气候变化，将导致未来 2—4 年全球气温明显上升。在 2020—2022 年间，拉尼娜现象带来的降温影响，暂时扼制了全球变暖趋势。但拉尼娜现象已于 2023 年 3 月结束，厄尔尼诺现象重返又促进了全球气温上升。美国气候预测中心指出，2023 年 11 月至 2024 年 1 月期间，出现强厄尔尼诺的可能性为 56%，超过中等强度的可能性为 84%。在厄尔尼诺年，因为热量从海洋转移到大气中，大气温度升高。这一过程在 2023—2024 年初逐渐加强。2023—2027 年间，全球近地面年平均温度或将比工业化前高 1.1 ℃ 至 1.8 ℃，未来五年内几乎肯定会是"历史上最热的五年"（发生概率超过 98%）。

从长期趋势看，全球变暖正在到达加速变化的临界点（Climate Tipping Point，CTP）。全球陆地和海洋温升超过一定临界点后，将导致极地冰盖和高纬度冻土融化、雨林和温水珊瑚等生态系统崩溃和枯死，引发自然系统大规模碳释放以及海洋、森林固碳能力大幅下降，进一步加快气候变暖并触发恶性循环。早先研究普遍认为气候变化临界点将在升温 2 ℃ 时系统性到来，但《科学》杂志 2022 年 11 月发表的一项国际合作研究指出，当前升温 1.1 ℃ 已经达到部分系统临界条件的下限，南极西侧冰原、格陵兰地区等高纬度海冰、西伯利亚冻土层正在加速融化，赤道暖水珊瑚大规模死亡。如果温度进一步升高超过 1.5 ℃，亚马逊雨林、南美高山冰川、西非季风带等更大规模生态系统将面临崩溃，从固碳转为排碳。即便没有更多系统性的生态系统崩溃，全球变暖引发的干旱导致山火增加、植被退化等局部性因素，也在大量释放温室气体，加速气候变化的进程。

从人类应对气候变化的情况看，全球低碳转型脆弱性凸显，为深化合作与治理蒙上阴影。2022 年以来，全球经济从疫情后复苏，能源消费增长 2.1%，能源相关碳排放增长近 1%，继续刷新历史最高值。此外，受俄乌冲突等地缘冲突影响，全球天然气价格供应短缺、价格上涨，导致欧洲等地重启煤电，煤炭消费增长 6.3%，在一次能源中的占比从 27% 提升至 30%。2022 年夏季，极端高温干旱导致需求激增的同时，也使水电等可再生能源产能下降，引发多地能源危机，各国对能源安全的关注明显提升，新能源转型和化石能源退出面临重新评估。面对经济发展、社会保障和地缘政治考量，部分国家气候治理行动战略定力不足，全球气候合作脆弱性较高。极端气候频发使气候治理的紧迫性大幅提升，但同时也使生态、社会、经济系统面临更加严峻的冲突与挑战，各国气候治理面临更加复杂的决策环境，气候合作的不稳定、不确定性进一步增加。

气候变化加速的长期趋势叠加厄尔尼诺的短期冲击，使全球大部分地区都面临着更频繁、剧烈，以及更加持续的极端天气气候事件，低碳转型和气候治理的紧迫性大幅提升。但另一方面，全球气候治理受到经济、社会和政治因素的掣肘，在逆全球化浪潮下气候合作面临更加复杂、多变的不确定性，实现 1.5 ℃甚至 2 ℃温控目标的前景并不乐观。这为进一步提升适应气候变化的能力，对未来可能到来的灾难性后果做好应对，敲响了警钟。

二、气候变化对我国的潜在风险分析

我国是全球气候变化敏感区和影响显著区。2023 年 7 月 8 日，中国气象局发布《中国气候变化蓝皮书（2023）》显示，2022 年我国夏季平均气温、沿海海平面高度、多年冻土区活动层厚度等多项气候变化指标创新高。叠加厄尔尼诺事件影响，我国极端气象气候事件频发趋强、变化规律更加复杂，极端强降水量事件增多，气候风险指数呈升高趋势。2022 年，我国沿海海平面升至 1980 年来最高点，青海湖水位连续 18 年回升。政府间气候变化专门委员会（IPCC）2022 年发表的第六次评估报告指出，我国是北半球受气候变化冲击最大的国家之一，也是全球气候风险经济损失最大的国家。我国气候风险脆弱城市占全球总数的 3/4，其中江苏、山东、河北排名全球前列。随着全球变暖不断提速，气候变化已对我国自然生态系统带来严重不利影响，并不断向经济社会系统蔓延渗透。

气候变化冲击自然生态系统，进而影响经济社会系统的路径主要表现在四个方面：

一是降水时空分布异常加剧，威胁农业生产和粮食安全。国家气候中心判断 2023 年黄淮区域的小麦生长，仍处于雨水偏少的状态，而进入夏季，高温干旱和持续降雨将会穿插交替发生。一些非高标准农田范围内缺乏抵御自然灾害的基础设施，缺少支撑灌溉的供电设施，持续高温干旱势必会对夏玉米和夏大豆等粮食作物，造成较大潜在隐患。此外，高温导致病虫害增加、农业土壤退化、动物疾病滋生，以及草原干旱退化等，进一步加剧农业和畜牧业生产风险。从长期看，降水分布在我国呈现南移态势，华南沿海区域将面临高温热浪和洪涝灾害，华北平原和西北地区遭受持续干旱侵袭，构成我国粮食安全风险最为集中的三大区域。值得注意的是，气候变化的全球性影响下，应对粮食危机难度加大。受厄尔尼诺现象影响，南太平洋季风降雨预计减少，威胁印度夏季作物，以及印尼、马来西亚和泰国棕榈油、大米产量。受此影响，预计更多国家将出台粮食出口禁令。此外，全球粮食运输、贮存、加工、贸易等价值链环节都对气候高度敏感，气候变化和极端天气气象调降将导致粮食市场波动加大，我国需尽早做出应对。

二是干旱热浪冲击下，我国能源供需失衡和系统安全风险叠加。在需求端，随着居民和第三产业用电占比提升，电力负荷与气温直接相关，并且呈现出非线性的关系。气温每升高 1 度带来的电力负荷增幅逐渐扩大。国家能源局预测，2023 年全国最大电力负荷可能超过 13.6 亿千瓦，较 2022 年增加 8000 万到 1 亿千瓦，部分省份在高峰时段将再次出现用电紧张。在供给端，我国当前可再生能源占一次能源比重约 15%，其中以水能为主，风电、光伏也在迅速增长。随着高温、无风、干旱的极端热浪日益频发，延续时长和覆盖范围持续扩大，可再生能源的可靠性严重受限。以 2022 年为例，我国长江流域极端高温日数量和温度均突破历史最高，极端天气从"数日"延长至数周甚至数月，影响范围覆盖 9 省。其间水电风电产能大跌，且无法进行有效的区域互济，导致长江流域出现整体性缺电，危及经济社会运行平稳。

能源安全风险会对更广泛的经济产业安全造成冲击。当前我国正在推动产业转型升级，数字化、低碳化是两大主题。为了推动量大转型，算力基础设施正在加速布局，重点在中西部和西南风电、水电等可再生能源充裕的地区，形成"东数西算"的总体格局。但随着相关地区能耗的增加，能源安全风险对数字基础设施的潜在威胁不断累积，进而影响整个经济社会系统的平稳运行。因此，算力网络布局需要审慎考虑气候变化下能源安全风险，优化布局、加强应急保障，提升系统韧性。

三是海平面上升和极端气象事件频发,复合型极端灾害发生概率持续增加。《中国海平面公报》显示,1980—2022年中国沿海海平面年均上升3.5毫米/年,但1993—2022年的增速为4.0毫米/年,高于同时段全球平均水平。预计到2060年我国平均区域海平面上升0.3米,届时将有超过15.6万沿海居民居住在海平面以下;到2100年将有约85.5万人生活在海平面以下(海平面升高约0.8米)。即便在温室气体低排放情景下(1.5℃—2℃升温情景),到2100年我国仍将有超过20.7万人居住在海平面以下(海平面升高约0.4米)。广东和江苏两省在低洼地区定居的人口最多,占我国所有情景下在暴露于上升的海平面总人口的64%以上。海平面升高使沿海地区应对台风、暴雨、洪涝的脆弱性大幅提升。东南沿海地区台风—天文大潮—强降雨—高海平面,以及华南地区洪涝—咸潮—疫病等多碰头灾害群发事件发生概率将大增。

四是高温湿热诱发疫病风险,社会保障压力陡增。由于气候变暖导致空气可含水量升高、湿度加大,一种比高温热浪更为危险的高温高湿热浪也变得更强、更频繁,而且分布范围更广。高温高湿热浪会抑制人体排汗降温的机制,更易对人体造成热损伤和诱发心脑血管疾病。研究表明,在升温1.5℃情境下,全球暴露在致命高温高湿热浪下的人口为5.08亿;而升温2℃情境下,暴露人口激增至7.8亿,对人群健康和社会保障造成巨大压力。此外,世界卫生组织(WHO)提醒,洪涝和暖湿气候加速蚊虫繁殖和登革热等病毒性疾病,以及多种蚊媒疾病的传播。秘鲁和厄瓜多尔等地已出现相关疫情。气候变化带来的疫病增加，将会对医疗体系和医疗保障系统构成额外的压力。

三、应对和适应气候变化的对策建议

应对和适应气候变化是一项高度系统性的工程，涉及国土空间规划、基础设施建设、应急管理体系、经济产业结构等多领域的系统性变革，也与国际气候合作和博弈进程息息相关。2022 年 6 月，生态环境部等 17 部门联合印发《国家适应气候变化战略 2035》，对相关工作做了总体部署。结合当前气候变化新的趋势特征和暴露出来的上述新风险，做好应对的关键在于处理好三对关系：

一是兼顾短期和长期。粮食、生态、能源和健康等多种气候风险之间具有复杂的内在关联和交互影响。比如短期关注粮食风险，开展退林还耕等举措，会导致生态系统自生适应能力下降，导致水土流失、恶化局地气候环境，长期使气候风险更加严峻。需要全面评估多种气候风险，系统分析多种风险交互关联，坚持保育优先，以增强生态系统自适应能力为主，以人工辅助转型适应为辅。

二是统筹局部和全局。气候变化具有全球性，但其风险和冲击却有极强的区域异质性。我国疆域辽阔，不同区域核心风险类型不同，暴露程度也不同，这为气候风险时空规避提供了可能。完善小尺度气候变化预测分析，研判不同区域未来生态、水文、农业要素变化特征，统筹部署水系治理和水网建设，优化引导农产品产区调整，推动关键二三产业布局优化和应急保障体系建设。

除了空间维度外，人群维度上的局部与全局的关系同样值得关注。气候变暖导致疾病和医疗支出增加、能源和粮食成本上升、生态破坏和水污染，以及产业转移转型带来的就业调整，都具有"累退性"特征，即对低收入人群冲击更加明显。规划适应气候变化的相关工作需要特别关注对高风险人群的福利补偿，保障社会公平，避免引发新的不稳定因素。同时，需要加大公众科普宣传力度，加强公众对于防灾减灾和对应气候变化的认识，增强自我防护意识，减少因高温致病、致贫。

三是协调国际与国内。第一是通过国际和国内多部门合作，加大对厄尔尼诺以及小尺度气候变化的监控和预测分析，加强对重大灾害预报预警能力，构建重大灾害监测网络，加强实时分析研判，推动全覆盖的复合型极端灾害预报预警系统的建设。第二是用好国际国内两个市场，做好粮食储备。关注俄罗斯、加拿大等高纬度地区农产品生产改善情况，提前谋划农产品贸易合作。第三是趋利避害，占据国际社会道义高点。利用西方民众气候关注度提升的契机，推动我国与欧洲新能源产业与项目合作。同时在对外援助过程中突出强调提升适应气候变化能力的相关领域，掌握国际合作话语权。

第四节　落实"双碳"战略的严峻挑战

历史目标不断达成，但未来十年的"碳达峰"之路仍旧充满挑战。国际能源署综合国内外各权威机构研究结果，测算中国 2060 年前实现"碳中和"可能会在未来 40 年累计减少 2150 亿吨（测算中值）二氧化碳的排放，从而将 21 世纪全球升温水平拉低 0.24 度。这对于全球应对气候变暖而言，将有非凡的意义。但实现这一目标，面临巨大的挑战。为实现碳中和目标，电力、交通、工业、建筑等行业的减碳力度将前所未有，到 2050 年时，电力将实现零排放或负排放，而四个行业中减碳幅度最低的交通，也要超过 80%。但中国承诺实现从碳达峰到碳中和的时间只有 30 年，远远短于发达国家普遍 50—70年的过渡期，需要中方付出艰苦努力。照此趋势，到 2030 年我国碳排放达峰时，人均排放量仅为 8 吨，而西方主要发达国家碳达峰时，人均碳排放水平基本都在 10 吨以上，美、加等国甚至在 18 吨以上。

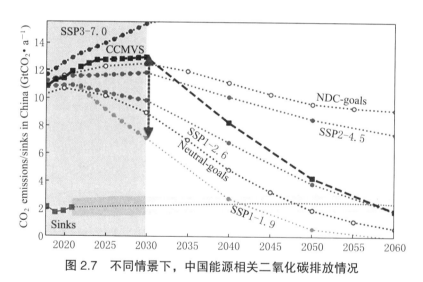

图 2.7　不同情景下，中国能源相关二氧化碳排放情况

资料来源：Zhang X., Zhong J., Zhang X., et al., "China Can Achieve Carbon Neutrality in Line with the Paris Agreement's 2 °C Target: Navigating Global Emissions Scenarios, Warming Levels, and Extreme Event Projections", *Engineering*, Dec. 2024。

为实现上述目标，我国还面临着来自经济产业发展阶段、能源资源禀赋结构，以及国家治理体制机制改革等方面的巨大挑战。

一、经济产业视角下的"双碳"挑战

相较欧美发达经济体，作为目前全球最大二氧化碳排放国和煤炭消费国的中国，要在 40 年时间内实现碳达峰碳中和，减排任务之艰巨、转型风险之巨大、技术创新挑战之严峻是毋庸讳言的。目前作出碳中和承诺的国家中有一半已经实现碳达峰，达峰的人均收入水平平均在 2 万—2.5 万美元，而中国目前的人均收入水平、产业结构特征、地区发展水平差异与达峰经济体均存在明显差异。制定适合我国国情的政策体系，完成从目前的高碳能源系统、产业系统、基础设施系统向零碳的社会经济系统变革，是在一系列约束性因素和不确定性条件下的目标厘定、策略抉择和路径选择，需要充分运用系统论的思维，推动发展理念、治理体系、产业技术、基础设施、社会认知等多维度、全局性变革。因此科学的碳中和政策体系构建，必须建立在厘清局域性转型与系统性变革触发的机制和演化调整规律的基础上层层深入，识别中央与地方、政府与市场、企业与民众共同行动的难点和策略选择，评估资源禀赋、发展阶段、产业布局、人口流动等对碳达峰和碳中和模式选择的影响，提出碳中和与社会经济发展和公共治理的多重目标之间协同推进的机制。基于系统性思维的碳中多维度政策研究将为碳中和政策实现其有效性、提升其效率性、增强其适应性发挥关键作用。

实现"双碳"目标是一场广泛而深刻的经济社会系统性变革，需要全局性、系统性、多尺度的机制研究和工具体系，为低碳转型长期路径的规划提供支撑。我国作为目前全球最大的碳排放国和煤炭消费国、正处于工业化发展的中后期，产业结构和能源结构的转型升级都存在内外部环境和自然资源禀赋叠加所导致的诸多限制性不利因素。同时我国所承诺的碳达峰和碳中和目标体现了大国责任担当，以全人类社会规避更高升温情景为目标，但是却大大缩短了从碳达峰到碳中和的时间进程，我们在这个转型进程中所处的经济社会发展水平、产业结构演进路径、人均收入增长轨迹等都将与发达经济体同期存在较大差异，社会经济成本迥异、转型风险巨大、

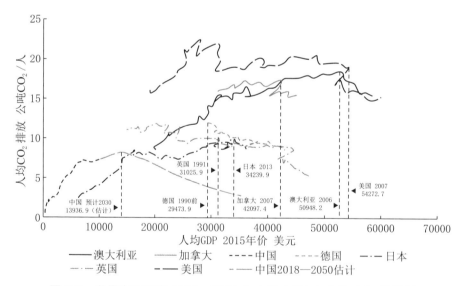

图 2.8　世界主要国家 1960—2018 年人均 GDP 与人均 CO_2 排放量

注：作者根据 WDI 数据库制作，中国未来排放路径预测按 2050 年达到中等发达国家收入水平计算人均收入增速（按年插值并平滑），以及 NDC 文件设定 2030 排放强度和 2060 实现碳中和目标推算人均排放量（按年插值并平滑）。

技术创新挑战严峻。习近平总书记在二十大报告中指出:"实现碳达峰碳中和是一场广泛而深刻的经济社会系统性变革,要积极稳妥推进,立足资源禀赋、坚持先立后破,有计划分步骤实施。"科学规划碳中和的实现路径,有效推动经济社会系统深刻变革,需要坚持系统观念,刻画中国模式、捕捉中国特点、分析中国路径,针对经济和产业结构转型、科技创新、社会变革、治理体系、基础设施投资等决定变革路径的关键要素展开多主体、多尺度的研究。

气候治理与经济社会发展转型过程内生耦合不断增强,优化规划碳中和实现路径需要综合考虑自然系统与社会经济系统的多维度时空特征和动态互馈过程。气候问题在不同时空尺度下,具有明显不同的特征。从气候风险的角度看,时间维度上长期温升的确定性趋势与短期极端气候的不确定性冲击并存;空间维度上气候变化全球性影响与敏感区域局部风险交织。国民经济多部门都具有一定的气候敏感性,气候风险的传导会直接影响生产布局和技术选择、消费和人居模式、城市基础设施等。气候政策的制定既要关注气候变化影响经济社会系统的传导路径的复杂多变性和时空异质性;也要适配在气候治理的不同阶段中经济社会发展和产业、资源与人口特征,将气候治理的目标和导向与社会经济发展多维目标有效兼容,进而成为推动高质量发展的内生动力。从气候风险的时空异质性来看,我国东中西部以及各类生态脆弱区域所面临的气候风险暴露特征差异较大,在产业、人口、资源结构各异的情况下,气候变异的影响以及相应的适应和减缓措施也必须要因地制宜、因时制宜。从发展动态来看,全球产业链、价值链竞争加剧，逆全球化趋势抬头，国际国内双循环的发展战略会带来新一轮的产业链、价值链重构和物流链再造，这些都会直接体现在碳链的特征上，由此带来气候治理和低碳转型路径的异质性和易变性会是气候政策优化的主要议题。理论研究亟待构建符合气候变化多尺度、广域性、异质性和易变性的复合时空尺度建模分析框架，细致刻画更高时空分辨率下气候变化和微观气象条件改变对能源结构、产业结构、经济社会变化的多层次影响及反馈过程，揭示气候风险及治理政策的传导路径和作用过程。

二、能源资源视角下的"双碳"挑战

实现双碳目标关键在能源系统深度脱碳。现阶段我国电力部门直接碳排放占比接近 50%，是最主要的排放部门。加上交通、工业等其他部门直接用能排放，能源系统合计碳排放约占总量的 60%。为落实中国碳减排承诺，能源系统在各种政策情景下，均需要实现大幅度的减排（图 2.9）。主要措施包括持续加大新能源和可再生能源电力对传统煤电等化石能源电力的替代；工业部门内部结构优化和工艺革新，发展替代原料燃料技术等；产业结构调整和产品质量升级，对高耗能产品需求持续下降；建筑部门强化建筑节能标准，改进北方建筑供暖方式，以工业和电厂余热等低品位热源取代燃煤锅炉，增建储热等设施，发展分布式智能化可再生能源网络，实现热电气协同；交通部门改进交通运输燃料构成，推广电气化、氢燃料和生物燃料的利用，同时强化绿色交通理念，引导社会公众出行

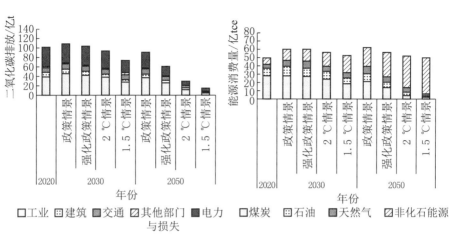

图 2.9 不同情景下分部门碳排放及一次能源消费结构

资料来源:《中国长期低碳发展战略与转型路径研究》综合报告。

的理念和生活方式等。

我国以化石能源为主的结构特征给"双碳"目标造成更大挑战。根据我国能源规划与机构研究,我国能源消费预计在 2030 年达到峰值 56 亿吨标准煤。分品种看,石油消费在 2025 年进入峰值平台区;天然气消费比重逐年增加,到 2040 年接近 14%,但仍远低于同期全球天然气消费占比 23%;煤炭消费比重持续下降,到 2050 年占比 17%。非化石能源进入快速发展期,到 2050 年占比 57%,但化石能源仍将是我国一次能源消费的主体,其中石油和天然气合计比重超过 1/4。

面对挑战,需要在全面梳理我国能源资源禀赋、技术水平、产业基础、技术储备、创新能力等基础条件的基础上,科学规划能源产业未来发展的战略重点,明确发展路径。

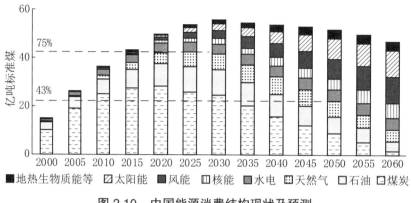

图 2.10　中国能源消费结构现状及预测

资料来源：EDRI。

（一）我国能源转型的基础条件

能源供应方面，我国化石能源资源储量总规模较大，但按人均合储采比水平看，均低于全球平均，资源相对稀缺。从结构看，"富煤、贫油、少气"的特征突出，一方面导致一次能源结构固化，导致高碳、高污染等问题长期化，短期转型难度大；另一方面，油气等化石能源对外依赖性强，成为能源安全风险的一个重要来源。可

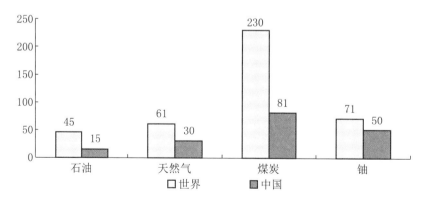

图 2.11　中国与世界化石能源储采比对比

全国年水平面总辐照量分布图
2024 年

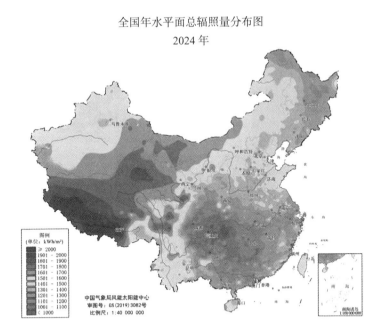

全国陆地 100 米高度年平均风速
2024 年

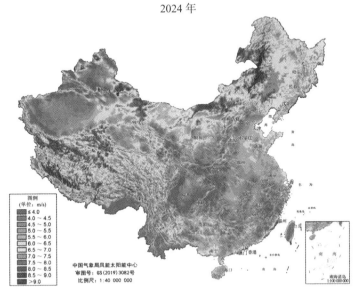

图 2.12　我国可再生能源资源分布

资料来源：中国气象局《2024 年中国风能太阳能资源年景公报》。

再生能源可利用规模可观，截至 2019 年末，我国水电、抽蓄、风电、光伏、垃圾发电均排名世界第 1；其他固体生物质发电排名第 2；海上风电排名第 3，按照目前发展趋势，将在不久的而将来超过德国；光热、海洋能、沼气位于 4—6 位。可再生能源迅速发展能够为降低化石能源依赖提供支撑，但供需空间分布背离较大，风、光资源分布以三北和西部地区为主，远离东部需求负荷中心。可再生能源自身的不确定性，以及远距离输送带来的产业链脆弱性，对电力系统的适应性提出了极高的要求。

能源需求方面，我国目前是全球最大的能源消费国，而随着经济社会持续发展，能源消费规模仍将在很长时间里持续增长。但需求效率较低，对比国际先进水平，我国能源使用的物理效率和经济效率均存在一定的差距，提升空间巨大。此外，能源需求结构也在深度转型，电气化程度快速提高，给能源系统整体的清洁、高效、低碳发展带来了机遇。

配套体系方面，包括供应链和相关基础设施的成熟度和稳健性、配套产业完善程度和技术装备发展水平等要素。从供应链情况看，传统能源供应渠道单一，油气对外依赖较高，战略储备不足；可再生能源供需分离，尽管特高压等输送通道建设投入加快，但仍依仗长距离输送。传统化石能源和新能源均面临供应链脆弱的风险。在配套产业和技术方面，我国是唯一具备联合国全部工业分类的经济体，产业配套完备。科技装备能力快速提升，尤其在可再生能源装备制造领域，全球市场竞争力迅速提升。但不容忽视的是，在一些关键原料、部件和装备方面仍依赖进口，技术自主能力不足，面临着"卡脖子"的问题，成为可再生能源长期深度发展的重要障碍。

企业竞争力方面，我国能源企业国际竞争力持续提升，主要优势在业务规模和资产体量。但因市场化、国际化发展历程较短，在技术水平、经营效率、管理能力等方面的竞争力与国际巨头存在较大差距。

体制机制方面，我国能源市场化改革持续推进，为构建多元、弹性的能源体系提供机制保障。但电力市场化改革等关键领域改革阻力较大，推动进程与能源系统发展需求不符。

（二）新发展阶段能源安全的新内涵与新挑战

新发展阶段能源安全包含三个层面：供应安全、产业链安全，和技术安全。首先，在供应安全方面，我国油气受制于人成为中国军事和外交的软肋，必须树立危机意识、底线思维。近年来随着我国经济结构转型和可再生能源的大力发展，我国能源对外依存度见顶回落（图2.13），但分品种看，油气对外依存度继续逐年攀升，2020年分别达到73%和44%。我国海外石油资源供应主要石油出口国中，伊拉克、苏丹、委内瑞拉、伊朗等多国和地区政治不稳定，地缘政治因素严重威胁供应安全；我国70%进口原油经马六甲海峡，台湾问题、南海争端、钓鱼岛争端都有可能造成供应链受阻。此外，天然气对外依存度如果进一步提升，也会导致外部市场价格波动向国内传导。2021年国际气价暴涨，欧洲天然气价格14个月

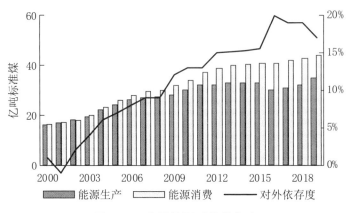

图 2.13　我国能源对外依存度

内暴涨 10 倍，便是前车之鉴。

其次，产业链脆弱性显著提升。随着能源产业专业化程度提升，以及产业链跨区域乃至全球布局，产业高度细分，产业链极度拉长，环节增多。在提升经济效率的同时，也使得不同环节间的交互影响，以及对地缘政治、突发事件的脆弱性大幅提升。2005 年，卡特里娜飓风摧毁了墨西哥湾沿岸的石化产业，导致美国原油储备总体平稳的情况下，成品油价格飙升冲击经济，便是供应链脆弱性影响终端供应的典型案例。通过完善储运体系、增加供给弹性，以及构建多能互补、交互协同的能源系统，保障供应体系的稳健性在当今能源发展新格局下愈发更重要。

第三，能源技术安全正在引起越来越多的关注。能源竞争历来是国家战略的重要内容，可再生能源的发展有望突破资源约束，影响未来数十乃至数百年的国际格局，因而收到全球各国普遍关注，而新能源领域竞争的核心便是科技竞争。我国关键技术、组件、装备和原材料面临国外"卡脖子"问题，如长期不解决，潜在风险将会随着可再生能源应用规模的扩大而迅速膨胀，威胁能源转型路径的可持续性以及能源系统整体的安全性。

我国可再生能源取得了快速发展，是能源系统低碳转型和提升国际竞争力的关键。2016 年以来，我国可再生能源替代取得了长足的进步，风电、光伏和生物质新增装机合计 20 亿千瓦，年均增长 25%；弃风、弃光率也从 10%—20% 降至 2%—3%（图 2.14）。在国内应用规模持续快速增长的同时，我国可再生能源技术装备也在全球产业链中占据了一席之地。中国已具备高效的风电、光伏和动力电池产业链，制造技术先进，成本竞争力强，能源技术装备输出增加，在风电、光伏装备及部分组件、原材料市场，已经占据主导地位。我国能源产业链正以更积极的姿态，深度融入甚至引领全球能源产业链的发展。

综合各方因素不难发现，我国能源供需规模均大，传统能源产业发展成熟，可再生能源产业依托国内市场迅速扩大国际市场份额，

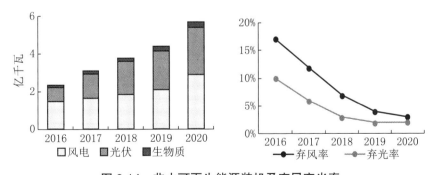

图 2.14　非水可再生能源装机及弃风弃光率

能源大国地位当仁不让。但在能源供应的安全稳健方面，面临对外依赖强、供应渠道单一、供应链脆弱性高，以及关键技术"卡脖子"等问题。绿色低碳方面，我国化石能源占比高，且以煤为主的能源结构给能源系统深度脱碳带来巨大挑战，可再生能源高比例接入将成为未来长期低碳转型的重要方向，需要大幅突破消纳能力的约束。而在经济高效方面，能效提升有望带来可观的提升空间，助力安全、绿色和经济性的协调统一。能源产业的发展现状，与能源强国的要求还有较大的距离。但能源基础设施加快建设完善；低碳转政策和能源市场化改革大力推动，以及新能源技术的持续快速提升，有望使能源产业现代化发展进入"快车道"。

三、国家治理视角下的"双碳"挑战

随着气候变化问题越来越紧迫，双碳目标越来越临近，绿色低碳转型的路径越来越明晰，各类经济主体对于低碳发展的认识正在发生深刻的变化，而这也将对我国经济系统，以及区域格局，以及产业、企业和社群的行为模式造成深远的影响。准确把握在低碳发展的大背景下，微观经济主体的行为模式和交互影响，对于深刻理解相关政策的作用机制，预判各项政策的实际作用，进而优化复杂政策体系的设计，有着不可忽视的价值。从全球的视角来看，在联合国气候变化大会（COP26）上，多边合作机制依旧遭遇重重阻力，踌躇不前。但与之形成鲜明对比的，是城市、产业组织、企业和各种民间组织的积极行动。这反映出全球气候行动正逐步从"自上而下"的顶层设计驱动阶段,转向"自下而上"的由微观实践倒逼政策的新阶段。引导市场主体协同推进低碳发展,率先形成一套协调经济增长与低碳发展的政策机制与发展模式,是中国引领未来全球低碳发展、推动全球气候合作,构建人类命运共同体的关键所在。

2021年10月24日,新华社全文发布了《中共中央 国务院关于完整准确全面贯彻新发展理念做好碳达峰碳中和工作的意见》,意味着中国关于双碳"1+N"政策体系中的"1",即顶层设计正式落地。后续将进入各个地方、各个领域、各个行业的政策措施在实践与试错中逐步完善的重要过程。低碳发展的政策涵盖金融、价格、财税、土地、政府采购、标准等各个方面,多维度、多层级的政策形成的复杂体系,决定了其影响机制的复杂化和作用路径的多元化。而随着政策推进的深度、广度,以及关于低碳发展的观念在各类主体中的认知逐步演变,这种影响机制与作用路径也将产生不同的时空特征。因此,对于低碳发展,以及低碳政策体系的研究,同样需要系统性的、多元视角的,具有动态演进的时空特征的分析框架,进行模拟和推演。

面向碳中和的多维政策体系构建需要强大的机制设计研究支撑,对气候转型中社会和技术面向变革的多样性与系统动态变化的复杂性进行全局性考量。自1992年联合国环发大会通过《气候变化框架公约》以来,国际气候治理体系的构建经过多年沿革,从自上而下的《京都议定书》走向自下而上的《巴黎协定》,在治理框架和治理手段演化的过程中，其"有效性、效率性、公平性"问题始终是理论研究的热点和政策决策的难点。由于气候风险存在严重的负外部性、时空和人群的特殊脆弱性以及高度的不确定性，在国家层面构建气候治理体系同样存在诸多挑战。在这场长期社会经济技术变革进程中，中央与地方、政府与市场、企业与民众共同行动的难点如何协调？局域性转型与系统性变革触发的机制和演化调整的规律是什么？资源禀赋、发展阶段、产业布局、人口流动等如何影响碳达峰和碳中和的模式选择？双碳目标与社会经济发展和公共治理的多重目标之间协同推进的机制是什么？国家气候治理体系的构建既需要考虑从根本上建立社会主体的共识机制，塑造社会经济系统根本性变革的内生动力；又需要兼顾效率与公平、减排与发展，协调好区域、行业、个体在转型过程中的异质性，确保可调节、可延展、抗冲击的转型过程能够顺利推进。因此在机制设计上，既需要明晰在多种公共治理目标约束下，政策与制度设计的标准和多种规制体系组合的模式；又需要设计高效的监管机制和风险应对机制，确保治理体系的有效性、效率性和公平性。

面向碳中和的多维政策体系构建有助于将绿色转型过程与高质量发展过程有机统一，助力国家治理体系和治理能力现代化。国家气候治理体系不是孤立的系统，而是国家治理体系的有机组成部分，同时又要与国际气候治理体系进行有效衔接，针对国际对外开放合作的新格局强化我国在全球气候治理中的引领力。我国正处在两个百年奋斗目标的历史交汇期和国际国内双循环新发展格局的构筑期，面向双碳目标的治理体系只有解决好绿色低碳转型与其他公共治理、社会经济发展、对外开放的矛盾冲突，使低碳转型能够被各方利益主体所接受，形成社会共识、动机激励，才能够引领绿色转型过程与高质量发展过程的有机统一。开展针对国家气候治理体系的系统性交叉学科研究，是中国在引领全球气候治理进程，彰显国际影响力和政策执行力的迫切需要，也是推进构建人类命运共同体、切实达成对国际社会庄严承诺的科学保障。

科学推进气候治理、切实落实气候目标，需要在精准把握多元主体微观行为特征和交互机制、完整刻画气候政策传导路径和作用过程的基础上，优化政策机制和体系设计。面向碳中和的"1+N"政策体系正在快速构建过程中，经济社会系统在这一政策体系的规制、激励和引导下的变革方向取决于地方政府、主导产业、企业居民个体等各级各类主体面对气候风险、政策干预的微观响应行为，及其聚合的宏观涌现。客观而言，减排和中和的技术创新本质上是具有替代性的，因此在技术演进过程中，技术、市场、政策和经济反馈存在多重不确定性和不完全信息，微观主体行为具有异质性、易变性、非理性和策略性，导致其聚合的宏观表现具有普遍的非均衡性、不确定性和动态变化的特征，这给碳中和政策的落地带来了很大的难度。细致识别和刻画多层级主体在多重不确定性条件下的非理性行为，建立个人、企业、行业、地方政府和区域等多层级主体间的交互博弈等策略性行为机制，有助于揭示政策作用的动态过程，优化模拟经济社会系统渐进转型的推动机制，为碳中和政策精准施策奠定扎实的理论基础和兼具科学性、可行性和操作性的行动路线。

第三章 从"四对关系"认识 "双碳"战略系统观

实现"双碳"目标是一场广泛而深刻的变革，高水平推动双碳工作，要提高战略思维能力，把系统观念贯穿"双碳"工作全过程。习近平总书记在多个重要场合强调，推进"双碳"工作要重点处理好四对关系。一是发展和减排的关系。减排不是减生产力，也不是不排放，而是要走生态优先、绿色低碳发展道路，在经济发展中促进绿色转型、在绿色转型中实现更大发展。要坚持统筹谋划，在降碳的同时确保能源安全、产业链供应链安全、粮食安全，确保群众正常生活。二是整体和局部的关系。既要增强全国一盘棋意识，加强政策措施的衔接协调，确保形成合力；又要充分考虑区域资源分布和产业分工的客观现实，研究确定各地产业结构调整方向和"双碳"行动方案，不搞齐步走、"一刀切"。三是长远目标和短期目标的关系。既要立足当下，一步一个脚印解决具体问题，积小胜为大胜；又要放眼长远，克服急功近利、急于求成的思想，把握好降碳的节奏和力度，实事求是、循序渐进、持续发力。四是政府和市场的关系。要坚持两手发力，推动有为政府和有效市场更好结合，建立健全"双碳"工作激励约束机制。

习近平总书记关于"四对关系"的论述，充分体现了系统观念，是我们深刻理解和认识"双碳"工作的理论内涵提供了依循和指引。深入推进"双碳"工作要加强统筹协调，明确统筹政策。首先，将保护环境纳入宏观经济增长的主要政策目标中，并让"双碳"目标成为促进经济增长的新动力。当经济增速放缓时，尤其要保持战略定力。其次，宏观政策几大传统目标的统筹协调，比如GDP、物价、就业、国际收支等目标。在新的复杂的国内外经济形势下，这些目标的协调难度进一步加大。最后，多维度协调各类环境政策。现在更多是从碳的维度讲"双碳"。但是，只是"为减碳而减碳"的话，减碳就可能引发生态环境资源等问题，在一些情况下反倒会加剧不可持续。因此，必须将减碳纳入生态文明建设整体布局，让碳排放、环境保护、资源利用等环境目标相互促进。

第一节　深刻认识发展与减排的关系，协同推进气候治理与高质量发展

在探讨"双碳"目标和经济增长之间的关系时，传统观点更多强调二者之间的权衡和取舍问题。但如果转换思路，从社会福祉的视角构建新发展理念，重新审视"双碳"与发展的关系，不难发现

两者其实有着相辅相成的关系，"双碳"目标正在成为促进经济高质量发展，和实现持续增长的内在驱动力。发展理念的背后，是增长模式的变革。在工业革命后建立的高排放、高资源消耗的传统增长模式下，推行"双碳"无疑会阻碍经济增长。但我们恰恰需要建立的是以资源高效利用、技术创新驱动、民生福祉为导向的绿色可持续增长模式。2022 年 1 月 24 日，习近平总书记在十九届中央政治局第三十六次集体学习时指出，我国已进入新发展阶段，推进"双碳"工作是破解资源环境约束突出问题、实现可持续发展的迫切需要，是顺应技术进步趋势、推动经济结构转型升级的迫切需要，是满足人民群众日益增长的优美生态环境需求、促进人与自然和谐共生的迫切需要，是主动担当大国责任、推动构建人类命运共同体的迫切需要。深入推进碳达峰碳中和工作，落实"双碳"战略目标，是推动高质量发展的内在要求，是践行新发展理念的重要体现。当前，我们正处在新旧模式的转型期，站在新的模式往前看，"双碳"战略为经济和社会持续发展带来了更多的机遇与动力。

一、落实"双碳"目标降低气候损失

中国是全球气候风险最为脆弱的区域之一。据 IPCC 第二工作组第六次评估报告（AR6 WGII）报告，如不提升气候变化适应能力，中国受气候风险影响的潜在经济损失北半球最高。[①] 2023 年 2

---

① IPCC, *Climate Change 2022: Impacts, Adaptation and Vulnerability*, https://www.ipcc.ch/report/ar6/wg2.

月，气候风险评估专业第三方机构 XDI 公司发布报告显示，在全球 20 个最容易遭受气候变化影响的地区中，中国占据 16 个。XDI 利用气候模型与天气及环境数据对世界各地的 2600 多个地区进行了评估，评估到 2050 年气温上升有可能造成的经济损失。XDI 表示，数据显示全球经济的一些"发动机"正面临灾难性威胁，其中中国的气候风险脆弱城市占全球的 3/4，占中国 GDP 1/10 的工业化沿海省份江苏，被 XDI 列为世界上（气候）最脆弱的地区，山东省和河北省紧随其后。[1] 联合国减灾办公室（UNDRR）2020 年 10 月发布报告《灾害的代价（2000—2019）》指出，与气候相关的自然灾害数量激增，造成的损失也大幅增加。2000—2020 年间，全球共记录了 7348 起灾害事件，造成 123 万人死亡，造成 3 万亿美元的经济损失，受灾人口总数高达 40 亿。其中，中国共发生 577 起灾害事件，居全球首位。[2] 根据国家气象局的介绍，我国面临的气候变化风险主要包括以下几方面：一是气候变化导致极端天气事件的频率与强度的增加，可能造成重大的自然灾害损失；二是"亚洲水塔"失衡，降水时空变化的空间差异，导致水资源时空分布不均，洪涝干旱频繁发生，部分地区的水资源极度匮乏可能加剧，地质灾害发生的风险增加；三是大幅升温将加剧生态系统的脆弱性，导致生产力与服务功能下降，生态环境退化、生物多样性降低，甚至

---

[1] *XDI Gross Domestic Climate Risk*, https://archive.xdi.systems/xdi-benchmark-gdcr.

[2] UNDRR: *The Human Cost of Disasters: An Overview of the Last 20 Years (2000—2019)*, https://www.undrr.org/publication/human-cost-disasters-overview-last-20-years-2000-2019.

导致部分物种灭绝；四是沿海地区海平面上升，风暴潮频率、强度增加，海岸侵蚀和咸潮入侵加剧，并显著影响海岸带生态系统；五是极端农业气象灾害事件导致作物产量降低，农业病虫害增加以及物种生育面积的减小等；六是极端高温、寒潮以及空气污染导致的中暑、冻伤、心脑血管等人体健康风险上升；七是对重大工程建设产生不利影响；八是极端气候事件频发对旅游等产业影响较大。推动气候治理对于保障经济社会可持续发展具有深远的影响。

　　未来的气候损失与全球升温密切相关，并随升温非线性增加。在 NDC 情境下，全球升温在 2100 年将达到 3.5 ℃，气候变化损失占中国 GDP 的比重将达到 5.6%，而累计气候变化损失将达到 189 万亿美元。在碳中和情景下，2100 年全球升温可以控制在 1.5 ℃ 左右，则中国的气候损失可以控制在 GDP 的 1% 以下，累计气候变化损失将减少到 55 万亿美元。碳中和目标将减少累计 134 万亿美元的气候损失，其中有 85% 以上将发生在 2050—2100 年，因此拖延行动意味着巨大的气候风险，为社会经济的长期可持续发展埋下隐患。[1]

　　此外，推动温室气体减排可以成为经济增长的驱动力，而不是阻碍经济增长的因素。发展的根本目的是提高人民的福祉。传统发展模式不仅带来不可持续的环境危机，还面临发展目的与手段的本

---

[1]　腾飞等：《2021 碳中和目标与气候风险——气候变化经济损失评估》，2022 年。

末倒置。新发展理念、美好生活概念的提出及以人民福祉为中心的发展战略，实质是回归发展的根本目的。相应地，满足美好生活的发展内容就会发生变化，与之相应的资源概念也会变化。由于不同资源的技术特性不一样，相应的商业模式、组织模式和体制机制都会不同。一旦这种绿色转型发生，环境和发展之间就有可能成为相互促进的关系。具体而言，实现经济增长和气候治理协同的手段包括以下几个方面：

（1）投资清洁能源和绿色技术：政府和企业可以增加对清洁能源和绿色技术的投资，例如太阳能、风能和生物能等可再生能源，以及能源效率改进技术。这些投资不仅可以减少温室气体排放，还可以创造就业机会和新的经济增长点。

（2）促进创新和绿色产业发展：政府可以提供激励措施来促进绿色产业的发展，如提供税收优惠、补贴和绿色技术研发资金等。这将鼓励企业开发更多的环保产品和服务，从而拉动经济增长。

（3）制定有效的市场机制：制定合理的碳定价机制或碳排放交易系统可以激励企业减少碳排放并寻求更清洁的生产方式。这种市场机制可以促进企业转向低碳经济模式，从而促进经济结构的转型升级。

（4）建立绿色基础设施：投资于绿色基础设施建设，比如智能交通系统、节能建筑和城市绿化等，不仅可以降低能源消耗和温室气体排放，还可以为经济创造新的建设和运营就业机会。

（5）提高环保产业竞争力：通过提高环保产业的技术水平和市

场竞争力，可以使得企业在国际竞争中占据优势地位。这将带动更多的出口和提高国内环保产品的需求，从而带动整体经济增长。

（6）提升能源利用效率：改善能源利用效率可以降低企业的生产成本，并减少对能源的依赖。通过采用更高效的生产工艺和技术，企业可以在不增加成本的情况下降低碳排放。

二、推动节能减排有助缓解资源约束

经济发展所导致的资源环境约束，触发了对传统发展方式的深刻反思。面对日益紧张的可耗竭资源，大量耗费物质资源的传统发展方式难以为继。我国作为人口超过 14 亿的发展中大国，资源环境约束问题尤其突出，必须正确处理好人口问题、资源问题、环境问题与发展问题的关系，走可持续发展道路。"双碳"目标的提出，既是对全球可持续发展进程的有力推动，也是着力破解资源环境对我国可持续发展的制约，将经济社会发展建立在资源高效利用和技术进步基础上，实现绿色低碳可持续发展的关键选择。

在长达 30 年的高速发展后，中国的经济发展速度正在放缓。过去三十年中国经济的增长主要动力来源于资本投入与固定资产投资。随着资本深化程度的不断提升，以及人口增速放缓、老龄化加剧，固定资产和基础设施的投资回报率将长期下行，投资拉动的高经济增长趋势将不可持续，而资源约束对经济增长的负面影响将逐步显现。中国经济持续增长的前景，很大程度上取决于能否通过技术进步及生产率的提高，部分抵消资源约束对经济增长的负面作用。如果中国不能通过技术进步和提高生产率有效应对资源约束的负面影响，则中国也有可能进入低速增长的"中等收入陷阱"。

在所有的资源约束中，能源约束是最为直接，也是影响最为紧迫的之一。我国当前正处于工业化的末期和城市化的中期，能源仍然是经济发展的基础。为支撑经济的高速增长和大规模的城乡建设，我国能源供应仍高度依赖化石能源。中国是世界上最大的可再生能源生产国，但也是世界上最大的化石能源进口国。即使在最为激进的可再生能源开发情景下，中国一次能源需求也将全面超过供应能力，到2030年石油的对外依存度将达到75%，天然气将超过40%，煤炭也将大幅超出安全高效的科学产能，对能源供应和能源安全形成巨大压力。与其他发达国家经济体相比，以化石能源为主的能源结构及居高不下的第二产业比重也使得中国的经济更易受到能源价格变动的冲击。在间歇性可再生能源大规模高比例接入的未来能源体系中，一方面受气候变化印象，可再生能源供给不确定性增加；另一方面受外部不稳定不确定性因素影响，传统化石能源供给风险凸显。两方面因素共同作用下，能源风险对经济社会安全平稳运行造成越来越严重的威胁。

降低化石能源使用是实现温室气体减排，推进"双碳"战略的关键抓手。通过推动能源消费、供给、技术、体制机制革命，实现低碳转型，提升可再生能源占比，是摆脱资源约束，实现可持续发展的必由之路。

值得注意的是，全球范围内向清洁能源转型引发的大量战略性

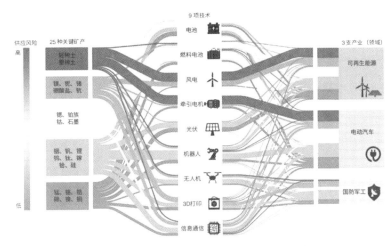

图 3.1　战略性矿产资源流向与稀缺性示意图

资料来源：王安建、袁小晶：《大国竞争背景下的中国战略性关键矿产资源安全思考》，《中国科学院院刊》2022 年第 11 期。

矿产需求。清洁能源需要用到很多关键矿产资源，如电动车电池需要锂、镍、钴、锰，风力发电需要涡轮。国际能源署 2022 年 11 月发布报告显示[①]，为实现《巴黎气候协定》全球升温 2 摄氏度以内的目标，2040 年全球清洁能源矿产需求至少翻番，电动车相关矿产需求将增长 30 倍，其中锂增长 42 倍，石墨增长 25 倍，钴增长 21 倍，镍增长 19 倍。可再生能源的发展客观上造成了新的不可再生资源约束。以绿色发展集约、高效、可持续的内在思想，在推动可再生能源发展的过程中，需要提前谋划，优化管理、提升效率、加快构建循环再利用产业体系，确保资源可持续。

———————

① IEA, *Critical Minerals Policy Tracker*, https://www.iea.org/reports/critical-minerals-policy-tracker.

三、"双碳"目标促进新兴低碳产业发展和技术创新

我国正面对全球新一轮科技革命和产业变革的历史机遇期，加快转变经济发展方式，增强我国的生存力、竞争力、发展力、持续力，成为贯彻新发展理念、构建新发展格局、推动高质量发展的必然要求。但是，我国发展需要解决的问题越来越复杂棘手，特别是传统产业占比仍然较高，战略新兴产业、高技术产业尚未成为经济增长的主导力量，发展动能供给不足，科技创新支撑不够，产业变革升级处于最吃劲的重要关口。在这一阶段提出"双碳"目标，目的不只是积极应对气候变化，更是要以实现"双碳"目标为引领，不断加强我国绿色低碳技术创新，持续壮大绿色低碳产业，倒逼经济发展的质量变革、效率变革、动力变革，从而在新一轮全球技术产业竞争中立于不败之地。我国已进入高质量发展阶段，经济结构的转型升级是大势所趋，必须顺势而为推进"双碳"工作，助推我国加快形成绿色经济新动能，显著提升经济社会发展质量效益。

碳减排与产业创新发展的关系，最有影响力的理论假说由美国企业管理学家迈克尔·波特（Michael Porter）于 1990 年提炼并提出，波特假说（Porter Hypothesis）主张环境规制和市场竞争之间存在着积极的关系，强制性的环境法规可以激励企业进行创新，从而降低生产成本，提高生产效率，并在市场竞争中获得竞争优势。但类似的经验观察并非西方原创。强制性的温室气体减排法规可以促使企业加大对清洁能源和节能技术的研发投入。从短期看，温室

气体减排要求企业降低能源消耗和碳排放，促使企业采用更加节能高效的生产方式。从中长期看，企业可以通过引进更先进的生产设备和工艺、更严格高效的管理，提高能源利用效率，降低生产过程中的碳排放，从而减少能源成本并增强企业的可持续发展能力；也能够在这样的变革过程中，不仅提高资源利用效率，降低生产成本，更提升管理能力。通过技术和管理两方面的创新，提升企业适应市场变化的能力和面对冲击的韧性，获得更持久的竞争优势。

但是引导和加快技术进步，需要优化政策激励。引致技术进步（induced technology improvement）理论认为，政策引导可以刺激企业和机构加大技术创新和研发投入，促进新技术的发展和应用，从而推动经济的增长和转型。政策引导可以提供激励措施，如研发资金补贴、税收优惠和知识产权保护等，从而鼓励企业和研究机构增加技术创新和研发投入。这些激励措施有助于提高创新者的动力，促进新技术的产生和应用，推动经济结构的升级和转型。此外，政策引导可以通过制定技术转移政策和提供技术支持，促进技术在不同领域和行业之间的传播和应用。这有助于加快技术的扩散和普及，推动整个产业链的升级和优化，从而提高整体经济效益和生产力水平。最后，政策引导可以通过市场导向和需求导向的政策来塑造消费者和企业对新技术的需求。通过激励消费者和企业选择更环保、更节能、更高效的产品和技术，政策引导可以间接推动企业加大技术创新和研发投入，满足市场需求，推动技术的进步和创新。市场化机制在优化引导技术创新、推动低碳转型方面正在发挥着越来越大的作用。

"双碳"目标也会对产业结构造成深远影响。深入推动节能减排，意味着汽车、能源等很多高碳产业面临生产方式的根本性变革。这一方面给很多中国的产业提供了换道超车的机会，另一方面也催生出许多以低碳为导向的新兴配套型产业。以新能源汽车为例，2021 年，中国新能源汽车销量超过 350 万辆，同比增长约 1.6 倍。正是因为新能源汽车井喷式增长，2021 年中国汽车才结束 2018 年以来连续三年产销量下降的局面。新能源车背后是一个庞大的基础设施和产业体系，会成为新的重要经济增长来源。①

四、参与国际气候合作助力构建"双循环"经济新格局

世界百年未有之大变局加速演进，逆全球化浪潮导致全球经济产业"脱钩断链"愈演愈烈。但同时，面对气候变化这一全球性的危机，全球共同参与治理的紧迫性使得气候合作与博弈交织并存，为我国推动和引领全球气候合作与低碳产业合作留有增量空间，抓住"双碳"目标催生的产业合作机会，有助于在不利的外部环境下打通外循环，构建"双循环"经济新格局。

当前全球气候治理合作与博弈并存，博弈成分不断提升。逆全球化背景下，气候治理与经贸、科技、能源问题交织，导致国际气

---

① 《碳达峰碳中和目标何以驱动高质量发展——访中国社会科学院生态文明研究所所长张永生》，《中国经济导报》2022 年 4 月 2 日。

候合作"政治化"。但同时，低碳产业的合作在技术封锁和"脱钩断链"的背景下，仍在持续深化。随着可再生能源在全球能源结构中的占比不断提升，全球能源产业格局深刻变革。全球能源产业以"资源驱动"和"市场驱动"为主导的基本形态正在受到根本性的转变。来自技术创新的驱动力正在推动能源产业的突破性变革，分布式、可再生能源叠加数字智能技术的新型能源系统快速发展，在提升能源多样性、减缓气候影响的同时，也给全球能源产业链的重塑带来了更多可能。在能源供需从集中走向分散，从单一能源形态走向多能融合的变革过程中，能源产业链的形态必须适应新的能源供需体系特征，从全球化到区域化、从板块化到一体化的重塑。

从生产链看，可再生能源发电的生产过程短，很大程度上可以视为电力产业链的上游发电环节。但其自身产业链应包含装备制造、系统集成、工程建设和运维。这决定了可再生能源产业链形态接近装备制造业，即专业细分、全球化布局。从供应链看，可再生能源生产具有较强的属地性，通过并网或就地消纳的形式输出。但装备制造环节的供应链全球化程度较高。从价值链的角度看，可再生能源产品高度标准化，国际竞争力与全球值链定位很大程度上取决于核心技术装备、软件系统及管理运营水平。当前产业链上的主要企业分布与可再生能源开发利用的空间分布耦合，形成了三个主要集群：欧洲具备全产业链，从组件、整机，到后端开发，都有较大的技术优势；中国产业集群重点聚焦装备整机和开发利用；而美国产业集群则侧重开发端。我国新能源产业经过多年发展，已经摆脱了依靠劳动力成本优势参与全球价值链分工的阶段，在资本、市场、技术和产业链整合等软硬实力上，均形成了自身的优势领域，具备与先进国家在全球贸易、投资、金融和技术等领域开展多维度的合作，实现更紧密的协同与互补的条件。

从加快技术创新的角度看，低碳技术创新进入活跃期。不论是新能源开发利用技术，还是传统能源能效提升技术，近年来都获得了飞速提升。随着新能源、新技术的推广应用，国际技术博弈和技术本身的不确定性都会对产业链稳健性造成新的冲击。为此，各国能源企业均加大创新投入，竞争技术高地，提升对产业链的掌控能力。发达经济体为保持领先地位，能源技术垄断、出口限制频发。尽管以中国为代表的发展中经济体在低碳能源技术的应用规模上领先全球，但是在基础科技的原发创新方面，依然与主要发达经济体存在较大的差距。值得注意的是，低碳技术和产业具有明显的规模效应，技术研发效率和推广速度与产业、市场发展规模密切相关，这就给创新和应用等创新链多环节合作提供了空间。数据显示，美欧等在技术创新等领域保持领先地位，但中国在低碳技术投资和新技术转化方面占据优势，能够更快更好地将低碳技术转向规模化应用，推动全球低碳转型和技术扩散，实现共赢格局。

作为发展中的大国和化石能源消费大国，我国在保障能源安全和深化能源转型方面与欧美日等发达国家面临同样的挑战。深化产业合作、创新合作能够大大减少技术、市场、政治不确定性，降低

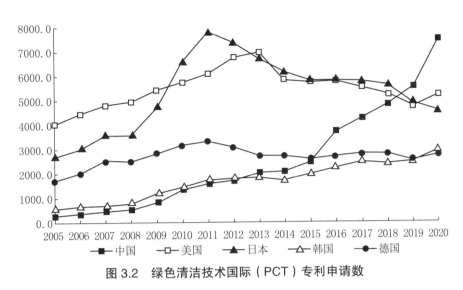

图 3.2 绿色清洁技术国际（PCT）专利申请数

资料来源：OECD 数据库。

转型成本和风险。同时，中国与其他发达国家在新能源成熟技术和尖端科技、装备制造和开发运营、成本与市场、资本与政策等方面具有广泛的互补性。新能源产业合作有着广阔的空间。在日益复杂多变的内外部局势下，企业和市场主导"自下而上"地推动多领域、多层级合作，将有望成为对外产业合作的重要热点，为我国构建"双循环"经济新格局提供关键支点。

第二节 理解"双碳"目标下的区域协调发展新内涵

如何在推动气候治理的过程中协调区域间的均衡发展，是规划和实施"双碳"战略的重要考量，也是落实我国区域协调发展战略的全新契机和窗口。我国幅员辽阔，各地区社会经济发展水平、生态环境质量、环境资源禀赋、温室气体排放特征均存在显著差异。2021 年，全国 31 个省份中，经济发达地区省份人均 GDP 最高可达欠发达省份的 4.5 倍；不同省份间人均 CO_2 排放的差距可达 8.7 倍；东中西部可再生能源资源分布也高度分化。社会经济活动与自然系统复杂耦合关系作用机制的空间异质性是导致这一巨大差距的根源，因此"双碳"目标的实现机制在不同区域也不尽相同。立足区域异质性开展差异化气候治理，推动减污降碳和协同经济发展是促进区域协调发展，是落实高质量发展的重大需求。

一、碳中和将重塑区域比较优势及竞争格局

区域的比较优势，是决定各地发展路径和发展进程的关键因素。比较优势来源于资源禀赋、基础设施、人力资源、制度体系等，但不容忽视的是，只有当这些资源与经济社会总体的发展目标与趋势相契合时，才能发挥出更大的作用。在工业化发展初期，由于部分地区可持续发展理念相对落后，对环保的重视程度不高，将环境管制弱视为比较优势，引入大量高污染、高排放产业，追求高资源投入、低效产出的发展模式，形成"污染避难所"（pollution heaven）效应，导致生态资源快速耗竭、环境严重破坏。对于这种不具有可持续性的增长模式，环境承载力没有成为比较优势，反而成为了"发展陷阱"。而"双碳"目标的提出将深刻改变自然资源与经济社会生产的组合方式，进一步加快重塑生产力要素价值，重构区域比

较优势和区域发展格局。

"双碳"目标催生新的生产要素。能源转型是推进"双碳"战略的关键抓手。随着可再生能源的快速发展,风、光、水等原本未受重视的资源,潜在价值正在不断凸显。如"沙戈荒"(沙漠、戈壁、荒漠化地区)由于面临水资源约束,难以发展传统产业,但却具备"光伏+"等多种模式产业发展的有利条件。以风电、光伏等绿色可再生能源资源为依托,我国中西部广大地区正在成果数字化、信息化浪潮下建设算力网络枢纽节点。2022年2月,国家发展改革委等4部委联合印发通知,同意在八地启动建设国家算力枢纽节点,并规划了十个国家数据中心集群,"东数西算"工程正式全面启动。其中,八个算力枢纽除长三角、京津冀、粤港澳外,其余五个均位于中西部可再生电力资源充沛的地区,包括内蒙古(和林格尔)、宁夏(中卫)、甘肃(庆阳)、成渝(天府、重庆)、贵州(贵安)等省区。这些地区以绿色电力支撑绿色算力,有利于提升国家整体算力水平,扩大有效投资,推动区域协调发展。这不仅是推进我国数字经济高质量发展的关键举措、完成"双碳"目标的有效助力,也是我国在新型基础设施领域建设全国统一大市场的率先探索,对区域经济格局有着深远影响。

可再生能源发展改变产业转移驱动力。传统高投资、高载能行业往往同时具有高排放、高污染的特征。在各地产业规划和招商引资的过程中,常常会面临投资、产值与生态环境之间的两难。同时由于中西部地区能源供应约束等基础设施的不完善,很大程度上提高了产业投资的建设成本，形成了较高的门槛。但随着可再生能源的快速发展，传统两高产业正在逐步转变为低碳绿色产业，由于高能耗带来的高排放现状随着能源结构的变化而随之改变。此外，太阳能、水能等可再生能源分布在我国西南地区，使青海、甘肃、宁夏、内蒙古等省区成为清洁能源的外送基地的同时，也给中西部地区提供了高载能产业集聚和生产的吸引要素。随着"双碳"目标的不断深入，产业"绿化"和"西进"两大趋势将同时发生，两高产业转移将不再带来区域污染分化，真正实现区域协同发展。由此带来我国产业格局深刻演变，和产业链供应链的深刻重构，为我国经济产业发展打开空间瓶颈。

在"双碳"战略背景下，各地尽快挖掘和培育新的经济增长点，是获取区域发展优势条件的关键。"双碳"战略下，将催生大量的新兴产业，包括可再生能源、低碳服务、绿色基础设施建设，以及相应的辅助服务配套产业。此外，气候治理带来的温室气体减排和空气质量、生态环境改善，有助于推动经济社会高质量发展，并极大地提升就业数量与就业质量。学界和国际机构普遍预测，低碳发展将提供更多的就业岗位。以升温控制在 2 ℃以内为目标，2030 年碳中和产业创造的就业机会将使中国失业率下降 0.3%，可再生能源领域提供的岗位是最多的[①]；相比煤炭生产领域的工作岗位，新的工作岗位更加清洁，对从业人员更友好。据国家气候战略中心统计，到

---

① 国际能源署（IEA）：《全球能源部门 2050 年净零排放路线图》，2021 年。

2020 年底，全国可再生能源领域的工作人员在 450 万人左右，与煤炭生产领域的工人数相当。2030 年低碳领域的就业人数可达 6300 万人，约 5850 万人的可再生能源就业缺口将极大提升就业数量和就业质量。[①] 在当前相关产业体系和产业格局转型重构的过程中，各地积极布局、完善相关基础设施和体制机制建设，吸引产业落地，是获取区域发展优势条件的关键。

二、在全国统筹基础上差异化制定区域"双碳"推进路径

党的二十大报告提出，要加快构建新发展格局，促进区域协调发展，优化区域经济布局和国土空间体系。随着区域发展战略的深入和产业转型变革的持续，我国经济产业空间格局正在快速重构，区域间发展路径的协同和博弈等交互耦合关系日益复杂、多变。在高度异质的区位、资源、产业、环境等特征下，区域发展诉求分化，面对局域性污染治理和广域性温室气体减排的政策取向同样有所差异。但同时，落实"双碳"目标需要全国各级、各地合力协作，配合协同。鉴于各区域当前协同形势及未来需求的显著异质性，无法通过一致的策略来推进各区域的协同治理，而是需要充分立足区域特征，识别并优化各区域"双碳"战略的实现路径和推动机制，实现共赢互利，推动区域协调发展。

结合地区经济社会发展阶段差异，科学合理设定碳达峰和碳中

---

① 《实现碳达峰"十四五"是关键》，《经济日报》2021 年 1 月 18 日。

和的时间和总量目标。国务院《2030 年前碳达峰行动方案》中提出"确保如期实现 2030 年前碳达峰目标",同时强调,各地区因地制宜、分类施策,明确既符合自身实际又满足总体要求的目标任务,各地区梯次有序推进碳达峰。目前,东部地区多数省份已经进入后工业化阶段,初步建立起了绿色低碳循环的产业体系,有望在"十四五"期间实现碳达峰;西部地区地广人稀,风、光资源丰富,具有通过合理布局人口、产业和清洁能源基础设施实现尽早碳达峰的客观条件;中部地区产业偏重,且人口较为稠密,短期内碳达峰仍然面临较大挑战。[①]碳达峰、碳中和针对不同的行动主体具有不同的评价标准,绝不能"齐步走""一刀切"。此前由于部分地区对"双碳"战略的认识缺乏完整性、科学性、准确性,出现各地竞相宣布"提前达峰"目标,形成"达峰锦标赛"的现象,脱离了经济社会发展的实际条件。因此,需要从"双碳"战略一盘棋的角度,通过顶层设计和目标分解,引导探索分批次、差异化降碳路径。要支持和引导各地树立碳达峰、碳中和工作的全局观,立足于本地经济和社会发展实际,分类施策,要尊重经济发展和技术创新的客观规律,确立科学合理的降碳目标;要根据地方实际循序渐进地布局差异化、个性化的切实可行的行动方案,促进经济发展与减污降碳协同增效。

---

① 庄贵阳、周宏春、郭萍等:《"双碳"目标与区域经济发展》,《区域经济评论》 2022 年第 1 期。

三、完善政策体系，以市场化机制推动科学减碳

碳达峰不是短期内"一窝蜂"的运动，而是长期的、多维度、多目标衔接协同的经济社会系统性转型的阶段性目标，需要协调国家战略目标和总体部署，以及企业地方实际条件和发展需要。为此，需要建立适应"双碳"战略全系统、跨领域、大尺度、多层级的政策机制，优化资源配置、任务分配和成本分担。在认识上，要坚决克服部门主义、本位主义倾向，坚持全国一盘棋，先立后破，做到统筹兼顾。在策略上，要聚焦全局性、长远性、根本性、基础性领域和方向，强化战略思维，谋定而后动。要从发展与减排并行的角度，进行前瞻性思考、系统性谋划，进一步强化降碳脱碳路径中不同行业间、不同领域间、不同产品间、不同地区间的统筹平衡[①]。

一是明确中央和地方边界，充分调动地方积极性。在国家顶层部署和政策引导下，全国已形成积极落实"双碳"目标的良好氛围。但由于部分地区对"双碳"战略缺乏完整、科学、准确的认识，出现一些不合理的现象。比如"达峰锦标赛"，盲目设定过高过快的"双碳"目标；实行"运动式"减碳，不考虑经济社会发展和能源安全，简单粗暴地采取拉闸限电等行政手段约束排放；采取"强排式"达峰，抢在碳达峰目标前加快盲目上马"两高"项目，或者实

---

① 庄贵阳、周宏春、郭萍等：《"双碳"目标与区域经济发展》，《区域经济评论》2022年第1期。

施"口号式""数据式"减排等。这些乱象背后共同的特征，在于中央和地方在减碳目标设定和实施路径规划方面的边界不清，导致部分地方在缺乏对全国总体推进部署充分认知的情况下，迷失自身在"双碳"战略中的定位，盲目设定相关目标，而忽视了发展范式、生产和生活方式的长期转变。

鉴于"双碳"工作的系统性、全局性、艰巨性，一些地方难以轻易决断，习惯性地依赖中央分解目标、下达任务，而忽视了主动创造碳达峰碳中和条件的意愿和能力。但国家对于各地推进"双碳"战略的实际条件、具体约束、发展诉求阶段目标，难以做到既全面、又细致、还具有前瞻性。因此在具体实施路径的规划中，需要各地提高政治站位和大局意识，发挥主观能动性，强化研究和规划能力，科学部署相关工作。

总体而言，中央政府应负责制定顶层设计，统筹协调地方、部门职能，保障碳达峰、碳中和与全局目标衔接协同；地方政府应保质保量落实中央政府下达的目标任务，发挥主观能动性，积极创造条件推进碳达峰、碳中和。中央与地方在目标制定和行动规划两方面互有侧重，相互协同，不断迭代优化，才能够最终形成适合地方实际、符合国家要求的战略部署，协同推进"双碳"目标和高质量发展。

二是优化政策组合体系，推动市场化、科学高效的资源与减排任务配置。随着污染防治攻坚战和经济社会绿色低碳转型全面进入深水区，相关工作与经济社会系统的交互耦合日益复杂、深入。一方面，随着污染防治攻坚战向纵深推进、"双碳"工作全面动员，绿

色发展和低碳转型与经济社会系统各个领域的内在耦合与交互关联
更加复杂而紧密。另一方面，经过长期努力，在我国大部分地区，
低成本的减排空间不论对于温室气体还是局域性污染物而言，都已
非常有限。进一步推进大幅度的减排需要审慎设计政策机制，优化
减排成本、放大社会效益，这就需要多重政策交互协同，形成政策
组合。

由于气候风险存在严重的负外部性、时空和人群的特殊脆弱性
以及高度的不确定性，在国家层面构建气候治理体系同样存在诸多
挑战。在这场长期社会经济技术变革进程中，中央与地方、政府与
市场、企业与民众共同行动的难点如何协调？局域性转型与系统性
变革触发的机制和演化调整的规律是什么？资源禀赋、发展阶段、
产业布局、人口流动等如何影响碳达峰和碳中和的模式选择？双碳
目标与社会经济发展和公共治理的多重目标之间协同推进的机制是
什么？国家气候治理体系的构建既需要考虑从根本上建立社会主体
的共识机制，塑造社会经济系统根本性变革的内生动力；又需要兼
顾效率与公平、减排与发展，协调好区域、行业、个体在转型过程
中的异质性，确保可调节、可延展、抗冲击的转型过程能够顺利推
进。因此在机制设计上，既需要明晰在多种公共治理目标约束下，
政策与制度设计的标准和多种规制体系组合的模式；又需要设计高
效的监管机制和风险应对机制，确保治理体系的有效性、效率性和
公平性。

实现碳达峰、碳中和需要把区域协调发展纳入政策设计考虑，

在"全国一盘棋"的工作思路下，发挥制度优势和市场优势，以协同适配的一揽子政策推进碳达峰、碳中和目标实现。在构建"双碳"一揽子政策体系中，构建和优化市场化机制具有基础性、平台性的作用。以碳市场、能源市场为核心的市场体系，一方面有助于形成更科学的治理成本分担机制，降低转型的整体经济社会成本；另一方面，能够为进一步深化体制机制改革、构建全国统一大市场、畅通国内大循环，提供有力的推动。

三是高度重视并加强应对"双碳"战略推进过程中的区域发展不平衡风险。尽管落实"双碳"目标，推动低碳转型对于长期的经济社会转型和高质量可持续发展，具有根本性的意义，但仍需注意短期加大区域发展不平衡的潜在风险。首先，不同区域的减排压力差异较大。山东、江苏、河北、内蒙古、河南碳排放总量分别位居全国前 5 位，面临较大的碳减排和绿色低碳转型压力，需要实现更大幅度的减排。产业结构的差异也会导致减排压力的不同，一些重工业和能源密集型地区对碳排放的依赖程度较高，在转型过程中的调整难度也相应更高。而其他服务业或者清洁能源等领域发展相对较好的地区可能更快速地适应碳减排要求。对于排放总量大、产业减排刚性强的区域，短期内不可避免地要付出更大的经济产业显性或隐性的成本。其次，不同地区的资源禀赋差异较大，包括能源结构、产业结构和自然资源等。在推动碳减排的过程中，一些资源依赖高碳排放的地区可能需要面临较大的转型压力，而另一些资源禀赋良好、更易转型的地区可能更容易实现碳减排目标。最后，不同地区推动低碳转型的基础条件差异较大。总体来看，我国东部地区人力资本富集，产业人才和技术储备水平较高，创新动能强大，此外电力电网、通信网络等基础设施发达完备。这些基础条件在中西部地区则相对薄弱，从而导致在总体减排目标下，不同区域的转型能力与转型方向出现差异，导致区域发展进一步分化。

为应对这些风险，需要优化区域间补偿和协同机制，推动落实碳减排目标的同时，实现区域协同发展。一是制定区域差异化政策，根据不同地区的发展现状和特点，制定差异化的政策措施。对于资源依赖高碳排放的地区，可以采取渐进式的减排目标，并提供更多的政策支持和资金补贴。同时，对于资源禀赋较好的地区，可以鼓励其加大绿色产业和清洁能源的发展，提供更多的支持和激励措施。二是加强区域合作与协调，促进不同地区之间的合作与协调，实现资源优势互补和协同发展。通过区域合作，可以实现资源的有效配置和产业的协同发展，减少碳减排转型过程中的不平衡问题。三是加大对弱势地区的扶持力度，对于发展滞后、经济相对薄弱的地区，政府应加大对其的扶持力度，提供更多的资金支持、技术指导和培训等服务，帮助其实现经济结构的转型升级和碳减排目标的实现。四是加强公共服务和基础设施建设，加大对公共服务和基础设施建设的投入，提高基础设施水平和公共服务水平，促进区域发展的均衡性和可持续性。

第三节 立足发展中国家现实，把握"双碳"战略风险挑战

习近平总书记在 2022 年 1 月 24 日举行的十九届中央政治局第三十六次集体学习时，作了题为《深入分析推进碳达峰碳中和工作面临的形势任务 扎扎实实把党中央决策部署落到实处》的重要讲话，提出要处理好长远目标和短期目标的关系。既要立足当下，一步一个脚印解决具体问题，积小胜为大胜；又要放眼长远，克服急功近利、急于求成的思想，把握好降碳的节奏和力度，实事求是、循序渐进、持续发力。2022 年全国"两会"期间，习近平参加内蒙古代表团审议时进一步阐释："绿色转型是一个过程，不是一蹴而就的事情。要先立后破，而不能够未立先破。富煤贫油少气是我国的国情，以煤为主的能源结构短期内难以根本改变。实现'双碳'目标，必须立足国情，坚持稳中求进、逐步实现，不能脱离实际、急于求成，搞运动式'降碳'、踩'急刹车'。不能把手里吃饭的家伙先扔了，结果新的吃饭家伙还没拿到手，这不行。"

协调好"短期目标与中长期转型"之间的矛盾，识别和应对短期风险是稳妥、持续、高效推进"双碳"战略的基本保障。2021 年 10 月党中央、国务院发布的《关于完整准确全面贯彻新发展理念 做好碳达峰碳中和工作的意见》指出，做好碳达峰、碳中和工

作，防范风险是重中之重，要"处理好减污降碳和能源安全、产业链供应链安全、粮食安全、群众正常生活的关系"。当前，我国仍处在工业化、新型城镇化快速发展的历史阶段，产业结构偏重，能源结构偏煤，时间窗口偏紧，技术储备不足，实现碳达峰碳中和的任务相当艰巨。做好碳达峰碳中和工作，必须坚持实事求是、一切从实际出发，尊重规律、把握节奏。要强化底线思维，坚持先立后破，处理好减污降碳和能源安全、产业链供应链安全、粮食安全和群众正常生活的关系，有效应对绿色低碳转型过程中可能伴生的经济、金融、社会风险，防止过度反应，确保安全降碳。

在能源转型方面，在要立足我国能源资源禀赋，坚持先立后破、通盘谋划，传统能源逐步退出必须建立在新能源安全可靠的替代基础上。要加大力度规划建设以大型风光电基地为基础、以其周边清洁高效先进节能的煤电为支撑、以稳定安全可靠的特高压输变电线路为载体的新能源供给消纳体系。要坚决控制化石能源消费，尤其是严格合理控制煤炭消费增长，有序减量替代，大力推动煤电节能降碳改造、灵活性改造、供热改造"三改联动"。要夯实国内能源生产基础，保障煤炭供应安全，保持原油、天然气产能稳定增长，加强煤气油储备能力建设，推进先进储能技术规模化应用。要把促进新能源和清洁能源发展放在更加突出的位置，积极有序发展光能源、硅能源、氢能源、可再生能源。要推动能源技术与现代信息、新材料和先进制造技术深度融合，探索能源生产和消费新模式。要加快发展有规模有效益的风能、太阳能、生物质能、地热能、海洋能、氢能等新能源，统筹水电开发和生态保护，积极安全有序发展核电。

在产业转型方面，短期要严控"两高一低"项目，大力推动钢铁、有色、石化、化工、建材等传统产业优化升级；长期加快工业领域低碳工艺革新和数字化转型。一方面，低碳经济的转型限制了化石燃料的需求，使得已探明储量的部分化石燃料不再能开采，可能成为搁浅资产。另一方面，碳达峰、碳中和要求推动产业结构调整，对"高能耗、高排放"行业进行升级改造，需要较大的资金投入，经营成本将大幅提高，未来这些产业或将同时面临收入下降、成本上升、盈利下降的困境。需要提前预判，并采取针对性措施，加快就业疏导、培训，控制风险。要加快培育新兴产业，紧紧抓住新一轮科技革命和产业变革的机遇，推动互联网、大数据、人工智能、第五代移动通信（5G）等新兴技术与绿色低碳产业深度融合，建设绿色制造体系和服务体系，提高绿色低碳产业在经济总量中的比重。

在技术革新方面，要持续加大力度，多措并举加快绿色低碳科技革命。在政策引导下，低碳减排新技术、可再生能源、新能源汽车、电池及储能技术、新材料等领域的创新将持续推进，这将引起不同产品相对价格和企业市场份额的变化，影响企业盈利及其信用，给不同领域的企业带来不确定性。为此，一方面要狠抓绿色低碳技术攻关，加快先进适用技术研发和推广应用。要建立完善绿色低碳技术评估、交易体系，加快创新成果转化。要创新人才培养模式，鼓励高等学校加快相关学科建设。另一方面，要加快完善配套体制机制，降低技术转型风险。一是建立健全绿色金融体系。建立相关的规范和指导，确保金融市场的透明度和稳定性；鼓励绿色金融产品创新，加快发展如绿色债券、绿色贷款和绿色投资基金；鼓励企业和金融机构公开披露环境相关信息，包括环境风险、碳排放量和环保项目的投资回报情况；加强公众和金融从业人员的环保意识和理念，提高绿色金融知识水平。这有助于促进绿色金融市场的发展，并培养更多的专业人才。二是推动转型金融与绿色金融协同发展。加快明确可持续发展的目标和路线图，明确产业转型路径和技术路径；鼓励技术创新，推动环保科技和金融科技的结合，提高能源效率和资源利用效率，同时优化金融服务和产品，促进绿色产业的发展和转型；建立专门的绿色金融基金和转型金融基金，为节能提效改造等项目和经济转型提供资金支持。

一、理解"双碳"战略对国家治理能力和体系的要求与创新

习近平总书记在十九届中央政治局第三十六次集体学习时强调，要完善绿色低碳政策体系。相较欧美发达经济体，作为目前全球最大二氧化碳排放国和煤炭消费国的中国，要在40年时间内实现碳达峰碳中和，减排任务之艰巨、转型风险之巨大、技术创新挑战之严峻毋庸讳言。制定适合我国国情的政策体系，完成从目前的高碳能源系统、产业系统、基础设施系统向零碳的社会经济系统变革，是在一系列约束性因素和不确定性条件下的目标厘定、策略抉择和路

径选择，需要充分运用系统论的思维，推动发展理念、治理体系、产业技术、基础设施、社会认知等多维度、全局性变革。科学设计碳中和政策体系，需要厘清局域性转型与系统性变革触发的机制和演化调整规律，识别中央与地方、政府与市场、企业与民众共同行动的难点和策略选择，评估资源禀赋、发展阶段、产业布局、人口流动等对碳达峰和碳中和模式选择的影响，提出碳中和与社会经济发展和公共治理的多重目标之间协同推进的机制。

根据中央相关部署，"双碳"政策体系的关键内容包括进一步完善能耗"双控"制度，新增可再生能源和原料用能不纳入能源消费总量控制；健全"双碳"标准，构建统一规范的碳排放统计核算体系，推动能源"双控"向碳排放总量和强度"双控"转变；健全法律法规，完善财税、价格、投资、金融政策。要充分发挥市场机制作用，完善碳定价机制，加强碳排放权交易、用能权交易、电力交易衔接协调。此外，还需要积极参与和引领全球气候治理，秉持人类命运共同体理念，参与国际规则制定，推动构建公平合理、合作共赢的全球气候治理体系。

二、全球气候治理政策体系获得长足发展

气候治理与经济社会发展转型的耦合正在不断加深，对气候政策的制定和实施提出了新的挑战。一方面，气候政策需要协调能源安全、能源可获得性、经济发展、城市建设、环境治理等多重目标；另一方面，为了动员更广泛主体、提升社会接受度，政策设计

需加强与社会主流价值观、理念和行为习俗的契合和引导，优化收入分配影响，构建更加开放、公平、协同、高效的行动框架。气候治理不应再被视为一个孤立的政策目标，而是要将其置于更广义的经济社会发展语境之下，探讨多种政策工具的互补、多重发展目标的协同。因此，需要特别注重政策分析的广泛性和丰富性，将气候政策的探讨延伸至更广义的"制度"（institution）层面，探讨气候法律、规划、政策机制、社会观念和行为规范等不同形式，以及国际、

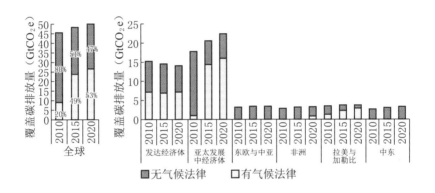

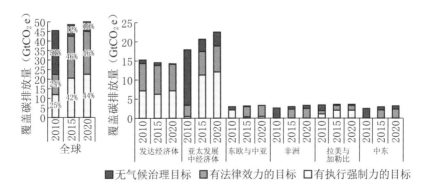

图 3.3 全球气候法律与规划目标覆盖范围

资料来源：IPCC AR6 WGIII Ch.13。

国家和次国家等不同层级的气候政策发展和作用过程。随着气候治理的推进，全球气候政策在覆盖范围、政策机制、效力和效率等方面获得了长足进步。但相较气候变化的温控目标，仍存在巨大的差距。

一是全球气候法律和规划覆盖范围迅速扩大。气候法律是气候治理行动有效推进的重要基石，有助于明确气候治理目标和实施平台、提升治理行动的权威性、提升政策可预期性、强化执行和监管效力。截至 2020 年，全球共有 56 个国家出台了直接针对温室气体减排的法律，覆盖全球总排放量的 53%。发达经济体和亚太发展中经济体覆盖率较高，其中亚太发展中经济体的气候立法在 2010—2015 年迅速增长。此外，大量部门性法律法规对于温室气体减排也有间接的效应，相关法律数量在 2010—2020 年间增长超过一倍。尽管如此，全球仍有超过 70% 的国家未进行气候立法，涉及的排放占全球总量的近一半。部分国家虽然没有直接的气候立法，但制定了具有一定法律效力或执行强制力的规划目标，明确减排和转型路径。此类规划和目标有助于深度耦合气候治理与更广泛的经济社会发展进程。随着主要排放国 NDC 文件相继发布，气候治理规划目标的覆盖范围也迅速增长，到 2020 年达到全球总排放的 90%。尽管如此，各国实际减排行动力度低于 NDC 的承诺。IPCC 第六次评估报告（第三工作组）指出，如果按现有政策执行，预计到 2030 年全球温室气体排放将达到 570 亿吨，比 NDC 路径高 40 亿—70 亿吨 CO_2 当量。

二是规制性和市场化政策工具不断丰富，应用范围持续扩大。直接规制温室气体排放的减缓政策，是推动持续减排的核心抓手。从工具手段看，减缓政策主要包括规制性、经济性两种主要手段。规制性政策包括能效标准、技术标准、执行标准、准入要求、限制要求等；经济性政策包括碳税、排放权交易（ETS）等碳定价政策，以及各类能源和技术税收或补贴、政府采购与投融资政策等。此外，自愿减排、信息披露等其他类型的政策也有辅助性作用。2000年以来，规制性政策和碳定价等市场性政策在二十国集团（G20）等主要排放国的应用范围迅速扩大，发电供暖部门是政策最集中的领域。但在G20之外的部分国家，以及工业、非CO$_2$温室气体等领域，减缓政策的覆盖仍有所不足。不仅如此，化石燃料补贴仍然普遍存在，对气候政策效果产生负向作用。取消补贴

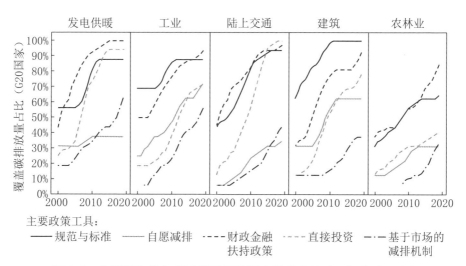

图3.4　分部门各类气候政策采用的国家排放占比（3年移动平均）

资料来源：IPCC AR6 WGIII Ch.13。

有望减少全球 1%—10% 的碳排放，同时改善公共收入和宏观经济表现。

三是政策效果初露端倪，但与目标仍有较大差距。气候政策旨在提供激励机制，引导经济、社会各类主体采用低碳技术、调整行为模式，推动低碳转型。随着全球气候政策的快速发展，带来的减排效果也明显增强。评估显示，全球各类气候政策已实现了至少每年数十亿吨的减排，其中气候法律的贡献约 59 亿吨，规制性和经济性政策的贡献约 18 亿吨。但现有政策覆盖范围和强度，以及执行力度均与气候治理目标存在较大差距。随着各类关键低碳技术成本大幅下降，目前几乎所有部门都存在低成本实现较大幅度减排的空间。100 美元 / 吨的边际减排成本下，预计 2030 年可实现近 300 亿吨的减排量，相当于 2019 年总排放的一半；即便 20 美元 / 吨的边际减排成本下，也可以实现超过 150 亿吨的减排量。但目前碳定价机制覆盖范围和碳价水平均较低，截至 2021 年 4 月全球合计推出了 27 项碳税，38 个国家和区域启动了 ETS，合计覆盖 120 亿吨碳排放，仅占全球总排放量的 23%，且大部分碳价较低，仅有小部分碳定价超过 40 美元 / 吨，远不足以推动深度的低碳转型。IPCC 第六次评估报告援引模型推算结果指出，控制温升 1.5 ℃的直接和间接经济影响会导致 2050 年全球 GDP 下降 2.6%—4.2%，年均增速降幅 0.09%—0.14%；控制温升 2 ℃会导致 2050 年全球 GDP 下降 1.3%—2.7%，年均增速降幅仅 0.04%—0.09%。如果进一步考虑减排带来的生态、环境、健康等溢出效应以及气候变化造成的经济损失和适应

（adaptation）成本，2 ℃控排目标的总收益将大于转型的总成本。但要实现上述目标，亟待加强气候政策供给，优化政策和治理体系设计，引导多层级、多元主体协同行动，推动供给侧和需求侧协同变革，实现更全面、深入的低碳转型。

三、优化政策交互和协同是进一步提升气候治理效果的关键

全球气候政策不断充实、丰富，政策间的交互影响也日益复杂，或相辅相成，或互相掣肘。可以从工具手段、政策目标和政策层级三个维度，对不同气候政策间的交互关系进行梳理。

优化工具组合，提升政策互补效应。规制性和经济性的政策工具具有不同的作用机制和特点，通过优化组合有助于提升政策总体效力，优化治理成本。经济性政策能够有效推动低成本减排措施的实施，具有更高的经济效率，但是对于成本较高或者价格不敏感的减排领域，如能效提升、城市规划、基础设施转型等，推动作用有限。相反，规制性政策尽管经济效率存在不足，但是对于推动深度减排方面更有效，且更易得到政治支持。当存在多个目标或市场失灵时，多种减缓政策的组合有助于实现更好的减排效果。比如欧盟碳交易机制与能效标准、汽车排放标准等规制性政策工具并存，确保政策全面覆盖，在保障经济效率的同时推动更大幅度的减排；中国碳交易机制需要配合电力市场改革，才能够实现碳价成本的传导，发挥减排效果。此外，在规制性政策框架内引入信息披露、自愿

减排等政策工具，有助于优化规制性政策的经济效益，提升社会接受度。

协调多重目标，放大协同效应。如前所述，一些部门政策尽管并非直接针对温室气体排放，但同样能够带来间接的减缓效应。反过来，气候治理也会对经济社会和公共治理造成溢出效应。比如大气污染治理与温室气体减排政策之间具有明显的协同作用。但同时，也存在多重政策目标间互相掣肘的情况，比如部分条件下，发展生物燃料与粮食安全之间可能产生矛盾。气候政策需要协调能源安全、能源可获得性、经济发展、城市建设、环境治理等多重目标。重视跨部门政策的统筹，通过政策体系的科学设计实现多重目标协同优化，不仅能够带来更大的减排空间、更强的溢出效应和更高的经济效率，而且能够降低气候治理的政策阻力，为低碳转型提供更友好的制度环境。

推动跨层级政策互补，实现更全面深度转型。气候治理不仅涉及国际政策、国家政策，还涉及区域、城市、部门、组织等次国家层级的政策和制度。不同层级的政策之间具有互补性，优化协同有助于实现更全面、深度的低碳转型。随着人口、经济和社会活动的持续集聚，城市（urban area）温室气体排放集聚速度加快，占比从 2015 年的 62% 迅速提升至 2019 年的 67%—72%。通过优化资源利用方式提高能源效率、推动深度电气化和低碳能源转型，以及加大城市固碳量，可以使 2050 年全球城市排放（消费口径）从基准情景下的 400 亿吨下降至 30 亿吨，部分城市甚至有望实现"净零"排放,并带来显著的生态环境协同效应。此外,由于城市等次国家层级政策主体在土地规划、基础设施建设、产业发展、住房和社区发展等方面具有职权,因而能够更细致地制定、实施和引导转型路径,开展更加前瞻的试验性减排方案,更充分地动员地方主体落实低碳转型,为国家政策提供有益的细化和补充。地方政府在制定具有气候和社会、环境协同效应的政策方面,也处于更有利的地位。截至 2020 年,全球已经有超过 10000 个城市提出了城市层面的自愿减排目标和方案,覆盖人口超过 20 亿。随着次国家层级的气候制度重要性日益提升,需要国家层面给以相应的政策、资金和资源支持,完善国家和城市等跨层级的信息交流和政策互动机制。

国际和国内气候政策的交互协同,是气候治理政策体系建设的一个不容忽视的重点。一国的减排政策可以通过多种方式影响其他国家,例如全球减排往往会对化石燃料出口国造成不利影响;建立减排信用市场往往有利于生态资源充裕的国家;支持技术发展和应用的政策往往具有跨国跨区域的溢出效应。对于政策制定者高度关注的"碳泄漏"问题,IPCC 报告显示现有实证研究没有一致的证据表明国家间存在显著的碳泄漏。不论是 EU-ETS 等碳交易机制,还是碳税政策下,都没有明确的证据表明受控产业的国际竞争力出现明显受损。主要原因可能来自碳配额免费分配方式、配额价格较低、成本转嫁等因素,但这一结果也表明碳关税等"边境碳价调节措施"(BCA)当前没有明确的必要性。

四、气候政策的优化设计需要与经济社会发展多重目标相匹配

进一步深化气候治理，不仅需要考虑强化"自上而下"的行动，同时也需要关注"自下而上"的协同，动员和引导居民、企业等更广泛多元的主体，协同城市、区域等不同层级，推动经济社会共同转型。建议通过合理设计的一揽子政策推动更加全面深入的变革和低碳转型。

制度供给是指各级政府在经济、社会、资源等约束条件下，以特定政策目标为导向，通过特定的程序和渠道进行正式规则创新和设立的过程。优化多维度、多目标政策体系设计，创造政策制定和实施的有利条件，以及引导经济社会主体更广泛的接受，是强化气候制度和政策供给的三个主要方面。

优化交互协同效应，完善政策体系设计。面对日益普遍、复杂的政策交互影响，"一揽子气候政策对于推动低碳转型的效果要远优于单项政策"，但同时，政策组合需要合理优化设计。政策覆盖范围的全面性、政策工具的互补性和连续性，以及愿景和目标的一致性，是政策体系设计的关键标准。需要在明确长期变革愿景的基础上，构建完整的问题框架，梳理多重政策目标的内在关联、研究相关政策子系统的交互机理，全面评估多重政策综合效应，寻求充分发挥直接和间接减排潜力、最大化协同效应、最小化政策冲突。

创造气候政策制定实施的有利条件。强化气候治理对其他政策

112

目标的溢出效应（Spillover Effect）[1]，有助于气候政策得到更广泛的支持，减少政策制定和推行的阻力。IPCC 第六次评估报告梳理了气候治理与 17 项联合国"可持续发展目标"的交互影响，结果表明存在广泛的协同效应，其中居民健康、能源可得性、工业和创新产业发展、基础设施建设、可持续城市建设等目标协同性最强。越来越多的研究指出，与经济社会转型目标相匹配的气候治理行动更容易得到接受和推广。比如在发展中国家建设清洁能源设施有助于解决能源贫困、完善基础设施、减少环境污染，因而比抑制化石能源使用的政策更容易推行；而碳市场建设契合了中国市场化体制机制改革的大背景，得到了快速发展。

将低碳转型内化到经济社会转型的宏观过程，协同综合性经济政策推动可持续发展转型，可以为气候治理构建良好的政策环境。气候政策有效实施所需的条件，包括金融支持、技术创新、政策机制、制度能力、多层次治理体系，以及社会行为的改变。这些条件在气候治理目标与综合性经济政策的愿景匹配时，能够更好地发挥作用。为此，需要将低碳转型深度融入经济社会发展的总体趋势与目标中。回顾 2008—2009 年全球金融危机后各国经济恢复计划可以看到，经济刺激政策不限于短期财政刺激政策，更涉及大量基础设施建设、长期支出计划、价格改革和收入分配政策，对长期

---

① 溢出效应（Spillover Effect），是指某项政策的实施不仅会产生直接的效果，而且会对在政策直接目标之外的其他方面产生影响，一般为正面的影响。这种外部影响即为政策的协同效益（Co-benefits）。

可持续发展影响深远。其中，基础设施的"排放锁定"效应尤其值得重视。如果在一揽子经济刺激政策中加大低碳基础设施投资、增加低碳部门支出，可以实现在拉动经济复苏的同时锁定长期更低排放的发展路径，为全球气候治理提供坚实基础。IPCC 报告数据显示，现存的化石能源基础设施生命周期碳排放量已经接近 2 ℃路径下的排放预算总量，亟待转型。而随着风电、光伏、储能技术成本的快速下降，在部分区域和行业低碳能源系统转型的成本已经低于维持高碳能源基础设施的成本。新冠肺炎疫情后，全球再一次面临恢复经济的诉求，也是推动全球转向长期低排放路径的重要窗口期。在经济恢复的过程中推动低碳转型，有助于更有效地改变发展路径，在实现短期经济增长目标的同时落实碳减排目标。

保障公平开放，动员更广泛主体参与气候治理。全面的低碳转型要求所有部门和区域、各个层级共同行动，生产端和需求端协同推进，需要动员更广泛的经济社会主体共同行动。关注气候治理对收入影响的公平性，引导相关利益主体广泛参与各级政策决策，以及加强媒体引导，有助于建立社会互信，加快政策传导，扩大对气候治理行动的支持。深度低碳转型需要经济社会结构的深刻变革，这种变革对一些部门和领域而言，可能是破坏性的。比如低碳转型导致传统化石能源和高碳工业部门失业增加。尽管低碳的经济结构会催生新的部门和就业，甚至在总量上产生正的经济效益，但受损部门和群体带来的政治阻力，却是政策制定和实施过程中不能忽视的因素。优化政策机制设计、平衡收入分配效应，比如用碳税或碳配额拍卖收入补贴收入受损人群等方式，有助于为气候政策带来更广泛的支持。在设计一揽子政策体系时，需要对相关政策在国际国内不同层级上的收入分配效应进行系统的分析，将分配效应与经济效益、环境有效性等一起纳入多重目标集进行综合考量，最小化政策阻力。

社会主流价值观、理念和信仰也是决定政策接受度的重要因素。通过扩大公众参与，加强社会讨论和舆论引导，允许各层级利益相关主体参与政策制定，以及保障政策稳定性和可预期性，有助于气候治理行动获得更广泛的接受和支持，支撑更大力度的减缓行动。不同国家，以及一国不同区域、不同人群，乃至不同个体之间对于气候治理的态度存在巨大差异，气候政策制定过程中需要将这些差异纳入考量，保证政策契合社会主流观念，并通过气候科普、舆论宣传、政策讨论等方式，加强引导。但同时，社会观念的变化只能为气候治理提供便利条件，只有通过有效的政策和有力的推动，才能够实现更具雄心的气候治理目标。

五、我国气候政策体系建设需进一步强化系统观念优化政策协同

力争 2030 年前实现碳达峰、2060 年前实现碳中和，是党中央经过深思熟虑做出的重大战略决策，也是中国对全世界的郑重承诺。以绿色发展理念和生态文明建设为引领，我国气候治理取得

了长足的进步，节能降碳纳入国家发展规划，面向"双碳"目标的 1+N 政策体系加快成型，能源和碳排放强度明显下降。但我国排放总量、增速和增量均位列全球前列。在合理的增长路径下，预计我国在碳排放达峰和碳中和的各个阶段，经济发展程度、收入水平和排放水平都将大幅低于发达国家同期水平，"双碳"目标任务艰巨、挑战严峻。低碳转型作为生态文明建设的重要内容，已经深刻地融入到各部门、各领域的政策当中。但在"条块化"的行政体制下，政策间的交叉重叠普遍存在，缺乏有效的统筹和系统性的优化。比如针对能源领域低碳转型，就有 ETS、可再生能源配额制度和绿电交易机制等。此外，气候治理对不同地区的生态环境、人居健康等具有显著的溢出效应，与生态环境等公共治理政策存在交互。面对多重政策，需要从更高的视角，系统地梳理政策交互影响的激励，评判综合效应，进而优化设计政策体系，最大化政策协同效应。拓宽政策覆盖、强化政策协同、探索低碳转型与经济社会高质量发展互相促进的技术和产业路径，对于我国气候治理行动争取更广泛支持、提升政策效力和效率、更好实现"双碳"目标具有重要意义。

（一）做好碳市场关键政策节点衔接，优化政策协同

2021 年全国碳市场正式启动，覆盖 2225 家电力企业合计约 45 亿吨碳排放，成为全球最大的碳市场。2013—2014 年陆续启动并与全国碳市场并行的 8 个地方试点碳市场则在电力行业之外，覆盖了石化、化工、建材、钢铁、有色金属等高碳排放行业。全国和地

方碳市场合计覆盖的碳排放约占全国总碳排放量的40%，履约期成交价格维持在20—50元/吨，相比欧美市场处于较低水平。碳市场，尤其是全国碳市场能否成为实现"双碳"目标的核心政策工具，不仅取决于其自身的体系设计，还取决于它与其他市场化机制和政策工具的兼容性，与电力市场化改革、大气污染防控、用能权交易机制、可再生能源配额机制、排污权交易机制等形成联动和协同。进一步优化碳市场建设，需要协同推进全国和区域层面统筹能耗与减排双控目标，理顺电力市场化定价机制畅通碳成本传导，推动工业部门尽早纳入碳市场，发挥温室气体和污染物协同减排效应。

（二）进一步鼓励、引导和规范地区性气候政策和"双碳"规划

地区性的气候治理行动在推动低碳转型方面，具有国家行动无法替代的优势。目前我国正在加紧完善1+N"双碳"政策体系，北京、上海、深圳等城市也相继提出了自己的低碳转型政策。但总体看，我国气候政策从制定到推行仍由国家主导，地方政策以承接目标、分解落实为主，部分地方低碳转型的主动性不足。这导致尽管大部分地区已制定并出台了"双碳"相关的规划、实施方案和行动路线图，但普遍存在政策趋同性较高，针对性、落地性不强的问题。鼓励和引导地方政府结合本地实际情况制定低碳转型战略，在保障国家目标在地方层面的有效分解落实的基础上，给予地方政府更大的政策自主权、加强政策、资金、资源支持，建立国家和地方及不同地方之间的信息沟通渠道和交流平台，进一步加强引导，提

升地方规划、政策的规划性和科学性，引导各地深入挖掘区域特有的低碳资源、探索制度创新，是推动多层级协同气候治理的关键举措。

（三）深入探索以低碳转型驱动高质量发展的协同路径

协同低碳与经济发展，是保障长期转型动能、实现深度减排的重要举措。当前我国及全球正面临疫情后的经济恢复过程，这对于气候治理而言是挑战更是机遇。在推动经济复苏和落实高质量发展的过程中，着力加快产业低碳转型和低碳基础设施建设，不仅有助于高效推进"双碳"战略，更能够扩大经济刺激政策的乘数效应、加快经济复苏。"二十大"报告提出，要着力推动高质量发展，构建新能源、新材料、高端装备、绿色环保等一批新的增长引擎。在全球气候治理和低碳转型持续深化的背景下，低碳产业需要着眼提升现代化水平，推动产业基础高级化、价值链分工高端化，引领经济增长和科技创新，为能源系统的数字化、智能化转型提供支撑，为提升能源产业国际竞争力、推动建设能源强国提供助力，为我国引领全球气候合作提供抓手。

加大基础设施建设投入是推动经济复苏的关键抓手，但在这个过程中如果忽视低碳转型的内在要求，降低基础设施建设项目的能源、排放和环境标准，将会导致严重的"高碳路径锁定"效应，削弱长期减排努力。在强化环境和排放标准约束的基础上，优化和提升监管效力、加快审批效率、加大绿色低碳基础设施投资、增加低碳领域公共支出，将有助于为我国"锁定"未来数十年更低排放的发展路径，同时带动民间投资，带来更大的宏观经济乘数效应。

（四）优化碳中和长期路径，推动落实区域协调发展战略

实现碳中和目标，不仅对气候治理意义重大，也会对不同地区的生态环境、人居健康等带来显著的溢出效应。碳中和目标的实现涉及深度碳减排、增汇和人工负碳的优化组合，其长期路径取决于技术、经济、社会和生态综合成本与收益的长期曲线。一方面，深化温室气体减排将对产业结构转型升级、低碳技术发展路径造成影响，同时可能带来显著的大气污染物协同减排作用，从而推动区域环境质量的根本改善和人群健康水平显著提升。另一方面，通过生态增汇实现碳中和，在付出经济成本和引致相应生态风险的同时，也能产生生态服务的经济效益。

面向碳中和目标，科学规划减排、增汇和负碳的长期路径不仅取决于技术成本的相对水平，更会受到区域生态和环境状况、资源禀赋、经济产业结构以及人口结构和人居消费方式的深刻影响。系统全面地评估减排、增汇的综合效益，结合不同地区异质性的自然地理特征与经济社会发展诉求，以及国家对不同区域发展的定位和目标，科学规划、系统部署、稳步推进差异化的碳中和实现路径，有助于实现更加协调、均衡的区域发展。

第四章 "双碳"战略与
人类命运共同体建设

习近平总书记在多个场合强调，要积极参与和引领全球气候治理。要秉持人类命运共同体理念，以更加积极姿态参与全球气候谈判议程和国际规则制定，推动构建公平合理、合作共赢的全球气候治理体系。以"双碳"战略为先导，我国不仅积极推动国内气候治理，基本扭转了二氧化碳排放快速增长态势，为全球气候治理，尤其是发展中国家的低碳转型发展探索了一条可行的道路，更通过积极推动共建公平合理、合作共赢的全球气候治理体系，为应对气候变化贡献中国智慧中国力量。

当前全球治理又一次来到了十字路口，一方面深化气候治理和转型发展具备了技术、知识、政策工具的储备和发展模式的经验积累；另一方面，气候合作在逆全球化的冲突和博弈下举步维艰，和平赤字不断加深、发展赤字持续扩大、安全赤字日益凸显、治理赤字更加严峻。^① 中国提出构建人类命运共同体"五位一体"总体框架，即建立平等相待、互商互谅的伙伴关系，营造公道正义、共建共享的安全格局，谋求开放创新、包容互惠的发展前景，促进和而不同、兼收并蓄的文明交流，构筑尊崇自然、绿色发展的生态体系，开创了国际交往的新格局，为改革和完善国际治理体系提出了中国方案。

第一节 全球气候治理的理念演进与中国贡献

自《联合国气候变化框架公约》（UNFCCC）诞生至今 30 余年，应对气候变化国际合作进程既有成功的经验，也有失败的教训。人们也更深刻地意识到应对气候变化是一项全球性的、长期的任务，不能一蹴而就，需要一个立即行动但循序渐进的过程。在这个过程中，关于全球气候变化的科学共识、"共同但有区别的责任"理念成为全球协同治理的驱动力量，改变着合作模式与治理机制。中国提出的"构建人类命运共同体"理念在凝聚全球共识、深刻认识当前挑战的基础上，提出的全球治理新范式和新理念。

一、气候变化的科学共识

1896 年瑞典学者斯凡特·阿伦尼斯（Svante Arrhenius）第一次

---

① 参见国务院新闻办公室：《携手构建人类命运共同体：中国的倡议与行动》白皮书，2023 年 9 月 26 日。

提出人类工业活动排放的 CO_2 将会导致全球气候变暖，但由于 19 世纪末人类碳排放规模非常有限，阿伦尼斯预测人类需要经历数千年才能显著地影响全球气候。但到了 1938 年，英国学者盖伊·卡伦德（Guy S. Callendar）已发现在之前的 50 年中，大气 CO_2 浓度提高已经显著地影响了地表温度。更有力的证据出现在 1960 年，美国学者查理斯·基林（Charles D. Keeling）自 1958 年起对大气 CO_2 含量进行持续观测，得到的"基林曲线"证明：大气 CO_2 浓度的提高速度远高于原先的预期，且增长趋势与人类燃烧化石燃料排放的 CO_2 趋势一致，人类活动排放的 CO_2 无法被自然系统完全吸收，人类正在强化大气温室效应。随着基林曲线的不断延伸以及气候观测数据的不断积累，"人类工业活动排放 CO_2 →大气 CO_2 浓度提高→地表

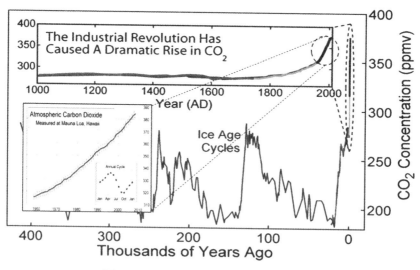

图 4.1　不同时间尺度的大气 CO_2 浓度

资料来源：https://en.wikipedia.org/wiki/Global_warming。

温度上升"的因果关系链日益明晰，国际社会重视气候变化的呼声也越来越高涨。

1988 年联合国环境署（UNEP）和世界气象组织（WMO）组建了联合国政府间气候变化专门委员会（IPCC），为国际气候谈判和规制提供科学咨询。截至 2014 年，IPCC 共计发布了五份评估报告，从气候变化的科学基础、经济社会影响、应对措施等角度对最新的研究成果进行了梳理，极大地提高了人类对气候变化问题的科学认识，也为国际气候行动提供了重要依据。

然而学界的共识和呼吁只是促成气候变化问题摆上国际政治谈判桌的一个方面。20 世纪 80 年代末到 90 年代初世界各地发生了一系列反常气候事件，如 1988 年苏联、美国、中国、印度和非洲等国家和地区均遭受了罕见的旱灾，导致农产品产量严重下降、水资源

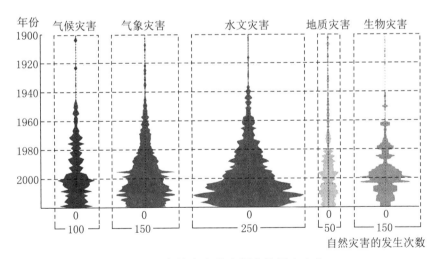

图 4.2　自然灾害发生频率的历史变化

资料来源：厦门大学中国能源经济研究中心。

短缺；同年巴西、孟加拉等国爆发了洪水灾害；加勒比海地区、新西兰和菲律宾则遭受了多次飓风袭击。此外，气候变化研究中提及的土地荒漠化扩大、冰川消融、海平面上升及生态系统脆弱性增加等全球变暖的恶果似乎也在一一印证。媒体和公众真正认识到了气候变化的影响，并感受到了危机的紧迫感，全球变暖迅速成为引人注目的国际政治问题。

在这样的背景下，1988 年联合国大会首次将气候变化列为正式议题，并最终促成了《联合国气候变化框架公约》（UNFCCC）的产生。作为国际社会第一个在控制温室气体排放、应对气候变化方面开展国际合作的基本框架和法律基础，UNFCCC 的产生标志着气候变化问题真正从一个科学问题演变成为国际政治议题，开启了延续至今激烈而漫长的政治博弈。

表 4.1　全球变暖科学共识的发展脉络

代表学者 / 机构	国籍	发表时间	主要发现
Joseph Fourier	法国	1824	大气会吸收地面反射的红外线，导致地表升温。
Eunice N. Foote	美国	1856	大气中碳氧化物浓度提高会增加大气升温效应。
John Tyndall	英国	1864	水蒸气、CO_2 和甲烷气体反射地表红外线辐射，是导致升温效应的主要原因。
Svante Arrhenius	瑞典	1896	首次定量测算大气 CO_2 浓度与地表温度的关系：浓度增加一倍，地表升温 5—6 ℃；人类工业活动（燃煤）排放 CO_2 将会导致地表升温，但达到当时浓度的两倍需要约三千年。

续表

代表学者 / 机构	国籍	发表时间	主要发现
Nils G. Ekholm	瑞典	1901	首次提出并使用"温室效应"的名称。
Guy S. Callendar	英国	1938	过去 50 年中大气 CO_2 浓度与地表温度均在持续上升，人类活动是其中的主要原因。
Charles D. Keeling	美国	1960	持续观测大气 CO_2 浓度（基林曲线），自 1958 年来不断上升且与人类排放 CO_2 的趋势一致。
Syukuro Manabe	美国	1967/1975	首次用地球系统数量模型量化模拟，修正了 Arrhenius 的估计：大气 CO_2 浓度提高一倍，地表升温 2 ℃。
Richard Wetherald	日本		
Lorius Claude	法国	1985	分析南极冰核，发现 CO_2 浓度增加导致地表升温的证据，印证了理论模型的推断。
V. Ramanathan	印度	1975/1985	氟氯碳化合物的升温效应比 CO_2 强 10000 倍，导致了与 CO_2 相当的温室效应。人类活动导致地表升温进程显著快于此前预期。
IPCC	联合国	1990	第一次评估报告：人类活动显著强化了温室效应，导致全球气候正在变暖。在基准（BAU）情景下，预计 21 世纪每过 10 年全球气温将上升 0.3 ℃。

二、气候治理机制的演变历程

就全球总体而言，稳定甚至减少二氧化碳等温室气体的排放能够避免巨大的经济损失、提高全球经济增长的平稳和可持续性。但气候治理涉及长期而巨大的成本投入，并且具有很强的"外部性"，任何经济体单方面的行动不仅成本高、收效微，而且其产生的收益由全球共享。因此，气候治理需要全球的共同行动，但不同经济体参与气候治理的意愿和能力存在很大差异。首先，气候变化的影响具有地域特征：俄罗斯等高纬度地区会因气候变暖而受益，小岛国家却可能面临"灭顶之灾"。但更核心的矛盾还在于不同发展阶段的经济体之间：对发达经济体而言，推动减排有利于其输出技术和标准、提高国际竞争力，但对于发展中经济体而言，减排则可能限制潜在的经济增长空间。1992年里约环境与发展大会通过了《联合国气候变化框架公约》（UNFCCC），意图通过联合国框架下的谈判机制形成全球性的气候合作机制框架，在该公约中，首次提出了"共同但有区别的责任"（简称"共区原则"）以协调发展中经济体与发达经济体两大阵营之间的利益。由于UNFCCC恪守联合国谈判原则，追求所有缔约方的"协商一致"，但小型经济体谈判能力和影响力有限，因而，在不同的阵营之中进一步形成了"大国代表"的谈判模式，使国际气候谈判成为了欧盟、美国、中国等主要经济体之间的博弈。

"共同但有区别责任原则"强调发达经济体应率先减排，并为发展中经济体自愿的减排行动提供支持。该原则提出之初，受到发展中经济体的一致欢迎；而在发达经济体中，欧盟急于促成全球性的减排机制，以便发挥其在低碳领域的优势；美国则出于自身经济结构、产业特征和政治利益的考虑，极力抵制该原则。尽管如此，在欧盟与新兴经济体的推动下，《京都议定书》严格地贯彻了"共区原则"，对发达经济体设定了定量的约束性减排指标，同时提出了三种灵活履约机制旨在借助市场机制引导发达经济体支持发展中经济体减排。美国却于 2001 年退出了《京都议定书》，使气候治理体系几近分崩离析。此后，加拿大、日本等美国的盟友，以及新西兰和俄罗斯等经济体也先后退出。

《京都议定书》自 2005 年生效到 2012 年第一阶段到期，在此期间以中国为代表的发展中经济体抓住"共区原则"的机遇加快发展；欧盟则在产业、技术和政策、机制等方面加紧积累优势；以美国为代表的部分发达经济体则在区域性经济、贸易与政治合作平台上融入气候因素，寻求另辟蹊径取代联合国框架下的气候治理体系。"三足鼎立"的博弈格局是《京都议定书》第一阶段国际气候治理体系的主要特征。

当气候谈判陷入泥沼的同时，气候治理的紧迫性却在日益加强。全球温室气体排放增速不降反升，气候、气象和水文灾害频发。在 2009 年哥本哈根气候大会上，最不发达经济体和部分小岛屿国家成立了"气候脆弱国家论坛"（CVF），以气候变化主要受害者的姿态谴责排放大国不负责任的行为，并呼吁全球更加积极地应对气候变化。同时，新兴经济体经济实力的快速发展对发达经济体形成了共同的压力。2007 年巴厘岛气候大会对"共同但有区别责任"作了全新的解读，提出了"共同但有区别的责任和各自能力"原则，要求新兴经济体与发达经济体共同承担减排义务，同时强调了发达经济体对发展中经济体减排技术和资金支持的要求。在新的原则指导下，全球气候博弈格局逐渐从"三足鼎立"转变为碳排放大国与小国的

"大小对立"，原有的"大国代理"模式也被打破，导致谈判格局日益复杂化，"协商一致"的目标因而更难达成。在这样的格局下，须"自上而下"推行的强制性减排目标被弱化并演变为《巴黎协议》中的"自愿性"减排；而开放的技术和资金合作机制则受到了越来越多的重视，形成了"自下而上"的气候治理体系。

三、"人类命运共同体"理念对全球气候治理的贡献

中国除了积极参与全球气候治理的实践，还从"构建人类命运共同体"的高度，提出了具有鲜明中国特色的全球治理观。

中国国家主席习近平指出，全球治理体制变革离不开理念的引领，要推动全球治理理念创新发展，积极发掘中华文化中积极的处世之道和治理理念同当今时代的共鸣点。2015 年 11 月 30 日，习近平主席出席巴黎气候变化大会开幕活动，发表题为《携手构建合作共赢、公平合理的气候变化治理机制》的重要讲话，明确提出"各尽所能、合作共赢""奉行法治、公平正义""包容互鉴、共同发展"的全球气候治理理念，同时倡导和而不同，允许各国寻找最适合本国国情的应对之策。这些主张形成了具有鲜明中国特色的全球气候治理观。具体地说，一是合作共赢。中国文化的精髓强调"和合"，追求和谐、和平、合作、融合。基于中国的传统文化，中国提出构建以合作共赢为核心的新型国际关系。面对气候变化威胁，各方应休戚与共。为此，中国主张各方通力合作，同舟共济，共迎挑战，共商应对气候变化大计，维护全人类的共同利益。这有利于扩展各

国自愿合作的领域和空间，扩大各方利益的交汇点，促进气候谈判由"零和博弈"转向合作共赢。二是公平正义。公平正义一向是中国传统文化的价值追求。在气候变化问题上，发达国家和发展中国家的历史责任、发展阶段和应对能力不同，中国坚持共同但有区别的责任原则，强调发达国家应向发展中国家提供资金和技术支持，保障发展中国家的正当权益，正是为了维护全球气候治理中的公平正义。三是包容互鉴。各国在气候变化问题上的国情和能力都不同，很难用一个统一标准去规范。因此，中国主张各国间加强对话，尊重各自关切，允许各国寻找最适合本国国情的应对之策。中国在气候治理理念和合作方式上展现出不同于美国、欧盟的新型领导力和引领作用，在世界范围内得到了越来越多的认同。合作应对气候变化是各国一致的利益取向，存在巨大合作空间和广阔前景，可成为中国构建共商、共建、共享的新型国际关系，打造人类命运共同体的重要领域和成功范例。《巴黎协定》最终确立的以"国家自主贡献"为主体、"自下而上"的减排机制，正是这种包容精神的体现。中国对气候问题的认知也在发生转变，由原来的"应对气候变化会限制中国的发展"转变到"应对气候变化会促进中国的发展"。这种观念的变化成为中国在世界气候谈判大会上政策立场发生转变的重要原因。也就是说在气候问题上形成了新观念，这种观念最终推动了国内政策和国际气候外交的转变。同时，中国也通过国内一系列行动的实施，如生态文明理念的推广、生态红线工作的实施为全球气候治理贡献中国智慧。

第二节 全球气候合作与博弈的演进历程

利益取向和价值判断，是一切博弈的逻辑起点，在国际气候政治的谈判桌上更是如此。一方面，气候变化对不同地区造成的影响迥异，另一方面，不同经济体减缓和适应气候变化的能力、潜力以及从中获得的收益也有很大差异。这些差异导致了不同经济体在面对气候变化问题的立场存在不同程度的分歧，进而催生了国际气候政治体系中的不同阵营。随着全球碳排放、能源供需以及经济格局的不断变化，各经济体面对气候问题的利益关系，进而政策立场也发生着深远的变化，推动国际气候政治博弈格局和治理体系不断演进。

以国际气候谈判为主线，应对气候变化国际合作进程可以按照《公约》《京都议定书》、"巴厘岛路线图""德班平台"、《巴黎协定》达成后时期划分为五个阶段。而到了后巴黎时代，随着新知识、新理念、新技术和新模式层出不穷，全球气候治理也出现了一些新趋势与新特征，共同塑造未来应对气候变化的国际合作进程。

一、"由分到合"再"由合到分"的国际气候谈判

《联合国气候变化框架公约》（UNFCCC）自 1995 年起每年 10 月到 12 月间召开缔约方大会（COP），也被称为"世界气候大会"。会议地点由秘书处于前一届大会上确定。此外 2005 年《京都议定书》生效后，公约的缔约方大会同时也就是《京都议定书》缔约方

会议（CMP）。2015 年的巴黎气候大会就是《公约》缔约方 21 次会议暨《议定书》缔约方 11 次会议（COP21/CMP11）。世界气候大会是目前国际气候谈判的主要平台，受到各国各界高度重视。

在国际气候谈判历程中，美国一直以来被视作国际气候合作领域的反面案例，但首先将应对气候变化落实到国内政策的动议却恰恰始于 80 年代末的美国。1988 年美国国会邀请航空航天总署（NASA）气候专家詹姆斯·汉森（James Hansen）参加听证，陈述气候变化及其可能带来的风险，引起了政界和民众普遍的关注。当时在座的就有时任众议员，后因其在气候问题上的贡献而获得 2007 年诺贝尔和平奖的美国前副总统戈尔。此后，美国多个国家智库发表研究报告，将气候变化与国家安全联系在一起，推动政府关注气候变化。

其他发达国家也同样积极行动，在气候变化这一新兴的全球政治议题上争取先机。在 1990 年前，丹麦、意大利、英国、奥地利、加拿大、德国、新西兰、法国、澳大利亚、欧共体成员国等工业化国家就已经先后作出单边减排承诺。包括美国在内的工业化国家一致的积极推动，使得 1992 年里约"地球首脑"会议水到渠成地签署了《联合国气候变化框架公约》（UNFCCC）。《公约》确定的"共同但有区别的责任"的指导原则将发达国家和发展中国家聚到一起，开启了国际气候谈判的进程。

回看国际气候谈判的历程，各方在解读"共同但有区别的责任"原则上的分歧，是气候谈判路途坎坷的重要原因，而由此产生的激烈博弈则决定了国际气候谈判进程发展方向。

为了落实《公约》的目标，1997 年在东京召开的《公约》第三次缔约方会议制订了《京都议定书》，对"共同但有区别的责任"作了最初也是为最直接的解读：要求发达国家在 2012 年前减排至比 1990 年低 5.2% 的水平，且为各国设定了量化的目标；而发展中国家则不承担减排义务。同时设定了排放交易（IET）、联合履约（JI）和清洁发展机制（CDM）等三种灵活履约机制，鼓励发达国家用资金和技术换取排放空间。

然而随着发展中经济体在全球经济总量和排放总量中的占比不断提高（如图 4.3 所示），将发展中经济体纳入强制减排体系的压力也与日俱增，这导致《京都议定书》框架下的国际气候谈判渐渐貌合神离。事实上美国自《议定书》谈判伊始就坚持要将发展中国家纳入强制减排，多次提出均未获响应。由于美国的减排承诺未能在国会获得通过，因此在 2000 年海牙气候大会上不得不提出大幅削减

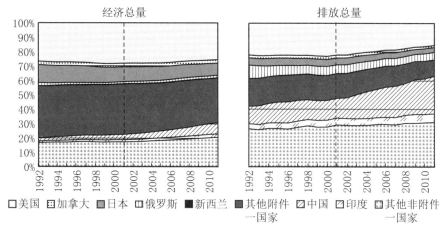

图 4.3　附件一与非附件一国家经济（2005，USD）与排放总量（kt/CO$_2$）对比

注：虚线表示 2001 年美国退出《京都议定书》的时点。

资料来源：世界银行《世界发展指数（WDI）》数据库。

其减排目标，导致大会谈判不得不中断，而美国也于会后正式宣布退出《京都议定书》。由于《议定书》生效需要占全球55%温室气体排放量的国家批准，而美国当时占了27%，因此美国的退出毫无疑问使《议定书》陷入危机。其余缔约方唯一的选择便是极力吸纳俄罗斯、乌克兰等转型经济体加入，并允诺其极度宽松的排放配额（只需保持原有排放规模，不需要减排）。2003年，欧盟开始筹备碳交易市场（EU-ETS），看到巨大经济利益的俄罗斯终于转变态度于2004年同意签署，《议定书》勉强生效。宽松的配额使得俄罗斯在欧洲碳交易市场（EU-ETS）上获得了巨大的不对称收益，间接导致了2008年后欧洲碳价格的雪崩。

《京都议定书》终于在2005年生效，但第一履约期也就剩下7年时间。因此2005年蒙特利尔气候大会马上开始了《议定书》第二履约期（2012—2020）的谈判。然而此时，各方已明显不再顾及"合作"的面子了，不仅美国持续不合作，加拿大、新西兰、俄罗斯、日本先后宣布退出谈判。矛盾的焦点依然是发展中国家是否应当承担强制减排义务。2007年巴厘岛气候大会上，发展中国家不得不作出让步承诺承担减排义务。但同时，发展中国家要求发达国家向发展中国家提供资金与技术支持，并开始就相关细则展开谈判。《巴厘路线图》之后，国际气候谈判便沿着"双轨制"的路径展开：一方面在《议定书》缔约方之间讨论各国减排目标的具体设定；另一方面在所有《公约》缔约方之间讨论资金与技术等方面的长期合作机制问题。

《巴厘路线图》是国际气候谈判的一次重要转折，重新定义了"共同但有区别的责任"，即发达国家与发展中国家共同承担减排义务，但发达国家需在资金和技术等方面给予更多的支持。

表 4.2 附件一国家《京都议定书》减排目标及实际减排量

国家	议定书目标		实际排放	国家	议定书目标		实际排放
	I	II	1990—2008		I	II	1990—2008
欧洲				北美			
欧盟	−8	−20	—	美国	−7	—	7.4
奥地利	−13	−20	10.8	加拿大	−6	—	24.1
比利时	−7.5	−20	−7.1	亚太			
丹麦	−21	−20	−6.8	澳大利亚	8	−0.5	31.4
芬兰	0	−20	−0.2	日本	−6	—	1
法国	0	−20	−5.9	新西兰	0	—	22.7
德国	−21	−20	−21.4	转型经济体			
希腊	25	−20	23.1	保加利亚	−8	−20	−42.8
冰岛	10	−20	42.9	克罗地亚	−5	−20	−0.9
爱尔兰	13	−20	23.2	捷克	−8	−20	−27.5
意大利	−6.5	−20	4.7	爱沙尼亚	−8	−20	−50.9
卢森堡	−28	−20	−4.8	匈牙利	−6	−20	−36.2
荷兰	−6	−20	−2.4	拉脱维亚	−8	−20	−55.6
挪威	1	−16	9.4	立陶宛	−8	−20	−51.8
葡萄牙	27	−20	32.2	波兰	−6	−20	−29.6
西班牙	15	−20	42.5	罗马尼亚	−8	−20	−45.9
瑞典	4	−20	−11.3	俄罗斯	0	—	−32.8
瑞士	−8	−15.8	0.4	斯洛伐克	−8	−20	−33.7
英国	−12.5	−19	−15.2	斯洛文尼亚	−8	−20	5.2
				乌克兰	0	−24	−53.9

注：议定书目标 I 表示 2008—2012 年目标，II 表示 2013—2020 年目标。
灰色标出了没有完成《京都议定书》第一承诺期减排目标的国家。

由于在谁先减排、怎么减、减多少等问题上陷入泥沼，加之发达国家对《议定书》第一履约期减排承诺执行不力（参见表4.2），《议定书》框架下的谈判陷入停滞，发达国家和发展中国家各行其是。《巴厘行动计划》以及两年后的《哥本哈根协定》均为法律效力不明确的状态，预示着气候谈判松散化趋势愈演愈烈。另一方面，《公约》框架下的长期合作机制谈判则逐渐走上正轨，"适应基金"（2008年波兰波兹南气候大会）、"绿色气候基金"（2011年南非德班气候大会）先后提上议事日程。

2011年气候大会上设立的"德班平台"将落实资金和技术安排提到了和续签《京都议定书》第二期同样的高度，其后的多哈（2012年）和华沙（2013年）气候大会进一步强化了德班平台确定的"弱"减排目标与"强"资金技术安排的框架，尤其是2013年华沙气候大会（COP 19）要求各缔约方准备各自的"国家自主贡献预案"（Intended National Determined Contribution，INDC）文件，开启

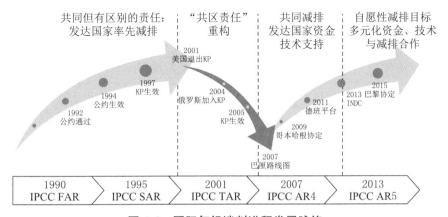

图 4.4　国际气候谈判进程发展脉络

了"自愿性"减排的大门，并为巴黎气候大会定下了基调。

纵观 1990 年至今，国际气候谈判经历了"由分到合"，再"由合到分"的过程，而巴黎大会之后，国际气候谈判的进程更趋松散化、自愿性，将更加依赖于双边、多边及区域性的安排，出现减排目标模糊化、合作手段多元化、执行主体微观化的特征。

二、气候政治博弈的立场变化与格局演进

欧盟和以美国为首的"伞型国家集团"，以及代表发展中国家的"77 国集团加中国（G77+ 中国）"的形成与重构，推动了国际气候政治博弈格局的演变。

欧盟（包括已公投脱欧的英国）一直以来都是全球气候行动的积极倡导者，在相关立法、政策，以及实践等方面均处于领先地位。不仅在区域内设定了较大幅度的减排目标，规定到 2030 年比 2010 年减排 40%，2050 年减排 60%，同时积极推进能效提高和新能源发展政策。[①] 此外，欧盟构建了全球目前最大规模的碳交易体系，优化区域内的减排行动。

倚仗其在绿色低碳相关产业和技术方面的比较优势，欧盟在《京都议定书》和《巴黎协议》的谈判进程中，均积极推动全球一体化的气候治理框架。在《京都议定书》第一阶段，欧盟主要针对的

① 《欧盟提出长期减排目标：碳市场改革将于 2018 年启动》，《经济参考报》2015 年 2 月 27 日。

潜在对手是美国及其盟友，因而选择对发展中经济体较为友好的战略，旨在促成全球一体化减排行动安排。而其激进的主张也招致了"伞型集团"的激烈抵制。

而在《京都议定书》第二承诺期以及其后的《巴黎协议》谈判进程中，由于新兴经济体在经济总量和排放总量上的快速崛起，导致欧盟与伞型集团产生了共同的诉求，两个发达经济体阵营重新靠拢，利用最不发达国家和小岛屿国家自身迫切需要，通过资金和技术援助许诺，分化"G77+中国"集团，将矛盾的焦点转移到中国和印度等排放规模较大、增长较快的新兴经济体身上。

伞型集团形成于2009年哥本哈根气候大会，由美国为主导，还包括日本、加拿大、澳大利亚、新西兰、挪威、俄罗斯、乌克兰等经济体。由于这些经济体在世界地图上的连线像一把伞状，因此被称为"伞型国家集团"。伞型集团主张强制减排不应该只是发达国家所承担的义务，发展中国家尤其是新兴经济体也应参与其中。在《京都议定书》第一承诺期谈判过程中，伞型集团以发展中经济体不参与强制减排为由，削减或推脱自身减排义务，转而主张各经济体应首先基于自身条件采取相对独立的、由政府推动的减排行动，也即"自下而上"的气候治理机制的构想。

伞型集团成员在气候治理问题上的不合作，引发了巨大的经济与政治压力。事实上，除美国外，集团其他成员的碳排放规模较小，或者减排潜力较大，如冰岛和挪威两国产业结构和能源系统的清洁性都较高，经济运行的碳强度较低。在国际国内舆论的压力下，两国气候政策的主张正逐渐向欧盟靠拢，冰岛甚至在全球金融危机之后申请加入欧盟。[①]俄罗斯经济尽管在很大程度上依赖能源收入，但其拥有丰富的天然气储量，作为重要的清洁能源，在一定程度上弥补了全球节能减排的影响。同时俄罗斯、乌克兰等转型经济体碳减排成本较低，在《京都议定书》第一承诺期中通过参与欧盟碳交易（EU-ETS）获得了巨大的收益，因此是全球减排的受益者。此外，随着国际社会对气候变化问题的共识不断强化，伞型集团的行动客观上也给自身带来了国际国内的舆论压力。

在《京都议定书》第二承诺期以及《巴黎协议》的谈判过程中，以中国为代表的新兴经济体快速成长，使得美国等伞型集团面临更大的挑战。美国进步中心提出，中国通过气候变化谈判和双边或多边能源环境合作，已经在能源竞争力方面取得了优势，在"低碳赛跑"中战胜了美国，在技术竞争中取得了优势，并在知识产权、就业岗位、新能源贸易份额方面对欧美造成了不同程度的威胁，其中对美国的太阳能、欧洲的清洁制造业就业领域打击最为明显。[②]这样的担忧推动了发达经济体阵营内部的协调行动，美国及其伞型集团盟友对欧盟建立全球减排框架的主张也从消极反对转向积极支持。

77国集团加中国（"G77+中国"）成立于1964年联合国贸发会

---

① 因担心欧盟共同渔业政策损害自身利益，冰岛于2015年3月放弃加入欧盟的申请。

② 参见美国进步中心：《进步性增长：通过清洁能源、革新与机遇扭转美国经济》，2007年11月。

议,是中小发展中经济体自发组成的,以对抗超级大国、谋求经济发展为主要目标的国际组织。成立时共有 77 个成员,因此称为 "77 国集团",尽管此后成员国数量不断增加(目前已有 134 个成员),但仍沿用该名称。在国际气候治理领域,G77 坚持主张 "共同但有区别责任" 原则,同时倡导气候治理的南南合作。中国不是 G77 的成员,但是在国际气候谈判的初期,中国及其他各发展中经济体之间经济水平相近、具有共同发展需求,因而结成联盟同发达国家进行谈判,促成了《京都议定书》的生效。

《京都议定书》对 "共区原则" 的执行为发展中经济体争取到了宝贵的发展空间和机遇。但发展中经济体之间的差异也在不断扩大:部分新兴经济体迅速崛起,而很多其他发展中经济体却逐渐被边缘化,利益的协调变得愈发困难。实际上在气候政治三大集团中,"G77+ 中国" 本就是成员数量最多、差异最大的集团,因而也是最不稳定的集团。[①]除了中国这一最大、发展最迅速的新兴经济体之外,该集团还包括小岛屿国家联盟(AOSIS)、最不发达国家联盟(LDCs)、石油输出国组织(OPEC)、热带雨林国家等,在经济基础、产业特征、自然条件、要素禀赋等方面均存在很大差别。而这些小集团在气候变化问题上也都各自存在不同的利益关注点:

首先,要求实施的碳减排力度不同。小岛屿国家联盟与最不发

---

① 吴静等:《国际气候谈判中的国家集团分析》,《中国科学院院刊》2013 年第 6 期。

达国家联盟面临最大的气候变化风险，这两个国家集团在 2015 年巴黎气候大会期间成立了"气候脆弱国家论坛"，呼吁并敦促排放大国实施更为严格全面的减排行动；对于热带雨林国家，以及其他森林资源丰富、碳汇潜力较大的地区，更严格的减排约束有利于碳汇项

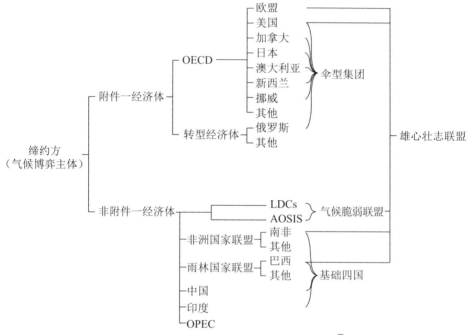

图 4.5 国际气候博弈利益集团示意图 ①

———————

① 图中"附件一经济体"指《京都议定书》在其附件一中明确列出强制性减排目标的缔约方，主要包括发达经济体和转型经济体；"非附件一经济体"则指没有列入《京都议定书》附件一的缔约方，主要为发展中经济体。按照《京都议定书》的"共同但有区别责任"原则，附件一经济体需按照《京都议定书》的规定承担强制减排义务，具体减排目标在附件一中列明，而非附件一经济体则不需要承担强制减排义务，而其自愿减排的成果则可以通过清洁发展机制（CDM）向附件一经济体转让。

目收益，这使得同为发展中大国的巴西与中国的立场产生背离；而更多处在工业化过程中的发展中经济体则更关注经济问题，希望争取更大的排放空间。

其次，寻求资金援助的迫切程度不同。非洲国家、小岛国联盟以及最不发达国家由于在应对气候变化带来的灾害方面能力不足，因此希望获取更多的国际资金援助，并积极支持发达国家提出的市场机制。而一些新兴发展中国家经济实力的快速上升，对资金援助的需求并不十分紧迫，而是更注重经济发展所必需的碳排放的空间。

第三，在已有的国际气候援助资金分配上，发展中国家之间的竞争也日趋激烈。现有的资金和技术合作机制以清洁发展机制（CDM）为主要代表。而由于自然条件、经济水平以及政治等因素，中国、印度等发展中大国的项目更容易受发达国家的青睐，这也加剧了其他亟须资金援助国家的不满。

在巴黎气候大会上，小岛屿国家联盟、最不发达国家联盟与巴西、南非等 G77 成员和欧盟、美国一起组成了气候"雄心壮志"联盟（High Ambition Coalition），提出了提高《巴黎协议》法律效力、控制全球升温 1.5 度的长期目标，以及完善减排行动的审查和透明度机制等目标，意味着"共区原则"下形成的"南北对立"格局被彻底打破，《巴黎协议》开启的新的气候博弈进程将愈加错综复杂。

三、从"京都"到"后巴黎"的治理模式变革

以 2007 年《巴厘岛路线图》为分野，国际气候治理体系经历了

从以"大国协调"与"协商一致"为特征的"自上而下"治理模式，向以"分散决策"和"市场导向"为核心的"自下而上"模式的转型，《京都议定书》和《巴黎协议》分别是两个阶段的代表性成果。治理体系演进的背后，是国际社会对 1992 年缔结的《联合国气候变化框架公约》中所提出的"共同但有区别责任"原则的重新解读，而更深层的推动力，则在于国际经济、政治和温室气体排放格局的深刻变化，带来的国际气候政治博弈格局的变革，以及谈判阵营的重组。

2015 年 12 月 12 日，经过了加时谈判，巴黎气候大会正式闭幕，形成了《巴黎气候协定》成为全球应对气候变化行动的新的标杆。各缔约方重申 2 ℃目标，并承诺基于 INDC 开展减排行动，承担共同但有区别的责任。协议同时强调发达国家应为协助发展中国家，在减缓和适应两方面提供资金和技术支持。对比之前的国际气候协议，尤其是《京都议定书》可以发现《巴黎协定》具有明显的"自愿性"，或称"自下而上"的特征。

表 4.3　主要排放国 INDC 主要内容

国家	INDC 主要目标	2005 年排放（百万吨 CO_2）	占比（%）
中国	2030 年排放达峰；碳强度比 2005 年降低 35%—40%；非化石能源占比 20%	7219.2	19.12
美国	2025 年总排放比 2005 年降低 26%—28%	6963.8	18.44
欧盟	2030 年总排放比 1990 年降低 40%	5047.7	13.37
俄罗斯	2030 年总排放比 1990 年降低 25%—30%	1960	5.19

国家	INDC 主要目标	2005 年排放（百万吨 CO_2）	占比（%）
印度	2030 年碳强敌比 2005 年降低 33%—35%；非化石能源发电装机占比 40%	1852.9	4.91
日本	2030 年总排放比 2005 年降低 25.4%	1342.7	3.56
巴西	2025 年总排放比 2005 年降低 37%；2030 年降低 43%	1014.1	2.69
加拿大	2030 年总排放比 2005 年降低 30%	731.6	1.94
澳大利亚	2030 年总排放比 2005 年降低 26%—28%	548.6	1.45
南非	2025 年到 2030 年间的总排放为 398Mt 和 614Mt	422.8	1.12

延续"德班平台"的"双轨制"框架，将《巴黎协定》的成果分解为减排目标和资金、技术合作机制两方面分别分析，我们可以发现《协定》的法律效力处在一个非常尴尬的状态。《巴黎协定》本身具有国际法律效力，但各国申报的自主贡献（INDC）却不需经大会批准生效，因而不具备相应的法律效力。这回避了谈判过程中最为尖锐的矛盾，而美国政府也不再需要国会授权即可签署《协定》。但这却导致了两方面的结果：一是无法保证各国独立作出的减排贡献合在一起能够实现 2 ℃的总目标；二是国际社会也无法对各国执行减排目标的情况设定强制措施，一国可以轻易地废除其 INDC。注意到对国家减排目标的命名，《京都议定书》中用了"承诺"（Commitment）一词，而《巴黎协定》中为"贡献"（Contribution）一词——这里用词的变化很值得玩味。

事实上《巴黎协定》通篇都可以看到类似的尴尬：协定主要内

容都是程序性的规定和标准，包括要求各国制定和公布减排战略、每 5 年一次盘点和修订 INDC、建立减排行动信息披露规则，但是对行动的实质内容和力度却没有定量的、强制性的要求。即便最受关注的资金与技术合作问题，也只是确定了一个 1000 亿美元的参考规模，而没有进一步明确具体目标和渠道安排。事实上这些问题在谈判过程中均有涉及，而协定的第一版草案长达 48 页。但是谈判过程中对部分具体问题的争议较大，因此将无法达成一致的内容删去，最终形成了现在看到的仅有 12 页的最终版。而这也是为什么《巴黎协定》被命名为"协定"（Agreement）而非"议定书"（Protocol）。"议定书"一般指为某种可能发生的事件或情况而准备的具体的行动方案，其具体性和操作性是关键，显然删减后的《巴黎协定》已经不具备称为"议定书"的条件了。

在减排目标和资金安排之间存在着一个重要的中间环节，即国际减排合作机制。《京都议定书》设定了三种灵活履约机制：联合履约（JI）、碳交易（IET）和清洁发展机制（CDM），其中 IET 和 CDM 经历了多年发展，衍生出了万亿美元量级的碳市场，对国际气候行动以及金融市场都产生了深远的影响。为了延续国际气候合作的市场机制，《巴黎协定》提出了两条路径：一是敦促各方尽快签署《京都议定书》第二承诺期（即"多哈修正案"），从而能够继承《京都议定书》下的三种灵活机制，继续在全球统一的市场框架下推进气候合作；二是允许缔约各方自愿形成合作减排安排，也即承认基于双边、多边、区域性的减排合作。

2015 年在《巴黎协定》达成的同时，各方授权建立 "《巴黎协定》特设工作组"，并在《公约》附属机构下设立其他与《巴黎协定》实施相关的议题，就《巴黎协定》的实施细则进行谈判。这一谈判自 2016 年启动，预期于 2018 年年底完成。2018 年 12 月《公约》第 24 次缔约方大会在波兰卡托维兹闭幕，会议达成了包括《巴黎协定》实施细则在内的一揽子成果。但围绕《巴黎协定》第六条内容的实施细则分歧较大，迟迟无法达成一致。《巴黎协定》第六条旨在为以碳市场为主的国际气候治理合作机制敲定细则，其中的国际合作被认为是 "促进更多减缓气候变化行动的必要工具，并为下一个国家自主贡献周期内的进展铺平道路"[①]。第六条为两种市场方法和一种非市场方法建立了框架，旨在构建《京都议定书》之后新的国际合作机制体系。其中市场机制主要通过两种途径来实现：一是允许减排单位在国际间双边和自愿协议，以交易的方式转让减碳成果（ITMOs）；二是建立与项目相关的减排的核算规则，以避免重复计算。这一体系将取代根据《京都议定书》建立的清洁发展机制（CDM），性质更加接近于联合履约机制（JI）。此外，《巴黎协定》第六条还制定了一个非市场机制的国家间合作减排框架，包括减排技术援助、为适应气候变化活动提供资金、利用税收来实现减排等。

欧美发达国家近年来越来越明确地将新能源和节能减排技术作

---

① Malin Ahlberg, "Enhancing Ambition: Carbon Pricing as a Tool to Step up Mitigation Efforts", *Carbon Mechanisms Review*, Vol.6, No.3, 2018, pp. 23–24.

为国际竞争的战略高地，同时发达国家国内减排空间日益萎缩，因而通过国际间的合作减排扩大技术应用市场、提升竞争力便成为重要的战略。考虑到美国、加拿大、日本、俄罗斯、新西兰等国先后退出《京都议定书》，三种灵活履约机制在国际减排合作中的地位已经大幅下降，不同碳市场之间的一体化进程也在 2012 年后快速降温，推进多哈修正案签署的可能性不大。因此，各方寄望 2016 年底将在摩洛哥马拉喀什召开的《巴黎协定》缔约方第一次会议（COP22/CMP12）能够对 INDC 的法律效力的认定、资金安排以及技术转让规则等具体问题做出安排。但遗憾的是，《巴黎协定》实施细则中与第六条相关的内容未能在卡托维兹达成，各方同意延期一年，以期谈判达成。然而在 2019 年 12 月的智利—马德里气候大会上，由于主席国智利在主题设定、议题安排和组织形式上出现的偏差，各方无法在会议上形成相互谅解，最终谈判在延时 40 多个小时后仍未能就第六条问题达成一致，谈判被迫再次延长授权。2020 年《公约》第 26 次缔约方大会主席国英国计划将完成《巴黎协定》第六条等实施细则未尽事宜作为最重要议题，同时同步、平衡推进减缓、适应、资金等各方关注的问题，以期为 2020 年前全球应对气候变化合作画上圆满句号，为 2020 年后的全球气候治理开启新的篇章。然而受新冠肺炎疫情全球蔓延的影响，英国和《公约》秘书处不得不宣布将 COP26 延期至 2021 年举行，相应地，原本计划在 2020 年 6 月举行的《公约》附属机构会议谈判，也延期举行。

最终，经过长期的博弈和争论，在 2021 年底召开的《联合国气候变化框架公约》第 26 次缔约方大会（COP26）上，各缔约方就分歧最大的《巴黎协定》第六条达成了协议。细则的通过意味着国际气候治理的新机制从概念步入实施阶段，它有利于提升各国应对气候变化的动力，并推动《巴黎协定》的全面落实。研究表明，第六条引入的遵约灵活性可以将各国在国家自主贡献（NDCs）报告中承诺的 2030 年减排目标所需的总成本每年大约减少 3000 亿美元。[①]

"后巴黎时代"，松散化、自愿性的谈判进程在很长时间里将会持续。可以预期在未来的国际减排合作中，双边、多边、区域性减排合作机制将大量出现，并成为发达国家和发展中国家间技术、资金转让重要载体。近年来，除主权国家之外，非国家利益攸关方在气候变化多边进程中也发挥了重要作用。非政府组织、企业、行业组织、城市、土著人社区、智库、高校、知名人士等非国家利益攸关方为《巴黎协定》的达成和后续实施起到了重要的助推作用。在 2017 年 6 月 1 日美国宣布将退出《巴黎协定》，并于 2019 年 11 月 4 日正式启动退出的法定程序后，非国家利益攸关方在"后巴黎"时代与缔约方携手共同应对气候变化的重要性更加突出，这将导致未来全球气候治理格局的进一步演变。

现有的国际金融、投资和贸易合作机制为气候合作提供了现成的平台，如 G20、TPP，以及我国积极主导的亚投行、金砖银行等

---

① James E. Edmonds et al., "How Much Could Article 6 Enhance Nationally Determined Contribution Ambition toward Paris Agreement Goals through Economic Efficiency?", *Climate Change Economics*, Vol.12, No.2, 2021.

合作机制中均涉及绿色投资与技术合作议题。此外,《巴黎协定》同时也为私人部门参与国际气候行动打开了方便之门。在大会决议中提出"同意维护和促进区域和国际合作,以动员所有缔约方和非缔约方利害关系方,包括民间社会、私营部门、金融机构、城市和其他次国家级主管部门、地方社区和土著人民大力开展更有力度、更有雄心的气候行动"。而大会期间,由包括比尔·盖茨在内的27位全球知名亿万富翁与加州大学宣布联合成立"能源突破联盟",创始基金100亿美元,该计划将专注投资新能源早期概念和科技商业化的路径,找到除了风能、太阳能以外更多零碳排放能源的可能,从技术上找到更多阻止全球变暖的方法,联盟支持的行业包括发电、储存、交通、工业和能源系统效率等。依据《巴黎协定》的"自愿性"原则,只要政府认可,这些民间行为既可以正式地被纳入国家减排行为的范畴内,从而受到国际社会的承认。从这个角度看,巴黎气候大会的成果预示了一个以低碳为特色的全球经济新时代的到来。

四、气候治理新机制的"非主流力量"

《联合国气候变化框架公约》的缔约方会议,是全球气候治理的基础平台,通过一系列国际会议和谈判进程,形成了以主权国家或经济一体化组织为主体、以多边国际谈判为主导的全球气候治理的基本模式。然而,不同经济体参与气候治理的意愿和能力存在较大差异,政策立场也在很大程度上受国内政治经济因素的影响,常常出现反复。随着应对气候变暖日渐紧迫，以及全球对气候风险的共识不断强化，国际社会越来越清晰地认识到经济体之间的这种"扯皮"极大地妨碍了全球气候治理体系的发展。随之而来的，是全球气候治理体系逐渐从"自上而下"的传统模式向"自下而上"新模式的转型，而非国家行为体在全气候治理体系中日益活跃，地位逐渐上升，形成了一股新的，不容忽视的力量。

2014年，公约秘书处发起了一个专门的倡议——"转变的契机"（Momentum for Change），旨在记录各国际组织、城市和地方政府、产业、金融机构及其他主体推动气候治理的行动和倡议，从而提高国际社会对非国家行为体参与气候治理的认识、鼓励多元主体之间展开多层次的合作、确保行动的互补性和有效性。

经济体是一个区域内各群体的公共利益的天然的代理人，而气候谈判所达成的各种主张也需要依靠政府的政策和部署才能落实。因此，经济体作为谈判主体和履约主体，在全球气候治理体系中占据主导地位。然而经济体在全球气候治理中面临着"集体行动的困境"，表现为：

（1）不同经济体在气候治理中的意愿和能力存在较大差异。一是，不同地区和自然特征的经济体受气候变化风险的影响不同，缓解和应对气候变化的紧迫性也有较大差异；二是，处在不同发展阶段的经济体，对经济发展和气候治理之间关系的认识也有很大不同；三是，作为参与全球气候治理的主体，各经济体的技术、资金能力差距很大。这些分歧导致了历次气候大会上小岛国和最不发达经济体极力呼吁、新兴经济体强调历史责任、发达经济体对气候援助金额和来源争执不下的局面。

（2）受内部经济政治因素影响，各经济体全球气候治理的立场常常出现反复。最典型的例子，便是美国。1997年《京都议定书》谈判过程中正逢民主党执政，由于民主党对全球气候治理抱积极推动的态度，因而美国政府顺利签署了《京都议定书》；但国内两党之间围绕是否参与全球气候治理的政见相左，导致国会始终没能批准《京都议定书》，并且在之后不久，由共和党政府于2001年宣布退出《京都议定书》。

（3）气候谈判成为各主要经济体国际政治和经济博弈的一部分。应对气候变化这一初始的目标远不是各经济体决策过程中唯一的考量因素，因而气候谈判达成实质性成果的难度加大。面对"协商一致"的传统多边主义气候谈判陷入僵局和停滞，国际气候治理逐渐从"自下而上"的模式转向"自上而下"的模式，传统的"国家中心"范式已发生新变化，经济体之外的多元化主体在气候治理体系中日渐活跃、地位逐渐上升。而《巴黎协议》设定的新机制，进一步明确将开放的资金与技术合作作为"自愿性"减排的补充。国际气候治理体系将进入多元化、多层级发展的新时代。

（4）次国家主体更积极参与全球气候治理。城市作为经济生产、政治和社会活动，以及能源消费的中心，正日益成为全球气候治理体系中连接"自下而上"的行动与"自上而下"的管理的关键节点。OECD的统计数据表明，75%的能源消耗和80%的温室气体排放都

来自城市 ①；同时，作为人口和财富高度集聚的载体，城市也是受气候风险影响最直接的主体。而反过来，城市也是践行低碳转型的重要平台。随着新兴经济体逐渐进入大规模城市化阶段，基础设施投资、工业化过程以及不断增加的中产阶级，都为城市应对气候行动带来机遇与挑战。优化城市区位规划、完善基础设施、建设低碳交通体系，以及升级用能设备、实行能源需求侧管理等，都是实现低碳转型、实现绿色发展的重要方向。

2005 年，美国部分城市发起《美国市长气候保护协议》，提出比《京都议定书》更高的减排目标。截至 2015 年底，已经有 50 个州超过 1000 个城市签署了该协议，承诺通过限制城市土地过度扩张、增加植树造林、完善能耗和排放以及减排行动的信息公开机制、敦促联邦政府节能减排、推动建立国家排放交易体系等措施，促进美国国内减排行动的落实。② 此外，在美国参与巴黎气候大会谈判的背后，城市层级的合作机制也起到了很大的推动作用。2014 年 9 月，洛杉矶、休斯敦和费城三个城市的市长联合发布了《市长国家气候行动议程》（MNCAA），旨在呼吁美国和其他气候谈判参与方达成减排协议，构建更高标准的温室气体减排目标和行动报告机制。在巴黎气候大会之前，MNCAA 共吸引了美国 66 个城市参与。

---

① OECD, *Cities and Climate Change: National Governments Enabling Local Action*, http://www.oecd.org/env/cc/Cities-and-climate-change-2014-Policy-Perspectives-Final-web.pdf，2014.

② 参见 http://www.usmayors.org/climateprotection/list.asp。

在欧盟统一能源和气候政策下，欧洲城市更是深度地参与全球气候治理。气候联盟（Climate Alliance）①、欧洲城市气候保护行动（European Cities for Climate Protection Campaign）②、能源城市（Energie-Cité）③、气候和能源市场盟约④等跨国的城市联盟，不仅为城市间的交流和最佳实践的经验推广提供平台，建立共同的行为准则和互惠的互动模式，同时促进各级政府、研究机构、产业以及市民社会之间的互动与合作。

（5）金融系统与产业部门正在成为全球气候治理的重要驱动力量。在"自愿性"减排的全球气候治理机制下，融资问题，尤其是如何构建用于支持发展中经济体低碳发展的金融体系是构建全球气候合作框架的核心议题。《巴黎协议》提出发达经济体在 2020 年后，要每年筹集至少 1000 亿美元用于支持发展中经济体的减排行动，但就目前气候资金计划的执行情况看，这一目标绝不会水到渠成。事实上公共渠道的资金安排在发达经济体正面临越来越大的阻力，例如美国在中美气候联合声明中承诺的 30 亿美元气候捐款，就在国会遭到了激烈的反对。但是抛开大国政治经济博弈的种种纷争，应对

---

① 包括 26 个欧盟成员国 1700 多个城市和地区，参见 http://www.climatealliance.org。

② 包括 19 个欧洲国家的 176 个城镇或省区参与，参见 http://www.iclei-europe.org/ccp。

③ 包括 30 个欧洲国家的 1000 多个城镇，参见 http://www.energy-cities.eu/-Association。

④ 参见 http://www.covenantofmayors.eu/about/covenant-of-mayors_en.html。

气候变化在全球已经达成了深刻的共识，另一方面随着节能减排和绿色环保相关技术与产业的发展成熟，由此带来的市场前景也吸引着私人部门，尤其是金融市场的关注。

金融系统在全球气候资金合作机制中的重要作用受到了各国政府的认同。在中国的倡议和推动下，2016 年 G20 会议首次将绿色金融和气候合作列为重点议题，并成立"绿色金融工作组"研究建立绿色金融体系、推动全球经济绿色转型、加强国际合作等问题，标志着全球气候治理进入了更高执行力与影响力的新阶段。

金融监管机构和自律组织也在积极行动。金融稳定理事会（FSB）于 2016 年 3 月设立了"气候相关金融风险披露工作组"（TCFD），旨在为企业提供自愿性的气候风险披露，帮助金融市场参与者和政策制定者更好地了解和管理与日俱增的气候风险；气候债券倡议组织（CBI）、责任投资原则组织（PRI）、国际合作互助保险联合会（ICMIF）和联合国环境署（UNEP）共同组织的"绿色基础设施投资联盟计划"也于 2016 年开始运行，旨在促进政府、开发银行和金融机构的合作，推动绿色基础设施的融资和开发，加快低碳转型。

在政府和国际机构的引导下，私人部门和行业组织也更加积极地参与全球绿色金融体系的构建。在巴黎气候大会期间，盖茨、科斯拉、索罗斯等 28 位商业领袖发起了"突破能源联盟"（Breakthrough Energy Coalition），承诺将私人资本投入公共部门研发创新清洁技术，并投资 11 万亿美元支持绿色债券市场发展；

由 UNEP 发起的"投资组合脱碳联盟"（Portfolio Decarbonization Coalition）承诺减少 6000 亿美元资产的碳足迹；国际民航组织 2020 年 5 月在蒙特利尔举行会议，讨论民航业碳排放交易市场，并与 EU-ETS 等国际碳市场对接的方案。

通过这些国际合作行动可以看到，私人部门在政府和监管机构的引导下，借助金融市场的平台更积极地参与气候治理与资金合作。这不仅是政府引导国际气候治理的新途径，更显示了"自下而上"的合作机制对全球气候治理模式的深刻重构，标志着全球气候政治进入了更强协调能力和执行力的新阶段。

五、新格局下中国的挑战与机遇

在国际气候政治格局中，中国长期以发展中大国的定位参与谈判与气候治理行动，凭借自身的影响力为发展中经济体争取共同的利益。而近年来，经济体量和排放规模两个方面快速的增长激化了与发达经济体之间的矛盾，也使发展中经济体阵营产生裂隙，改变了国际气候博弈的基本格局。经济实力和减排责任双双提高，意味着中国越来越需要，也能够在全球低碳发展中发挥更重要的作用。然而在主动承担减排责任、引领全球气候治理的同时，需要看到我国依然处在发展中经济体的发展阶段，需要依照我国经济发展的实际情况合理安排减排行动，同时积极参与国际规则的制定，引导全球气候治理机制向有利于我国的方向发展。

2014 年，在中美联合气候声明中，我国首次提出 2030 年碳排放停止增长（达峰）的总量目标，并且于巴黎气候大会前递交了详细的国家减排目标文件（INDC）。在区域和多边气候与资金合作机制方面也采取了切实的行动，包括推动 2016 年 9 月在杭州举行的 G20 会议首次纳入绿色金融这一核心议题，以及建立多种南南合作机制，积极为其他发展中国家提供资金和能力建设的支持。[①] 中国在全球气候治理体系中的定位，正逐渐从"跟随"向"主导"转变。在我国应对气候变化、参与全球气候治理的外部推动力量与自身内在需求并存的条件下，全球气候政治博弈格局的演化，和治理机制的变革对中国不仅是挑战，同时也带来了潜在的机遇。

新格局对我国参与国际气候治理提出了新挑战。国际气候博弈格局近年来发生了深刻的变化，一方面以中国为代表的新兴经济体群体性崛起，全球气候谈判的话语权、倡议权，以及对气候治理机制与规则的影响力也随之逐渐向中国等发展中大国倾斜；但另一方面，随着中国等新兴经济体的飞速发展以及碳排放量的不断升高，发展中经济体阵营的分歧也随之增加。2015 年我国 GDP 占全球 15.5%，经济总量位居世界第二；人均收入 7880 美元，已进入中等偏上水平。[②] 与此同时，我国碳排放总量也快速上升，2014 年达到 105.5 亿吨，占全球总量的 29.6%，而且人均排放也迅速提高，分别于 2006 年和 2013 年超越了世界和欧盟的平均水平，达到了 6.6 吨／

---

① 参见中国气候变化谈判代表、国家发改委副主任解振华在利马气候变化大会上的讲话，2014 年 12 月 9 日。

② 参见 http://www.stats.gov.cn/tjsj/sjjd/201603/t20160309_1328611.html。

人。① 世界经济格局和温室气体减排局势的巨大变化，使得国际社会对我国的立场和行动提出了更高的要求。2012 年 3 月 7 日，时任美国国务卿的希拉里·克林顿在华盛顿和平研究院上的演讲中指责中国不应借"崛起大国"和"发展中国家"的双重身份"两头占便宜"，并就中国的外资管理政策、人民币汇率改革等一系列政策提出质疑②；而欧盟对中国在气候变化问题上"分担责任"的呼声也日渐高涨，并通过各种方式敦促中国接受其能源、环保以及其他相关标准；发展中国家也对中国的发展中国家地位提出质疑，小岛国家和最不发达国家集团更是将中国放在其国家利益的对立面。不论我国主观意愿如何，中国需要承担更多的"大国责任"已是不争的事实。

另一个方面的挑战，来自国际社会对"共同但有区别的责任"原则的重新解读。过去中国始终是该原则的受益者，也是积极捍卫者。而在《巴黎协议》的"自愿性"减排目标体系下，发达经济体与发展中经济体的减排责任至少在形式上归于统一。从这个角度看，"共区原则"的"共同性"得到了最大的彰显，而"区别性"则更多地体现在国际气候资金与技术合作机制方面。对我国而言，我国仍处在发展中阶段，与发达国家之间的在经济增长的质量、结构，以及工业和能源技术等领域依然存在较大的差距，因而在承担国际气候治理责任方面也需要按照我国经济发展中的实际情况合理安排。

---

① 蔡斌：《全球碳排放：你要知道的数字》，《能源评论》2016 年第 1 期。
② 参见 http://news.cntv.cn/20120311/117287.shtml。

正如习近平主席在 2015 年 9 月召开的联合国气候变化问题领导人工作午餐会上指出，"中国愿意继续承担同自身国情、发展阶段、实际能力相符的国际责任"。在新的全球气候政治格局下，如何倡导和维护"共区原则"，对其作出符合我国核心利益的解读，是我国未来面临的又一项重大的挑战。

"自下而上"的气候治理模式也给我国带来新的机遇。《巴黎协议》提出"开放性"的气候治理体系，目的是为了协调气候谈判各方利益的分歧，但其对国际气候治理体系实际造成的影响却可能更为深远。民间机构和金融体系更深度地参与气候治理，使气候治理不再仅仅以减排作为唯一目标，而是在各种机会中进行选择，寻求减排效果和市场效益、能源安全和低碳发展等诸多相互补充或冲突的目标间的平衡，而这也间接地激发了低碳发展内在的动力。我国良好的市场环境、产业基础与政策框架，将使我国节能减排相关产业和市场在国际气候合作中成为巨大的磁场，吸引各方资源，推动我国的经济转型与低碳发展。

回看过去全球气候治理的发展历程，我国"减排市场"的巨大吸引力早已崭露头角。2016 年 6 月，我国境内完成的 CDM 项目已达 1492 个，签发核证减排量（CERs）共计 9.7 亿吨 [①]，在全球总量中的占比超过 60%。通过 CDM 机制，我国获得了大量的减排资金和技术，为"十二五"期间减排目标的达成贡献了相当的力量。虽

---

① 参见 http://cdm.ccchina.gov.cn/newitemall2.aspx?page=0。

然在《巴黎协议》框架下 CDM 机制名存实亡，但发达经济体与发展中经济体之间建立资金和技术合作机制的需求却更进一步强化了，并且在资金和技术合作机制上，中国依然享受着发展中国家的"区别责任"。

《巴黎协议》签署后的短短半年时间里，我国已经通过各种途径的国际合作吸引了大量资源。2015 年 9 月的中美第二次气候变化高层战略对话中，中美部分企业在美国保尔森基金会和中央财经领导小组办公室的倡议和推动下，共同投资设立中美"建筑节能与绿色发展基金"，通过跨境的公私合作关系（PPP）创新模式，促成并加速美国节能环保技术与经验在中国市场的应用，从而提高能效、减少排放、促进产业结构调整，同时鼓励中美跨境协同创新，共同创造绿色就业机会，并且与次年 6 月的第三次战略对话期间，签署了首批价值 200 亿元的合作项目；而欧盟也于该年 6 月与中国新达成了一项 1000 万欧元的合作项目，旨在加强欧盟与中国在碳排放交易方面的合作。依托"减排市场"巨大的吸引力，我国在"自下而上"的国际气候治理体系中的地位和话语权也不断提高。在我国的倡议下，2016 年 9 月在杭州举办的 G20 峰会首次将绿色金融纳入核心议题进行讨论，并成立"绿色金融工作组"研究建立绿色金融体系、推动全球经济绿色转型、加强绿色金融的国际合作等问题。这正是我国在多元化气候治理体系中话语权提升的最好注释，而我国也应充分利用这个机遇，更积极地参与国际气候资金合作机制，以及全球绿色金融体系其他领域合作框架的设计，引导国际气候治理机制向更符合我国利益的方向发展。

　　加强南南气候合作是寻找国家利益与全球利益平衡点的一个重要途径。中国长期以来积极推动南南合作进程，为促进发展中国家在气候和可持续发展领域的友好合作作出了巨大努力。通过南南合作强化发展中经济体共同利益，是巩固"共同但有区别责任"原则的重要基础。而除此之外，新的气候治理体系为南南合作带来了更多的意义。广大发展中经济体作为减排潜力最大的经济体群体，同时也是新能源与节能技术最大的市场，更是最具经济活力的市场。《巴黎协议》的一体化减排安排使发展中经济体也有了减排的压力和需求。我国自"十一五"以来积极推动低碳转型与绿色发展，在产业基础、技术能力等方面都取得了长足的进步，在这样的条件下加强南南气候合作能够为我国带来更加现实的经济效益。目前中国已经是全球出口信贷投资额最大的国家，其中能源基础设施是绝对的重点领域。我国企业正逐渐成为南亚和东南亚燃煤电厂设备的主要供应商和投资商；在70个国家建了超过300个大坝工程；在非洲的太阳能、生物燃料、输变电及水电项目上投资约220亿美元；过去十年中，中国企业共计投资了超过100个国外风能、太阳能项目……这些项目大多能够实现显著的节能效应。依托现有的南南合作平台和资金机制，如南南合作基金、丝路基金，以及金砖国家开发银行、亚洲基础设施投资银行等，加强区域经济发展战略与气候合作战略的协同推进，能够为我国在"后巴黎时代"构建国际能源供应体系新格局、增强经济、能源与气候领域国际话语权提供重要的手段。在加强"南南合作"的同时，中国也可以加强与世行、亚行、UNDP 等国际机构在应对气候变化上的合作并逐步扩展社会资金的参与，在现有的国际合作平台上引导向发展中经济体的支持，在事实上巩固"共同但有区别责任"。

第三节　中国推动全球气候治理的主张与行动

当前全球正在遭受逆全球化浪潮的激烈冲击，在日益激化的大国博弈影响之下，全球竞争性外交政策横行，国际组织和多边机制影响力削弱，地缘政治冲突频发、强度升级，贸易保护、技术封锁等经济制衡和意识形态冲突互相交织，全球经济、政治和社会秩序面临多重挑战和不确定性。

在这样的环境下，我国承担大国责任、体现大国担当，积极推动国内减碳脱碳，并提出构建人类命运共同体理念，实现了对传统国际关系理论的扬弃，主张以和平发展超越冲突对抗，以共同安全取代绝对安全，以互利共赢摒弃零和博弈，以交流互鉴防止文明冲突，以生态建设呵护地球家园，为国际关系理论开辟了崭新范式，也为全球治理改革贡献了中国智慧。

一、中国推动全球气候治理的主张与行动

作为负责任的大国，我国在应对气候变化方面作出了一系列承

诺和行动。一是明确碳达峰碳中和目标，这意味着中国将努力减少碳排放并逐步推动能源结构转型，以实现碳排放的持续减少，并大力培育增汇固碳技术，实现全球最大经济体整体的净零排放。二是明确可再生能源发展目标，积极推动可再生能源的发展，大力发展风能、太阳能等清洁能源产业，并制定了一系列政策措施来支持和鼓励可再生能源的利用。同时加快能源结构转型，减少对煤炭等高碳能源的依赖，提高清洁能源的比重，并加大对能源节约和清洁能源的技术研发和推广力度。三是提出国际合作与倡议，积极参与国际气候变化谈判，支持并提出了许多具体的国际合作倡议，同时依托自身发起和推动的国际合作机制，推进其后合作，为全球气候治理体系的完善和发展贡献力量。

（一）"一带一路"倡议

2013 年 9 月和 10 月，中国国家主席习近平在出访哈萨克斯坦和印度尼西亚时先后提出共建"丝绸之路经济带"和"21 世纪海上丝绸之路"的重大倡议。2013 年以来，共建"一带一路"倡议以政策沟通、设施联通、贸易畅通、资金融通和民心相通为主要内容扎实推进，取得明显成效。签署共建"一带一路"政府间合作文件的国家和国际组织数量逐年增加。截至 2019 年 7 月底，已有 136 个国家和 30 个国际组织与中国签署了 194 份共建"一带一路"合作文件。共建"一带一路"国家已由亚洲、欧洲延伸至非洲、拉美、南太平洋等区域。"一带一路"倡议在国际经济走廊和通道建设，基础设施互联互通，贸易自由度以及资金融通、产业合作等领域成效显著。随着绿色"一带一路"建设的推进，生态保护合作也成为"一带一路"合作的一项重点工作。未来"一带一路"倡议的发展还将以互联互通为重点，坚持绿色发展理念，倡导绿色、低碳、循环、可持续的生产生活方式，致力于加强生态环保合作，防范生态环境风险，增进沿线各国政府、企业和公众的绿色共识及相互理解与支持，共同实现 2030 年可持续发展目标。

（二）应对气候变化南南合作

中国的应对气候变化南南合作指中国与一个或多个发展中国家在应对气候变化领域的合作关系，也包括中国与发展中国家共同开展与发达国家或联合国机构、国际组织的合作关系。通过应对气候变化南南合作，中国确立了相对完整的气候援助理念，即坚持气候援助与总体对外援助的统一性，坚持以可持续发展为基本导向，倡导南北合作与南南合作共存并进，确保平等互信、包容互鉴、合作共赢；进一步完善了中国气候外交体系；丰富了中国对外援助的模式和内涵，推动了国际政治经济新秩序的建立。中国以援外为主的南南合作经过了 60 多年的发展历程，涵盖了双边、多边、地区和地区间等多个层级规模。近年来，中国帮助部分发展中国家实施了一些应对气候变化、解决实际困难的中小型项目，如中国援建马尔代夫的"安全岛"民用住宅工程，保护当地居民免受海啸及海水侵蚀之苦；分别帮助孟加拉国和马尔代夫建立了极端天气预警系统，提升两国对气候自然灾害的预警能力等。国家海洋局设立了"南海及周边海洋国际合作框架计划（2011—2015）"，将"海洋与气候

变化""海洋防灾减灾"列为主要合作领域，联合周边国家开展了
"中—印尼热带东南印度洋海—气相互作用与观测"和"印度洋季风
爆发观测研究项目"等。中国还加强了与非洲的科技合作，实施了
100 多个中非联合科技研究示范项目。从 2012 年起，中国应对气候
变化对外援助开展了可再生能源利用与海洋灾害预警研究及能力建
设、LED 照明产品开发推广应用、秸秆综合利用技术示范、风光互
补发电系统研究推广利用、滴灌施肥水肥高效利用技术试验示范等
项目，帮助发展中国家提高应对气候变化的能力。

二、中国在《巴黎协定》达成和生效过程中的贡献

中国是全球气候治理的重要参与者、贡献者、引领者。中国在
哥本哈根气候变化大会上显示了其在联合国气候变化谈判中日益提
升的地位。在《巴黎协定》的达成和生效过程中，中国不仅继续发
挥重要作用，而且已经走到了世界舞台的中央，在该协定的达成过
程中发挥了核心作用。可以说，中国已经从哥本哈根气候变化大会
的重要参与者提升为巴黎气候大会的关键引领者。

中国对《巴黎协定》的重要贡献表现在推动谈判达成结果和促
成协定快速生效。中国在谈判中坚持以"共同但有区别的责任和各
自能力"原则为指导，在国家自主贡献、资金、技术支持、透明度、
协议的法律效力等谈判议题谈判过程中发挥推动、引导甚至领导作
用，促成联合国多边气候谈判取得实质性进展。在巴黎气候大会后
于 2016 年 9 月举行的二十国集团峰会上，中国发挥主场外交优势促

成中美共同签署声明，极大推动了该协定于当年 11 月 4 日的生效。

中国积极通过双边进程推动《巴黎协定》的达成和生效。中国通过与大国加强合作，实现形成政治共识来推进全球多边气候大会的顺利进行。中美元首发表了四个联合声明，每个联合声明都在《巴黎协定》的达成、签署、生效和实施的过程当中发挥了非常重要的作用，中国与欧盟、英国、法国等主要发达国家也达成双边元首声明凝聚共识，为巴黎气候大会的成功召开起到积极的推动作用。中国加强与发达国家沟通交流，持续与美国、欧盟、澳大利亚、新西兰、英国、德国等开展部长级和工作层的气候变化对话磋商，推动专家层面的沟通交流。在巴黎气候大会前，中国注重落实中法两国领导人共识，推动建立中法气候变化磋商机制，加强与巴黎会议主席国法国对话沟通，为巴黎会议做好准备和铺垫，共同推动巴黎会议取得成功。

三、中国在气候变化科学进程中的贡献

中国政府积极推动并参与联合国政府间气候变化专门委员会（IPCC）评估进程。中国是最早参与国际气候变化科学评估的国家之一。1988 年，时任世界气象组织主席的原中国气象局局长邹竞蒙推动了 IPCC 的创建，并在 IPCC 最初的建章立制过程中发挥了重要作用。此后，历任中国气象局局长都是 IPCC 的中国政府联络人。从科学角度维护发展中国家权益，确保评估结论科学、全面、客观是中国政府参与 IPCC 的基本出发点。30 年来，中国政府积极参与

IPCC 的制度建设和改革进程，坚持从机制上维护发展中国家权益，从流程上确保评估过程的透明性，先后围绕 IPCC 的组织管理和评估产品提交了数千条中国政府和专家意见。仅在 IPCC 第五次评估报告（AR5）周期内，就组织 18 个部门 2400 多人次对 AR5 各工作组报告、综合报告、特别报告和方法学指南进行了 16 次评审。评审过程中，中国并不预设任何结论，更多关注的是报告核心评估结论是否平衡客观，涉及中国的数据和结论是否准确等。这些工作为维护 IPCC 的稳定运行，确保评估报告的科学性、全面性和客观性发挥了重要作用。中国科学家是 IPCC 评估的参与者和贡献者。从 IPCC 第一次评估到第六次评估，中国政府动员了上千位来自各行业的科学家参与 IPCC 评估进程，其中 148 位成为评估报告作者，分别承担联合主席、主要作者协调人、主要作者和编审的职责，人数从第一评估报告的 9 人（其中 7 人为贡献作者），上升到了第六次评估周期的 60 人。从 IPCC 第三次评估开始，中国的多位专家连续多个评估周期担任了 IPCC 工作组联合主席。这些科学家对气候变化国际科学评估进程的参与，极大地推动了中国科学界对气候变化前沿科学问题的关注，他们也成为推进中国气候变化科学研究、应对机制建设和科学普及的核心力量。

第二篇
碳达峰碳中和的实现路径与行动优化

第五章　系统论指引下的"双碳"战略多目标协同

实现碳达峰碳中和，是贯彻新发展理念、构建新发展格局、推动高质量发展的内在要求，是党中央统筹国内国际两个大局作出的重大战略决策。习近平总书记强调："实现'双碳'目标是一场广泛而深刻的变革，不是轻轻松松就能实现的。我们要提高战略思维能力，把系统观念贯穿'双碳'工作全过程。"习近平总书记的重要论述，为正确认识和把握碳达峰碳中和指明了前进方向、提供了根本遵循。

协调多重目标，放大气候治理的多维度协同效应，是"双碳"战略系统论的关键特征。在推进节能减排和低碳转型的过程中，协同打好污染防治攻坚战、全面脱贫攻坚战，推动美丽中国建设，是降低转型成本、落实绿色发展的重要抓手。

第一节　气候治理与污染防治攻坚战

习近平总书记多次就推动减污降碳协同增效作出重要指示，强调要把实现减污降碳协同增效作为促进经济社会发展全面绿色转型的总抓手，坚持降碳、减污、扩绿、增长协同推进。当前我国生态文明建设同时面临实现生态环境根本好转和碳达峰碳中和两大战略任务，协同推进减污降碳已成为我国新发展阶段经济社会发展全面绿色转型的必然选择，是"促进经济社会发展全面绿色转型的总抓手"[①]。

面对生态文明建设新形势新任务新要求，基于环境污染物和碳排放高度同根同源的特征，必须立足实际，遵循减污降碳内在规律，强化源头治理、系统治理、综合治理，切实发挥好降碳行动对生态环境质量改善的源头牵引作用，充分利用现有生态环境制度体系协同促进低碳发展，创新政策措施，优化治理路线，推动减污降碳协同增效。2022 年 6 月生态环境部等 7 部委联合印发《减污降碳协同增效实施方案》，预示着减污降碳协同治理进入全面推进落实的新阶段。一方面，协同治理的理论机理和实施条件不断明细，大量研究

[①]　2021 年 4 月 30 日，习近平总书记主持十九届中央政治局第二十九次集体学习时强调："要把实现减污降碳协同增效作为促进经济社会发展全面绿色转型的总抓手。"

从温室气体与大气污染物"同根同源性"出发，对各类减排行动的协同效应开展了系统性的评估，并推动社会共识逐步形成。另一方面，随着主要污染物超低排放的全面推广，深化结构调整和绿色转型成为了减污与降碳共同的根本途径，碳市场和排污权交易等市场化机制重要性日渐提升，协同治理具备了机制基础。但同时，气候变化与大气污染在影响机理、时空特征治理逻辑等方面的差异，对协同治理体系建设提出了新的挑战。优化和完善治理体系需要统筹治理目标和路径、引导区域协同、创新政策工具，构建开放、透明、广泛参与的治理体系，强化激励与约束，真正实现 1+1>2 的协同效果。

一、推动协同治理的形势、挑战与机遇

习近平总书记深刻指出，当前我国生态文明建设正处于关键期、攻坚期、窗口期的"三期叠加"关键时期。之所以说是"关键期"，是因为我国产业结构偏重、能源结构偏煤、产业布局偏乱，多领域、多类型、多层面生态环境问题累积叠加，资源环境承载能力已经达到或接近上限。在我国经济由高速增长阶段转向高质量发展阶段过程中，污染防治和环境治理是需要跨越的一道重要关口。如果现在不抓紧，将来解决起来难度会更大、代价会更大、后果会更重。之所以说是"攻坚期"，是因为人民群众对优美生态环境需要已经成为我国社会主要矛盾的重要方面，重污染天气、黑臭水体、垃圾围城等问题成为重要的民生之患、民心之痛，成为全面建成小康社会的

明显短板。之所以说是"窗口期"，是因为党中央、国务院高度重视生态环境保护，推动经济高质量发展有利于生态环境保护，宏观经济和财政政策支持生态环境保护，体制机制改革红利惠及生态环境保护，多年实践也探索出一套行之有效保护生态环境的路子和方法。

经过了多年的努力，我国环境治理取得历史性成效。2013 年国家发布《大气污染防治行动计划》以来的十年间，我国 GDP 总量增长了 69%，$PM_{2.5}$ 浓度下降了 57%，实现了十连降，重污染天数减少了 92%，二氧化硫浓度降至个位数。全国二氧化硫排放量和氮氧化物排放量由 2000 多万吨，分别下降到 300 万吨、900 万吨左右，分别下降了 85% 和 60%。我们实现了在经济快速增长的同时，空气质量明显改善。[①] 但生态环境质量与美丽中国建设的目标定位，以及人民对美好生活的需要还有差距，新型区域性复合型污染加剧、深度减碳脱碳等新问题、新挑战不断凸显，与传统污染物治理问题交织耦合，对进一步深化减污降碳协同提出了严峻的挑战。

一是以 $PM_{2.5}$ 和臭氧等新型区域性复合型大气污染，成为我国大气污染防控和治理的新挑战。$PM_{2.5}$ 污染形势仍然十分严峻。京津冀、长三角、汾渭平原 $PM_{2.5}$ 浓度均超过国家环境空气质量二级标准，且近年来浓度同比反弹、重污染还时有发生，治理难度较大，刚性较强。即使我们能在短期内实现 $PM_{2.5}$ 达标，但我国的标

---

① 《生态环境部召开 3 月例行新闻发布会》，载生态环境部网站 https://www.mee.gov.cn/ywdt/zbft/202303/t20230328_1022381.shtml，2023 年 3 月 28 日。

准限值执行的是世界卫生组织第一阶段目标值，与发达国家执行并达到的第二阶段和第三阶段目标值还相差甚远。臭氧污染问题日益凸显，成为实现优良天数约束性指标的重要障碍。生态环境部 2023 年 4 月发布《2022 中国生态环境状况公报》显示，全国 339 个地级及以上城市 O_3 年评价值[①] 平均为 145 微克 / 立方米，比 2021 年上升 5.8%，成为唯一上升的主要大气污染物[②]。92 个城市存在 O_3 超标情况，占比 27%，高于其他污染物。近年来，全国地级及以上城市 O_3 浓度持续小幅增长，2017—2022 年评价值平均浓度分别为 137、139、148、138、137 和 145 微克 / 立方米。从空气质量达标情况看，近三年来，我国地级及以上城市臭氧达标城市数明显减少，超标城市数量增加。[③] 2022 年全国 O_3 和 $PM_{2.5}$ 超标城市分别占 27%（92 个）和 25.4%（86 个）。从超标日首要污染物情况看，O_3 占比 48%，高于 $PM_{2.5}$（37%）、PM_{10}（15%）和 NO_2（0.1%）。2013 年国务院发布《大气污染防治行动计划》（即"大气十条"）以来，以 $PM_{2.5}$ 为代表的颗粒物污染逐步下降，但 $PM_{2.5}$ 和 O_3 复合污染却日益

[①]　按照我国《环境空气质量评价技术规范》（HJ663—2013），采用臭氧日最大 8 小时移动平均值的第 90 百分位数（MDA8—90）进行臭氧年评价。针对某一城市，国控监测点位的臭氧日最大 8 小时移动平均值的算术平均值（MDA8）为该城市的臭氧日评价值，其一个日历年内的第 90 百分位数，即第 36 个最大值为该城市臭氧的年评价值，用于评价该城市年臭氧污染状况。

[②]　包括细颗粒物（$PM_{2.5}$）、可吸入颗粒物（PM_{10}）、臭氧（O_3）、二氧化硫（SO_2）、二氧化氮（NO_2）和一氧化碳（CO）。

[③]　柴发合：《我国大气污染治理历程回顾与展望》，《环境与可持续发展》2020 年第 3 期。

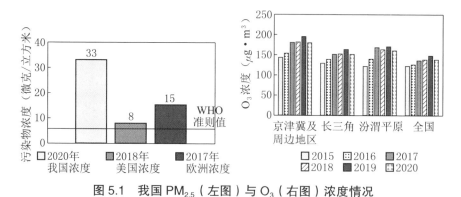

图 5.1　我国 $PM_{2.5}$（左图）与 O_3（右图）浓度情况

资料来源：生态环境部历年《中国生态环境状况公报》。

频发，成为我国当前首要大气污染物。$PM_{2.5}$ 和 O_3 协同控制成为我国持续改善空气质量的重点和难点。

二是经济社会持续发展和快速转型对污染物总量控制目标形成严峻挑战。当前我国仍处在工业化、城市化和现代化发展的过程中，经济保持较快增长，人口规模基数巨大的同时，收入快速提高。导致我国能源消费出现"消费型"和"生产型"兼具的独特特征。一方面人口和收入持续增长，交通、生活能耗和排放增长较快，治理难度提升；另一方面工业制造业，尤其是部分支柱产业加速转型发展，产值和排放规模刚性较强。在加快推进城乡建设和深入推进新型工业化两方面战略的驱动下，我国能耗、物耗和排放都将面临持续的增长压力，落实污染物总量控制目标面临严峻挑战。

三是常规治理手段基本普及基础上，进一步大幅减排与治理成本的矛盾。"十三五"以来，我国环境空气质量稳中向好。2022 年，地级及以上城市细颗粒物浓度 29 微克 / 立方米，比 2021 年下降

3.3%，好于年度目标 4.6 微克／立方米。优良天数比例为 86.5%，好于年度目标 0.9 个百分点；重度及以上污染天数占比 0.9%，比 2021 年下降 0.4 个百分点。"大气十条"发布以来的十年间，我国火电、钢铁、石化等重点行业超低排放改造已基本普及，主要污染物年均减排幅度逐年下降，部分区域火电、钢铁和石化综合能效接近甚至高于国际标杆。温室气体与污染物减排刚性日益凸显，未来污染减排和空气质量改善的难度增大，通过传统治理手段推动进一步大幅度减排空间收窄、成本激增。

四是政府主导的治理模式与全面转型目标的矛盾。我国现有环境治理政策机制以"规划标准 + 财政奖补 + 监督执法"的模式组合为主导，聚焦重点领域和重点行业。但这种机制刚性较强，难以有效推动区域协同不足，难以适应新型区域性复合型污染的治理需要。此外，以深化减污降碳协同增效为目标，需要引导多元主体协同行动，推动生产生活方式全面绿色转型。环境治理领域的市场化机制不足，与碳市场缺乏协同，难以有效撬动和引导更广泛的参与。

但当前同时也是深化减污降碳的关键"窗口期"，产业和能源系统绿色低碳转型持续加快，为生态环境保护和碳污协同治理提供了有利条件。而宏观经济和财政政策支持，以及市场化机制的加快建立，使体制机制改革红利惠及生态环境保护。

一是能源结构转型为协同治理提供有利条件。国家《能源生产和消费革命战略（2016—2030）》提出，到 2030 年我国可再生能源、天然气和核能利用持续增长，高碳化石能源利用大幅减少。

非化石能源占能源消费总量比重达到 20% 左右，天然气占比达到 15% 左右，新增能源需求主要依靠清洁能源满足；单位 GDP 碳排放比 2005 年下降 60%—65%，主要工业产品能效达到国际领先水平。展望 2050 年，能源消费总量基本稳定，非化石能源占比超过一半，建成能源文明消费型社会；能效水平、能源科技、能源装备达到世界先进水平。能源结构低碳化转型以及重点工业行业能效提升、电气化水平的提高，有助于整体推动温室气体和污染物协同减排。

二是碳市场和电力市场建设和改革加快推进，为协同管控机制创新提供有利条件。2022 年中共中央和国务院发布《关于加快建设全国统一大市场的意见》以来，我国加快推进全国统一电力市场体系和碳市场。当前全国碳市场平稳运行，各地方试点碳市场也自 2011 年以来持续运营。新一轮电力现货市场改革试点也在多地加紧试点。碳交易机制作为推动温室气体减排的基础性、平台性机制，能够通过配额分配方法、履约机制、抵消机制等多种机制设计，实现多目标的协同优化。电力市场则通过多层级、多类型电力、电量和辅助服务交易，将碳成本传导至电价中，引导市场出清、优化电力能源供需、优化电力投资建设。但当前不论是全国碳市场还是的试点碳市场，均未考虑与大气污染物的主动协同。作为体制机制改革的关键领域，有必要抓紧探索碳市场规则体系建设完善，优化电碳市场耦合联动，实现减污降碳协同增效。

二、落实协同治理的关键难点

（一）复合型污染形成机制复杂，治理体系需要更加科学、高效，更具针对性

$PM_{2.5}$ 包括烟尘、粉尘、机动车、尾气尘和扬尘等污染源直接排放（一次 $PM_{2.5}$），也有通过大气中二氧化硫、氮氧化物、氨和挥发性有机物在大气中经过复杂的大气光化学反应生成（二次 $PM_{2.5}$），其中二次 $PM_{2.5}$ 的生成以 VOCs 和 NO_x 为前体物，与 O_3 相同。随着一次 $PM_{2.5}$ 持续下降，O_3 与 $PM_{2.5}$ 污染的同根同源不断凸显，复合型大气污染日益频发。臭氧污染主要由挥发性有机物（VOCs）和氮氧化物（NO_x）在光照下进行大气反应所形成，产生机制复杂。臭氧污染主要由挥发性有机物（VOCs）和氮氧化物（NO_x）在光照下发生大气反应所形成，防治的关键在于科学设定 NO_x 和 VOCs 等前体物的减排比例，实施精准控制。

（二）新型污染前体物减排刚性较强，需要创新机制，系统深入挖掘潜在空间

在当前我国大气污染四种主要污染物中，SO_2 和一次 $PM_{2.5}$ 的排放量已降至百万吨级，但 NO_x 和 VOCs 仍在千万吨级。尽管近年来 NO_x 排放总量增长趋势得到有效扭转，但 VOCs 排放量仍保持增长。VOCs 排放来源多样，包括交通尾气、工业生产、溶剂使用等，所涉行业包括石化化工、船舶制造等以大规模、集中式生产为主的产业，也包括制药、家具制造等产业，企业数量多、规模小、分布散。

VOCs 污染物种类繁多、来源广泛，使得精准控制面临较大困难。交通排放是 VOCs 和 NO_x 的主要来源。一方面，随着城市化进程加速以及居民收入增长，汽车保有量上升、交通拥堵加剧，车辆排放持续增长。另一方面，产业持续转型升级带动交通物流需求增长高于经济增速，进一步推高交通排放总量。由于新能源汽车占比仍较低，全面替代燃油车仍需要较长的时间，无法一蹴而就。综合各方因素，当前我国臭氧污染前体物减排面临较强刚性，需要创新机制，系统深入挖掘潜在空间。

（三）新型污染物影响因素复杂多变、不确定性更高，需要更加灵活、前瞻、精准的治理工具

气象条件和地形地貌会对臭氧的形成和传输过程产生影响，使得臭氧形成机制异常复杂。臭氧浓度与气象条件密切相关，气候变化加快导致臭氧污染进一步严峻。臭氧浓度一般夏季较高，且在中午时段出现浓度峰值。这是由于 O_3 浓度与气象条件密切相关，静稳、高温、低湿是诱发臭氧污染的重要气象条件。2019 年因南方地区安徽、江西、湖南、湖北多地发生连续三个月的干旱少雨，以及 2022 年夏季长江流域持续高温热浪和严重少雨，导致 O_3 浓度显著上升。随着气候变化加快，极端气象条件频度、强度和范围持续扩大，将对 O_3 治理提出进一步严峻的挑战。此外，受地形地貌、气象条件、污染物排放特征影响，臭氧污染的生成与传输机制具有明显的区域差异性。在制定治理措施时，必须综合考虑不同污染物的相互作用，综合考虑和预判气候气象、地理区位等因素，针对不同污

染源提出灵活、精准、可控的控制措施。但当前我国臭氧污染监测、形成和传输机理分析、预报预警以及科学防控体系尚存短板，有效控排减排手段不足，亟待夯实基础能力、因地制宜优化防控方案，实现臭氧与多种污染物的有效协同治理。

（四）复合型污染物区域扩散特征明显，区域协同治理难度较大

O_3大气寿命长、区域输送特征明显。受前体物传输过程中生成的影响，导致臭氧污染具有区域扩散性特征，空间范围远超现有大气环境管理体系的区域划分，对科学防控和协同治理提出了更大的挑战。尽管近年来全国大气污染联防联控工作机制不断完善，但是针对臭氧污染所涉的大区域范围，传统的以行政区划为界限、有限治理手段联动的防治手段难以有效解决跨区域臭氧污染问题。强化协同治理需要多个地区政府的共同努力和协作，涉及复杂的政策协调和资源配置问题，亟待构建更为有效的区域臭氧污染联防联控机制。

（五）区域发展阶段、发展目标和发展路径高度异质，给区域协同治理和联防联控提出挑战

协同治理不是政策效果的简单叠加，而需要考虑生态环境、能源安全、产业转型等多维发展目标的内在协同。当前我国经济社会正在转型变革过程中，产业结构和区域格局快速演进，区域发展和治理诉求高度异质。减污与降碳在经济产业、环境健康、能源安全及技术创新等方面的协同效应有所差异，在不同区域、不同阶段面临不同的重要性和紧迫性。此外，气候环境治理可能引发收入分化、

能源贫困等次生问题 ①，对经济社会高质量发展产生不利影响。实现多目标的协同，要以系统、全面的经济社会效益为基础，结合不同地区实际情况，统筹制定减污降碳目标，科学规划实现路径。

三、优化协同治理的机制设计

温室气体与主要大气污染物具有同根同源性，是实现协同管控的基础。但同时，两者在排放特征、管控要求、环境健康影响等方面仍存在差异，对协同管控政策机制的优化设计提出了挑战。

从时间维度看，温室气体与主要大气污染物排放治理的优化路径不同，管控机制需兼顾协同性与差异性。气候治理影响长远，关键在于促进低碳技术创新实现碳预算的跨期优化；污染防治则立竿见影，重点在于严格落实防治举措，实现对当期环境风险的持续管控。就我国而言，温室气体排放的优化治理路径为 2030 年前总排放量达到峰值并开始下降，但这意味着我国温室气体排放总规模在达峰前仍将有一定幅度的增长。而随着持续强化大气污染物末端治理的技术空间收窄，污染物和温室气体排放的协同性将进一步凸显。如果大气污染物排放保持现有治理情况，将会面临污染物排放随碳排放出现阶段性增长，甚至突破总量控制目标，进而导致空气质量恶化的风险。落实协同减污与降碳需要兼顾长期与短期。

---

① L. Wu, S. Zhang & H. Qian, "Distributional Effects of China's National Emissions Trading Scheme with an Emphasis on Sectoral Coverage and Revenue Recycling", *Energy Economics*, Vol. 105, 2022, p. 105770.

从空间的角度看，气候变化具有全球性影响，而大气污染则具有局域性影响。温室气体与大气污染物减排的空间优化逻辑不同，需要在全国碳市场和区域排污权市场之间，在总量控制和强度管控之间建立联动，实现碳减排全国一盘棋和污染物区域治理间的平衡。

从行业维度看，碳污排放的行业结构不同，实现协同管控需优化政策覆盖范围。火电行业是最大的温室气体排放主体，同时也是当前碳市场等温室气体减排政策针对的重点领域。但钢铁行业的 SO_2 排放、钢铁行业和交通部门的 NO_x 排放，以及钢铁和有色金属、非金属矿、化工行业的 $PM_{2.5}$ 排放等均高于火电行业。火电行业挥发性有机物（VOC）的排放更是可忽略不计。仅针对火电等个别高碳行业推动碳减排，不仅无法有效覆盖污染物排放主体，更可能造成负效应。定量测算结果显示，在碳排放 2030 年达峰的约束下，如果仅对火电行业实施碳交易等排放约束，会引发工序外包、需求替代、产业转移等治理效果的"泄漏"现象，使 NO_x 等污染物排放规模快速增长，碳达峰所付出的边际减排成本激增。而当碳减排政策纳入钢铁、石化、化工等重点污染物排放行业时，在同样的碳排放路径下，污染物排放增速明显放缓，边际减排成本大幅下降。

从工具维度看，碳污治理的政策手段不同，实现协同管控需要多类型政策工具协同配合。温室气体减排的经济成本不确定性较高，但排放的环境损害由于平摊到全球及未来数十年，变化较为平缓。

根据公共经济学基本理论 [①]，适合采用价格引导政策，以避免造成过高的减排成本；而污染物减排成本不确定性较低，但排放的损害受生态容量、气象气候等多种因素影响，不确定性较大，因而适合采用总量控制政策，避免造成与意外的环境健康风险。实现协同管控需综合运用碳市场、财税激励等价格引导政策，以及排放规制、准入控制等数量控制政策，优化多元政策组合。

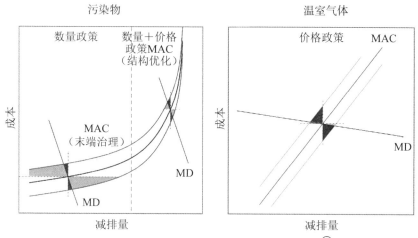

图 5.2　环境和气候治理政策工具选择示意 [②]

从管理维度看，减污降碳工作的全局性不断提升，对治理体系和执行机制提出挑战。协同治理涉及环境、能源、产业、科技创新、财税金融等多个领域多种政策，需要打破条线分割，打通监管体系，促进多部门联动、推动政策与市场融合。

———————

① M. L. Weitzman, "Prices vs. Quantities", The Review of Economic Studies, Vol. 41, No. 4，1974, pp.477–491.

② 浅色区域表示价格管控工具在不确定性下的潜在损失，深色区域表示数量管控工具的潜在损失。

从上述五个关键难点出发，优化温室气体与污染物协同管控需要兼顾短期与长期，在温室气体与污染物管控路径之间构建灵活弹性的协同联动与动态优化机制；平衡整体与局部，从最大化协同效应的目标出发，优化管控政策行业覆盖范围；融合政府管控与市场引导，通过多维政策工具优化组合，实现经济成本和生态环境效益的共同优化。

具体而言，可以从以下几方面入手，探索政策协同与创新。

（一）探索碳市场机制创新，为协同管控打造机制平台

探索碳排放权和污染物排放总量控制指标的交叉履约机制。根据温室气体和污染物经济社会损失评估，提出科学合理的折算当量值，优化交叉履约比例。为避免交叉履约对碳排放总量及达峰路径产生的不确定性，及时研究推出响应的配额回收、回购机制，完善市场稳定储备体系。

引入碳配额跨期使用，或称储存（banking）机制。细化碳配额跨期使用规则、优化可储存比例、明确使用限额，在保障长期减排路径和碳价总体平稳可控的基础上，引导控排企业提前减排，强化短期减排效果。

加快引入和完善绿证冲销机制。近期全国绿电绿证交易相关政策集中出台（发改体改〔2023〕75号文和发改能源〔2023〕1044号文），绿电市场建设进程加快。但当前全国统一绿证市场尚未形成，微观企业绿电消纳责任也待明确。可依托碳市场试点契机，探索企业绿证核发和使用规则，明确自发自用绿电的消纳责任认定方法。

细化完善绿证对碳市场履约责任的冲销机制，引导重点行业电气化和低碳能源替代。

扩大碳市场行业覆盖范围，推动钢铁、石化化工等重点排放行业协同减排。按照国家碳市场建设相关计划和方案，2025 年前有望扩大行业覆盖范围，纳入石化和钢铁等行业。加快研究相关行业碳达峰碳中和排放路径，明确配额分配方式，梳理总结试点经验，为全国碳市场扩容扩围提出机制设计经验建议，有助于推动全国碳市场加快扩围，纳入钢铁、石化等重点污染物排放行业，大幅提升协同效应。

（二）完善准入管理，推动重点行业向国际标杆靠拢

持续推动重点工业行业节能提效，能够有效地降低 CO_2、SO_2 和 $PM_{2.5}$ 的排放规模，为 SO_2 和 $PM_{2.5}$ 污染物总量控制提供有效的政策托底保障。对于 NO_x 和 VOCs 两类污染物也能够带来显著的减排效应。考虑减污降碳协同效应，"十四五"和"十五五"期间，需继续做好重点行业和产品能效管理，完善能效准入和环评准入的协同性。

一是协同准入标准。在能效标准文件中纳入主要污染物排放标准并滚动修订，实现全流程、全链条的协同优化，避免前端考虑能效、末端考虑控污的"脱节"状态导致污染物治理的被动。

二是严格准入管理。提升绿色低碳产业导入力度，引导和鼓励各地编制和滚动完善产业结构调整指导目录，将污染物排放较高的工艺、装备、产品纳入限制或禁止目录。严格实施重点排放行业新

增产能能效准入，按照 2030 年重点行业综合能效全面达到国际标杆水平的目标，分步制定能效准入、基准和标杆水平。

三是完善空间准入。优化国土空间规划，细化制定区域准入标准，开展园区层面创新探索，推动重点产业集聚区以园区、片区管委为主体，开展余能综合梯级利用、污染物集中处理处置和可再生能源深度开发利用试点，探索实施机制和商业模式。

（三）科学规划重点领域实施路径，细化技术指引

聚焦火电、钢铁和石化化工等重点行业，结合实际情况提出针对性的转型路径和重点举措。编制重点行业转型实施指南和技术目录，明确限制或禁止的高污染、高排放工艺、装备、产品。明确政策激励，引导存量产能置换、加大节能技改推动力度，为绿色金融、产业金融等市场化激励手段提供依据。分重点行业看：

电力行业深入推进"三改联动"，支撑系统整体能效和碳效优化。全面提升天然气开发利用，统筹规划、科学布局，加快制定燃气轮机大气污染物排放地方标准，规范和引导燃机高质量发展。

钢铁行业加快发展短流程炼钢，推动电能替代。持续严控排放总量与强度，聚焦转炉、电路、热轧等关键能效短板环节，推动企业优化全流程综合能耗。

石化化工行业持续强化排放约束指标，引导余热余压资源共享，推动"炼化电热氢"跨产业耦合和多联产。

（四）建立开放、透明、广泛参与的治理体系

完善碳市场信息报告和披露，打通温室气体与大气污染物监测

数据，构建一体化大数据平台。研究利用人工智能等新兴技术开展排放数据的交叉印证和排放核查依据。建立完善统一的温室气体与污染物排放监测、核查核证和管理体系，强化履约监管，避免排放"漏出"。

建立国家和地方政府由主管领导牵头的部门联系会等工作机制，形成生态环境、经济产业、能源、财税、金融多条线协同合力，统筹相关工作。

（五）进一步强化针对臭氧的区域联防联控机制

针对臭氧污染的区域性和传输性特征，科学划定中国臭氧污染防治主要联防联控区域；针对各个区域的臭氧污染现状、分布特征、产业与能源结构，制定各个区域不同的阶段目标和长期控制战略，形成科学的臭氧前体物减排方案。在相互影响紧密的重点区域建立和完善针对臭氧污染的联防联控机制，制定区域层面的臭氧污染时段"综合治理攻坚行动方案"，有效降低区域臭氧污染。

（六）提升基础能力建设

加强臭氧污染基础研究工作。当前对于敏感区臭氧污染的时空变化特征及影响因素的相关研究还较为薄弱，亟待开展有关形成机理、传输机制、危害机制、预测预报机制的研究。重点针对不同气象条件、不同颗粒物浓度下以及 NO_x 和 VOCs 浓度比例对于臭氧污染的动态影响展开系统研究，为区域传输通道和敏感区识别以及前体物减排动态调控提供科学支撑。以 O_3 浓度的时空变化特征研究为依托，优化预测预报能力，建立重点城市数值模拟和人工智能技术

的 O_3 集成集合预报技术方法和模型，提高城市 O_3 预报准确率。

加强臭氧污染防治相关基础能力建设。监测数据不足，是制约我国臭氧污染机理研究和控制策略制定的瓶颈因素之一。我国现有的空气质量监测站大多集中在城市区域，缺乏农村以及城市下风向的监测点位，O_3 监测站覆盖面较小、数量较少，与臭氧污染覆盖范围不匹配。监测数据缺乏以及数值准确度过低，制约了对区域环境臭氧质量的系统评估。亟待建立更为完善的光化学监测网，进一步强化关键前体物组分特征的业务性监测。需尽快对现有地面臭氧观测系统进行补充和调整，增加乡村和农林业地区的观测，建立包括多要素（气象、化学、垂直分布）、多点位（城市站、背景站）的观测站点，为臭氧污染精准治理提供基础数据和科学评估；加强粮食主产区大气臭氧监测及预警，及时掌握农作物暴露水平，更好保障粮食生产安全。开展臭氧及其前体物垂直观测，以获取臭氧垂直廓线和航线臭氧浓度等重要信息；建立臭氧探空观测业务系统，以获取对流层和平流层臭氧变化趋势以及模式验证、卫星产品校验所需数据。

聚焦重点区域和重点领域，加强 NO_x 与 VOCs 的协同控制。臭氧与前体物呈非线性关系，削减臭氧前体物排放需符合科学的比例，同时结合气象和地形条件因地制宜，动态调整。亟待开展臭氧污染防治控制措施效果评估研究，科学设定不同地区最优的 NO_x 和 VOCs 减排比例及减排量。明确重点控制区域和重点行业，多措并举加强精准控制。京津冀及周边和长三角等重点区域，涉 VOCs 排放的产业高度集中，亟待针对重点区域、重点行业，推动针对性减排举措，加快新能源汽车替代进程，制定 VOCs 环境税和消费税，推动源头替代和结构调整。进一步加强各重点排放源的排放特征和排放因子等方面的研究，完善重要排放源多种污染物联合排放特征分析等工作，加强并持续改进更新精细化 VOCs 和 NO_x 排放清单，建立覆盖面广、物种齐全、精确度高的国家大气污染源排放清单，推动 VOCs 排放控制从总量减排过渡到活性减排。

最后，需要指出的是，在强调温室气体与污染物协同效应的同时，也不能忽视专项治理。定量模型测算结果显示，温室气体达峰无法保证所有大气污染物总量控制目标的达成，尤其是 NO_x 和 VOC 等污染物排放量在各种协同管控的政策情境下，均保持较快增长。目前以臭氧为代表的新型复合型污染成为我国大气污染治理的主要挑战而 NO_x 和 VOC 恰是臭氧污染的两大前体物，需进一步强化排放治理。从排放结构看，推动 NO_x 和 VOC 排放中存在大量非固定源排放，与温室气体排放协同性相对较弱，需完善工艺过程排放治理和无组织排放管控，加快交通部门电气化和油品提标。

第二节　气候治理与全面脱贫攻坚战

贫困问题是我国全面建成小康社会的突出短板和需要解决的重大现实问题。近年来我国脱贫攻坚工作取得历史性成绩，2021 年 2

月，习近平总书记在全国脱贫攻坚总结表彰大会上发表重要讲话，庄严宣告，经过全党全国各族人民共同努力，在迎来中国共产党成立 100 周年的重要时刻，我国脱贫攻坚战取得了全面胜利，现行标准下 9899 万农村贫困人口全部脱贫，832 个贫困县全部摘帽，12.8 万个贫困村全部出列，区域性整体贫困得到解决，完成了消除绝对贫困的艰巨任务。进入新时期，我国"三农"工作重心从脱贫攻坚转向巩固拓展脱贫攻坚成果，以及有效衔接乡村振兴。我国虽然打赢脱贫攻坚战，但巩固拓展脱贫攻坚成果的任务依然艰巨。当前，脱贫户收入整体水平仍然不高，脱贫地区防止返贫的任务还很重。2022 年中央一号文件提出，坚决守住不发生规模性返贫底线，并作出完善监测帮扶机制、促进脱贫人口持续增收、加大对乡村振兴重点帮扶县和易地搬迁集中安置区支持力度、推动脱贫地区帮扶政策落地见效等具体安排。[①]

气候变化作为新的致贫因素，为防止产生因灾致贫和新型贫困，保障脱贫成果的可持续性，必须将气候贫困问题纳入防治返贫和乡村振兴政策体系加以解决，以有效应对气候变化对经济发展与贫困人群产生的不利影响，助力推动全面建设社会主义现代化国家。

一、"减缓""适应"两条腿走路，提升敏感人群气候韧性

我国是全球遭受气候气象灾害威胁最严重的国家之一。气象灾

---

① 《坚决守住不发生规模性返贫底线》，新华社 2022 年 2 月 26 日电。

害及衍生的灾害损失占自然灾害损失的 70% 以上，平均每年造成直接经济损失约占自然灾害经济损失的 75%；导致死亡人口约占自然灾害导致死亡人口的 80%。2018 年，我国气象灾害造成农作物受灾面积 2081 万公顷，死亡失踪 635 人，直接经济损失 2645 亿元。[①]我国 70% 以上的气象灾害多发生在西部农村地区，各类气候灾害频繁发生，进一步加剧了农村返贫问题，凸显贫困人口在气候灾害面前的脆弱性，人民群众生命财产安全受到了严重威胁。因灾返贫、因灾致贫与因灾积贫等问题已成为威胁防止返贫工作成效的重要因素。促进贫困地区转型发展、改善贫困群体生计，直接关系到乡村振兴工作成效和全面建成社会主义现代化国家宏伟目标的质量。

为确保脱贫成果的可持续，要研究气候风险在不同地区的异质性表现，识别贫困人口和脆弱地区的冲击模式，结合扶贫脱贫工作的具体路径和实际需求，针对气候贫困提出切实有效的应对措施，协同推动气候风险防范与可持续发展。气候变化对贫困的影响包括直接影响和间接影响。从直接影响来看，极端天气事件可能直接对农业、人们的财产、生命、生计和基础设施造成损害。气候相关灾害的频率不断增加，其幅度也在增大。当这些事件发生时，它们不仅可能对生产力产生严重后果，而且对灾后重建和自然环境及基础设施的韧性可能会带来严重后果。从间接影响看，气候变化对经济

---

① 刘长松：《我国气候贫困问题的现状、成因与对策》，《环境经济研究》2019 年第 4 期。

增长和社会发展的冲击或在更长的时间内延续。低收入区域大多以农业生产和生活方式更依赖自然，他们对水资源波动和自然灾害的韧性更为脆弱，应对气候变化所需的资本、技术和基础设施体系也相对薄弱。研究显示，我国贫困地区与生态脆弱地区在空间上有较高的重合，生活在敏感生态区的人口中有74%位于贫困县，约占贫困县总人口的81%。据原环保部统计，生活在绝对贫困中的人口中有95%生活在受到生态破坏的地区。[①] 香港乐施会发布的报告《气候变化与精准扶贫》指出，我国14个连片特困区的致贫因素有共性，这些地区生态环境脆弱，总体适应和恢复能力有限；特困区、生态脆弱区、气候敏感带高度耦合；连片特困区的气候脆弱性远高于全国平均值。[②]

生态脆弱区主要分布在生态区域的边界地带。各种要素的相互作用，特别是人类对自然资源的开发利用，导致生态系统的不稳定和生态环境恶化。中国的生态脆弱区现在显示出明显的气候变化迹象：冰川退缩、干旱加剧、森林和植被萎缩、土壤侵蚀加剧、频发极端天气事件和灾害加剧、海平面上升和沿海侵蚀加剧。因此，贫困地区的自然状况极易受到气候变化的影响；随着干旱、洪水和其他极端天气事件更加频繁，影响变得更加严重。绝大多数贫困地区都偏远，远离经

① E. Westholm, "Climate Change and Poverty: A Case Study of China", *World Environment*, 2009.

② 香港乐施会:《气候变化与精准扶贫——中国11个集中连片特困区气候脆弱性适应能力及贫困程度报告》，2015年。

济中心，交通不便。此外，缺乏资源和基础设施，水资源短缺，加之人口快速增长和基本社会服务标准低下，如卫生和教育，意味着他们应对灾害的能力有限。随着气候变化对干旱、降水等灾害的影响持续凸显，受气候变化影响的贫困人口比例预计将增加。

全球变暖带来的不仅是地表气温上升，还会导致降水增加、变异性增加，极端天气事件加剧。未来我国极端寒冷天气将开始减少、极端炎热天气将增加，北方干旱和南方的洪涝将都会恶化。分区域看，一方面，东北、华北和西北将经历更炎热和更干燥的夏季。另一方面，中部、东部和南部的夏季将明显更湿润，但冬季更干燥。在南方冬季干旱和夏季洪涝将交替发生，这种干湿交替将尤为明显。如果不采取适应性措施，气候变化将以多种方式对中国产生不利影响，导致三方面的冲击：（1）农业生产力下降。疾病、害虫和杂草将影响更广泛的地区。害虫侵袭期将更长，严重损害农作物。（2）水资源的分布将发生变化。随着温度升高，蒸发将增加，大多数地区将经历农业用水资源短缺，冰川缩小、北方草原退化、生物多样性减少，草地产量和牲畜容量减少。在沿海地区，热带风暴的影响将更大，海平面上升加快，河流向海洋输沙量减少，沿海侵蚀加剧将不可避免。（3）疾病暴发和传播增加，危害人类健康。例如洪水之后，霍乱、痢疾和伤寒等传染病更为普遍，早晨健康危害。这些影响都将加剧生态脆弱地区的退化，这些地区集中了贫困社区，这将给这些社区带来巨大损失，并使贫困挑战更加严峻——找到一种在适应气候变化的同时仍然减轻贫困的方式是其中的挑战。

当前我国在贫困地区实施的减贫扶贫和乡村振兴政策主要思路包括产业减贫扶贫、综合村庄发展计划和自愿安置（如生态移民和劳务输出）等举措。然而，现有政策尚未充分考虑气候变化的影响，需要更灵活、差异化和针对性的措施来应对气候变化引起的自然环境变化的变化性和时空异质性；更有力的举措来保护生态环境优化生态服务应对气候变化冲击；更大范围、更普惠的扶贫减贫政策适应气候变化带来的大范围影响。

推动气候减贫扶贫，提升脆弱人群气候韧性，需要建立新时期我国乡村振兴、新农村建设和贫困治理的"三个协同"：扶贫开发与气候变化适应协同、贫困人口生计安全与粮食安全协同、贫困地区经济发展与生态保护协同。①

二、优化"气候普惠"与"能源扶贫"效应，助力脱贫攻坚

农村地区不仅是受气候变化影响的敏感脆弱地区，同时也是落实能源低碳转型，深化应对和减缓气候变化的重要施策区。农村地区能源绿色转型发展，是满足人民美好生活需求的内在要求，是构建现代能源体系的重要组成部分，对巩固拓展脱贫攻坚成果、促进乡村振兴，实现碳达峰、碳中和目标和农业农村现代化具有重要意义。2022 年 2 月，国家发改委、能源局印发《关于完善能源绿色低

---

① 陈晓红、汪阳洁：《关于促进精准扶贫与气候变化适应协同推进的建议》，载《2017 年湖南两型社会与生态文明建设报告》，社会科学文献出版社 2017 年版，第293—298 页。

碳转型体制机制和政策措施的意见》（发改能源〔2022〕206号），重点强调要创新农村可再生能源开发利用机制，推动农村地区能源绿色低碳转型与乡村振兴融合发展。农村地区能源绿色低碳转型，既是能源绿色低碳转型的重要组成部分，也是推动乡村振兴的重要途径。206号文围绕加快农村能源绿色低碳转型助力乡村振兴，需要从政策支持、机制创新和新能源电力就近交易等方面，提出了一系列政策举措：

一是创新农村可再生能源开发利用机制。鼓励利用农村地区适宜分散开发风电、光伏发电的土地，探索统一规划、分散布局、农企合作、利益共享的可再生能源项目投资经营模式。鼓励农村集体经济组织依法以土地使用权入股、联营等方式与专业化企业共同投资经营可再生能源发电项目。所提出的机制创新，既为分散式、分布式可再生能源开发利用打开广阔空间，也为乡村振兴注入强劲动力，促进农村地区能源绿色低碳转型与乡村振兴的融合发展。

二是加强政策支持。206号文提出，中央财政资金进一步向农村能源建设倾斜，利用现有资金渠道支持农村能源供应基础设施建设、北方地区冬季清洁取暖、建筑节能等。完善规模化沼气、生物天然气、成型燃料等生物质能和地热能开发利用扶持政策和保障机制。加大对农村电网建设的支持力度，组织电网企业完善农村电网。鼓励金融机构按照市场化、法治化原则为可再生能源发电项目提供融资支持。这些支持政策将在推动农村清洁低碳能源开发利用、改善用能条件和促进乡村振兴方面形成合力。

三是支持新能源电力就近交易。206 号文提出，加强农村电网技术、运行和电力交易方式创新，支持新能源电力就近交易，为农村公益性和生活用能以及乡村振兴相关产业提供低成本绿色能源。在农村地区优先支持屋顶分布式光伏发电以及沼气发电等生物质能发电接入电网，电网企业等应当优先收购其发电量。通过完善农村地区的电网设施，建立就近交易机制，有利于在县级电网区域推进新型电力系统技术试点和示范。这些政策措施将为农村地区就地生产和消费清洁低碳能源、降低用能成本创造有利条件。

而在 206 号文发布之前，2021 年 12 月，国家能源局和农业农村部、国家乡村振兴局印发了《加快农村能源转型发展助力乡村振兴的实施意见》（国能发规划〔2021〕66 号），以能源绿色低碳发展作为乡村振兴的重要基础和动力，统筹发展与安全，推动构建清洁低碳、多能融合的现代农村能源体系，全面提升农村用能质量，实现农村能源"用得上、用得起、用得好"，为巩固脱贫攻坚成果、全面推进乡村振兴提供坚强支撑。66 号文围绕乡村能源转型和乡村振兴协同发展，提出了三方面 11 项重点举措，重点包括：（1）加强乡村绿色能源转型发展基础设施建设：巩固光伏扶贫工程成效，持续提升农村电网服务水平，支持县域清洁能源规模化开发；（2）推进乡村绿色低碳生产生活方式转变：推动千村万户电力自发自用，积极培育乡村新能源＋产业，推动农村生物质资源利用，鼓励发展绿色低碳新模式新业态，大力发展乡村能源站；（3）构建乡村绿色振兴服务保障模式：推动农村生产生活电气化，继续实施农村供暖清洁替代，加强农村能源统计能力建设。

2023 年 11 月，国家能源局指出 [①]，我国可再生能源在跨越式发展的基础上，正在实现新的突破。为了进一步推动新能源和可再生能源大规模、高比例、市场化、高质量发展，下一步国家能源局将全力推进沙戈荒风光大基地建设，大力推进农村可再生能源分布式开发。乡村可再生能源发展正在成为我国能源绿色低碳转型的重要组成部分，在保障乡村生产生活、优化能源扶贫的同时，进一步完善我国气候治理，减缓全球气候变化。

三、科学评估气候治理的隐性收入效应，保障社会公平

以碳市场为代表的市场化减排控排手段，已成为推动全球气候治理的有效工具，通过市场化机制优化配置资源、分配减排负担，大幅降低了全球减排成本和净福利损失。据世界银行统计，截至 2023 年底，全球已有 73 个碳定价机制正在运行，涉及 39 个国家和 33 个次国家主体，覆盖碳排放总量 116.6 亿吨 CO_2 当量，占全球总排放的 23%。[②] 碳定价是通过对温室气体排放设定明确价格，以刺激市场主体减少排放的机制。目前碳定价形式主要包括碳排放交易体系和碳税，前者直接控制碳排放总量，属于"数量型"工具，而后者通过固

[①] 李春临：《以习近平新时代中国特色社会主义思想为指导　加快规划建设新型能源体系》，载全国人大网 http://www.npc.gov.cn/npc/c2/c30834/202311/t20231102_432722.html，2023 年 11 月 2 日。

[②] 参见世界银行"Carbon Pricing Dashboard"，https://carbonpricingdashboard.worldbank.org/。

定碳价间接控制排放总量,属于通过固定碳价间接控制排放总量,属于"价格型"工具。我国于 2012 年启动碳市场地方试点,并于 2021 年启动全国碳市场,并一举成为全球最大的碳交易机制。

碳定价机制的收入分配效应,是近年来在碳减排政策设计过程中重点研究的问题之一。[1] 由于碳定价会通过生产和消费成本的变化影响居民收入或消费,因而其也会产生收入分配效应,由此带来收入分配和不同人群间福利影响的差异性。在世界银行与经合组织联合开发的评估碳定价机制的 FASTER 原则中[2],公平性也被置于首位。居民收入分配关系着经济的可持续发展和社会稳定,追求公平合理的分配是各国政府的一个永恒目标。研究显示,2020 年流向全球顶层 10% 居民的收入为 50%—60%,而流向底层 50% 居民的国民收入仅为 10% 左右[3],全球不平等的程度已接近 20 世纪初西方帝国主义巅峰时期,贫富差距扩大已成为全球经济面临的重大问题。优化收入分配对我国而言同样是重要的发展目标。据国家统计局数据显示,过去 20 年,中国基尼系数总体处在 0.45 以上,城乡收入差距约为 2.5 倍。进入 21 世纪以来,我国在共同富裕的发展目标下,城乡收入和国民收入差距稳步下降,但仍有较大优化空间。随着我

① 张晓娣、刘学悦:《征收碳税和发展可再生能源研究?——基于 OLG-CGE 模型的增长及福利效应分析》,《中国工业经济》2015 年第 3 期。

② OECD、世界银行:"The FASTER Principles for Successful Carbon Pricing: An Approach Based on Initial Experience",https://www.oecd.org/environment/tools-evaluation/FASTER-carbon-pricing.pdf。

③ L. Chancel,T. Piketty,E. Saez,et al.,*World Inequality Report 2022*,World Inequality Lab,2021.

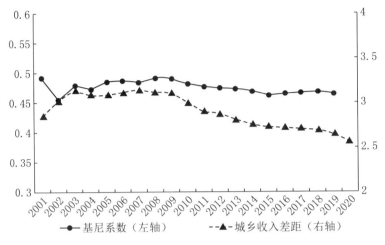

图 5.3　我国历年基尼系数和城乡收入比

资料来源：国家统计局。

国经济社会进入新发展阶段，进一步优化收入分配，实现共同富裕，是推进社会主义现代化建设的重要抓手和核心目标。推动低碳转型也需要特别关注相关政策工具对收入分配造成的不利影响，优化机制设计，实现减排控排和收入分配的多目标协同。

1. 从要素收入看碳市场的分配效应

碳定价机制会改变能源、资本、劳动等基本要素的相对价格，由于各类要素之间的替代互补关系不同，在新的相对价格体系下，要素收益也相应改变。由于不同人群的要素持有结构相差较大，要素相对收益的变化也会影响不同人群的收入占比，影响收入分配。理论上如果碳密集部门的劳动要素密集度较高，则碳定价将对工资将产生更大负面影响。一方面，由于劳动收入是低收入群体的主要收入来源，故此时碳定价将恶化居民收入分配。另一方面，碳定价收入分配效应的大小取决于各阶层的要素收入结构，如果低收入与高收入居民的劳动份额差异变大，则碳定价对居民收入分配的影响也将进一步扩大。

表 5.1　基本回归结果

	（1）	（2）	（3）	（4）	（5）	（6）
	被解释变量：基尼系数					
	OLS		IV-GMM		IV-GMM	
人均碳支付（$）	0.010**	0.011**	0.044***	0.040***	0.011***	0.013***
	（0.004）	（0.004）	（0.010）	（0.008）	（0.003）	（0.003）
ln GDP		2.820		7.078***		3.544
		（3.773）		（2.532）		（2.177）
(ln GDP)^2		−0.056		−0.316*		−0.067
		（0.234）		（0.164）		（0.134）
城市化率（%）		−0.198**		−0.201***		−0.142***
		（0.093）		（0.050）		（0.049）
总体税率（%）		−0.228***		−0.231***		−0.213***
		（0.068）		（0.056）		（0.046）
失业率（%）		0.234***		0.276***		0.246***
		（0.063）		（0.043）		（0.042）
入学率（%）		−0.022		−0.021**		−0.020**
		（0.014）		（0.010）		（0.009）
人际交往全球化指数		−0.043		−0.013		−0.064**
		（0.053）		（0.033）		（0.028）
国别固定效应	Yes	Yes	Yes	Yes	Yes	Yes
年度固定效应	Yes	Yes	Yes	Yes	Yes	Yes
样本数	516	377	502	376	452	346
修正方差（R^2）	0.266	0.454	−0.053	0.151	0.051	0.275
一阶 F 检验			35.710	22.800	46.620	40.750

注：括号里为异方差稳健标准误，其中 *p<0.10，**p<0.05，***p<0.01。

表 5.2　不同碳定价类型的影响

	（1）	（2）	（3）	（4）
	碳税		碳交易	
	OLS	IV-GMM	OLS	IV-GMM
碳税	0.009** （0.004）	0.009*** （0.003）		
碳交易			0.047** （0.020）	0.052*** （0.017）
ln GDP	2.350 （3.708）	2.160 （2.035）	2.080 （3.935）	2.539 （2.384）
（ln GDP）²	−0.019 （0.228）	−0.033 （0.126）	−0.031 （0.239）	−0.011 （0.151）
城市化率（%）	−0.198** （0.093）	−0.136*** （0.049）	−0.194** （0.089）	−0.118** （0.048）
总体税率（%）	−0.230*** （0.068）	−0.200*** （0.046）	−0.221*** （0.078）	−0.190*** （0.050）
失业率（%）	0.231*** （0.063）	0.234*** （0.043）	0.223*** （0.066）	0.240*** （0.044）
入学率（%）	−0.023 （0.014）	−0.018** （0.009）	−0.020 （0.012）	−0.020** （0.008）
人际交往全球化指数	−0.046 （0.053）	−0.046* （0.028）	−0.048 （0.051）	−0.078*** （0.028）
国别固定效应	Yes	Yes	Yes	Yes
年度固定效应	Yes	Yes	Yes	Yes
样本数	377	346	377	346
修正方差（R²）	0.448	0.274	0.438	0.232
一阶 F 检验		53.820		13.800

注：括号里为异方差稳健标准误，其中 *p<0.10，**p<0.05，***p<0.01。

针对不同碳定价机制的回归结果（表 5.2）则表明，碳税和碳交易均在不同程度上恶化了居民收入分配，且 OLS 与 IV-GMM 估计结果是一致的。从回归系数看，碳交易产生分配效应显著大于碳税的分配效应，原因在于碳收益使用上，碳税收益更倾向于补偿居民或者纳入政府预算，从而利用再分配改善收入不平等，这在一定程度上降低了碳税的累退性，而碳交易的收益更多被用于发展低碳技术或为避免企业竞争力下降而补贴企业，因而未能发挥再分配的调节作用。

综合来看，针对碳定价机制的分配下效应可以得到以下三个初步结论：

（1）如不加控制，碳定价机制对居民的收入分配会产生不利影响。从不同碳定价类型看，碳税和碳市场均会恶化居民收入分配，但由于碳税收益更有可能发挥税收调节分配的作用，故碳税对收入分配的负面影响低于碳市场。

（2）碳定价会扭曲要素市场价格，进而降低国民收入中的劳动份额，由于劳动是低收入居民的主要收入来源，故碳定价对低收入居民的要素收入影响更大，表现在碳定价会降低中低收入居民的收入份额，而相对增加高收入居民的收入份额。

（3）居民的要素结构差异会对碳定价分配效应产生调节作用，如果高收入居民的收入越依赖资本或者低收入居民的收入越依赖劳动，则碳定价将在更大程度上恶化居民收入分配。

2. 从消费支出看碳市场的分配效应

碳定价除扭曲要素市场外，还将通过提高消费成增加居民的支出负担。无论是实施碳税还是建立碳排放交易市场，其核心是明确单位二氧化碳排放价格以使排放成本内部化。本质上，碳定价是对所有商品征收的一种从量税，税额的大小是依据商品生产过程中的碳排放量。和其他商品税一样，碳定价会通过影响商品价格，增加居民的支出负担，引起居民福利变化。在微观经济学中，通常以"货币"衡量居民福利变化，而根据商品价格变化前后福利的不同，福利变化可分为补偿性变化和等价变化，前者是以价格变化前的福利为基准进行收入补偿，后者则是以价格变化后的福利为基准进行补偿。而根据对"收入不变"定义的差异，补偿变化又可分为希克斯收入补偿和斯勒茨基收入补偿，两者分别假设家庭效用不变和消费计划不变来计算补偿收入。相比等价变化和希克斯补偿变化，斯勒茨基补偿变化在计算中具有两个优势，一是计算较为方便且不受效用函数设定形式的影响，二是便于将居民福利变化依据商品种类分解，例如，根据商品是否为化石能源进行分类，可将居民福利变化分为直接效应和间接效应，前者为居民化石能源价格变化所引起的福利变化，后者其他非化石能源价格变化所引起的居民福利变化。同样地，依据商品的生产地域的不同，还可将福利变动进一步分解为国内和国外商品造成的福利变化。

依据补偿变化和等价变化衡量各类居民承受的负担，借助全球消费数据库和全球多区域投入产出模型测算碳定价对90个发展中国家或地区造成的分配效应。表5.3显示了三类指标衡量的居民福利损失程度，根据计算结果，当全球碳价定为 $50/t\,CO_2$ 时，90 个发展中国家整体的福利损失为 3.01%—3.32%，其中，城镇居民的福利损失略高于农村居民。而对于各收入组的福利损失，中低收入组的福利损失最大，其次是最低收入组，高收入组的福利损失最小（图 5.4）。由于高收入组居民更倾向于消费服务类等较低碳密集型商品，因此，其福利损失较低。而对于最低收入组的居民，一方面是在该收入组的能源结构中，其较少使用电力和石油等能源品，另一方面是该收入组恩格尔系数较高，碳密集型较低的食品一定程度上抵御了居民福利的下降。即使按照地域区分农村和城镇，最低收入组和高收入组的福利损失依然小于中低收入组，但在城镇内部，福利损失最小的是最低收入组居民，而在农村内部福利损失最小的是高收入组居民。

表 5.3　碳定价对整体福利的影响

福利损失	EV/I	CV^h/I	CV^s/I
整体	3.01%	3.11%	3.32%
城镇居民	3.02%	3.13%	3.34%
农村居民	2.97%	3.08%	3.27%

注：EV/I、CV^h/I、CV^s/I 依次为利用等价变化、希克斯补偿变化、斯勒茨基补偿变化计算的居民福利变化率。

实证分析结果显示：

（1）受碳定价成本效应的影响，全球各收入组的福利损失呈现倒 U 形，即中间阶层居民的福利损失最大，进一步分解福利变化可

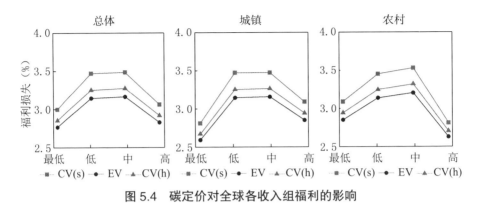

图5.4　碳定价对全球各收入组福利的影响

注：横轴依次表示最低收入组、低收入组、中收入组和高收入组。

知，居民福利损失主要是由国内间接效应造成的，电力、石油、陆地运输成本上升对居民福利影响最大，其中，石油价格上升的影响是累进的，而用电成本上升是导致居民福利损失呈现倒 U 形的主要原因。

（2）全球统一碳定价政策下，地区间的福利分配呈现较大差异。50 美元 / 吨的碳价将给大部分发展中国家造成 2%—4% 的福利损失。其中，亚洲和欧洲发展中国家的福利损失总体上高于非洲及美洲国家。此外，地区内部收入分配也呈现较强的异质性，碳定价对亚洲和欧洲各收入组的影响呈倒 U 形，而对非洲等地区的影响具有明显累进性。

（3）通过考察碳定价分配效应的国别差异可知，碳定价的分配效应会随一国经济的发展而趋于恶化，但该影响会受能源供给条件和供给结构的约束。随着能源供给条件的改善，碳定价的分配效应会进一步恶化，而随着可再生能源比例的提高，经济发展对碳定价分配效应的影响将减弱。

3. 推动碳减排和收入分配协同优化的政策机制设计

考虑到碳定价产生的潜在收益，为补偿居民的福利损失，政府可通过现金转移、削减所得税、削减消费税抑或是补贴特定商品价格对碳收益进行循环。碳收益循环是指将碳定价产生的收入用于指定用途和返还给市场主体的机制，不同的收益循环方式对环境、经济和社会效益的侧重不同，因此，收益循环在权衡环境与经济、公平与效率等方面发挥的作用举足轻重。在碳收益循环方式的类别上，可遵循以下五种分类依据对其进行区分：第一，按对收益的约束程度[①]，可将收益循环方式分为无约束和有约束两类，前者在收益使用上不设置限制，而后者会通过立法或政治承诺限制收益使用。第二，依据收益返还的主体[②]，可将循环方式分为返还给企业、返还给家庭及用于政府支出三类。前两类是将碳收益以减税或红利的形式补偿企业或家庭，而用于政府支出则涉及一般预算支出或者投资活动。第三，按税收中性的原则[③]，可将收益循环分为收入中性、增加支出和资助抵扣计划三类。其中，收入中性是指重新分配碳收益以

[①]　M. Marten, K. Van Dender, "The Use of Revenues from Carbon Pricing: 43", *OECD Taxation Working Papers*, 2019.

[②]　D. Klenert, L. Mattauch, E. Combet, et al., "Making Carbon Pricing Work for Citizens", *Nature Climate Change*, Vol.8, No.8, 2018, pp.669–677.

[③]　World Bank, *Carbon Tax Guide: A Handbook for Policy Makers*, Washington, DC: The World Bank, 2017.

减少政府收入流，从而保持政府净收入不变，增加支出则主要包括政府购买或投资的增加，以及利用碳收益削减政府债务等，资助抵扣计划是指将收益用于鼓励排放主体创造抵扣额度，以促进实体自愿减排。第四，按公众偏好[①]，可将碳收益循环方式分为资助环保项目、调节收入分配和其他三类。其中，资助环保项目是将碳收益用于资助减排或低碳项目，以满足公众对环境的偏好，调节分配是将收益用于补偿低收入居民以减轻碳定价的累退性，满足公众对公平的偏好，而其余循环方式则被归为其他类别。第五，依据收益的具体用途[②]，可将收益循环方式分为税制改革、减缓气候变化、防止碳泄露、补偿受影响主体、削减政府债务以及其他发展目标六类。表5.4对上述五种分类依据及其相关内容进行了总结和说明。尽管这些收益循环方式分类标准不一，但基本涵盖了当前各国碳收益的利用方式，每种收益循环方案各有利弊，需要依据政策目标进行选择。

表 5.4　碳收益循环方式的分类

分类依据	类别	相关说明
约束程度	无约束	将碳收益纳入政府财政预算不设置使用限制。
	有约束	通过立法或政治承诺将碳收益用于指定用途，其中，由于政治承诺不涉及收入检查或行政监督，使用限制相对较小。

---

① L-A. Steenkamp, "A Cassification Framework for Carbon Tax Revenue Use", *Climate Policy*, Vol.21, No.7, 2021, pp.897–911.

② World Bank, *Using Carbon Revenues*, Washington DC: The World Bank, 2019.

续表

分类依据	类别	相关说明
返还主体	返还给企业	收益循环给企业以解决企业竞争力问题。
	返还给家庭	以减税或补贴等方式补偿家庭。
	用于政府支出	政府将收益用于一般预算、绿色投资、削减债务等支出。
税收中性	收入中性	重新分配碳收益,以保持政府净收入不变。
	增加支出	用于政府购买或投资,例如投资基础公共设施、削减政府债务等。
	资助抵扣计划	允许减排主体通过缴存抵扣(经核验后排放减少或移除的信用额度)来减少其纳税。
公众偏好	资助环保	碳收益用于资助减排或低碳项目,例如发展可再生能源、提升能源效率等。
	调节分配	用于补偿弱势、低收入群体以减轻碳定价的累退性。
	其他	收益纳入政府预算、退税、生产减税等其他循环方式。
具体用途	税制改革	降低企业或个人所得税以减少当前税制对经济体的扭曲,提高税收效率。
	减缓气候变化	用于投资或支持低碳技术、碳汇造林、发展碳捕获与封存技术等。
	其他发展目标	为国家特定发展目标提供资金,例如增加对医疗、教育、基础设施等方面的投资。
	防止碳泄露	避免企业因竞争力下降而将生产转移到其他碳监管较松的地区,例如免费分配排放许可。
	资助受影响的主体	以直接现金转移、补贴或培训等方式补偿受影响的较大的群体、行业或区域。
	削减债务	用于减少预算赤字或偿还现有债务。

注:根据相关文献整理而得。

碳收益循环方式对碳定价机制的推行效率、效果，以及社会接受度，都会造成深远的影响。例如，将碳收益用于绿色投资以减缓气候变化，将产生积极的环境效益，但无法补偿企业和家庭受到的负面影响。收益循环方式选择不当，也可能产生负环境效益，例如，将碳收益用于退税时，如果退税与缴纳的碳税或配额挂钩，其将会削弱排放主体的减排动力。更重要的是，收益循环方案会直接影响碳定价能否成功推行，累进的循环方案将大大增加公众对碳定价的接受程度。因此，引入碳定价时，需考虑利用收益循环方式缓解碳定价的累退性，保护弱势群体免受碳定价潜在的负面冲击，以实现公平分配。一般而言，为了补偿各类居民特别是低收入群体所承担的损失，政府可通过现金转移、削减所得税、削减消费税或补贴特定商品进行收益循环。

结合 2020 年各国更新后的国家自主贡献（NDC）减排目标，构建了一个全球动态可计算一般均衡模型，通过利用微观家庭调查数据拆分中国居民部门，研究模拟了碳定价对中国城乡及城镇内部居民收入分配的影响。结果显示，在某些收益循环情景下，碳定价对居民造成的福利损失能够被碳收益所弥补，甚至带来比基准情景更高的福利，从而实现减排和福利改善的双重红利效应。总结来说，第一，在价格扭曲效应的影响下，居民整体福利变化取决于政府是否会利用收益补偿居民，在无补偿和有补偿的情景下，整体福利可相差 1% 以上。第二，在补偿的循环方式下，居民福利变化主要取决于碳收益在居民和政府间的分配，削减资本税和按绝对税率大小

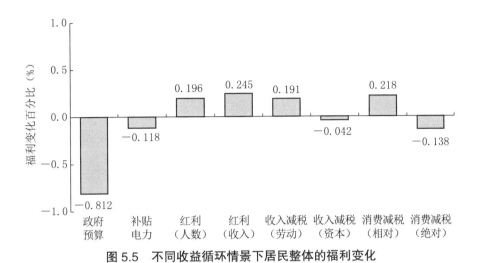

图5.5　不同收益循环情景下居民整体的福利变化

注：福利变化是相对于基准情景的福利计算而得。

削减消费税，政府可通过资本要素和商品购买获得部分收益，从而对居民福利产生挤出效应，降低碳收益对居民整体福利的改善程度。

　　无补偿的碳定价将会略微恶化城乡间的福利分配，其中农村居民的福利损失为0.9%，略高于城镇居民（图5.6）。若将收益补贴非火力发电，尽管用电成本降低，但农村居民的福利损失依然高于城镇居民。在红利返还的情景下，农村居民福利将大幅改善，特别是将收益按人数返还，农村居民福利将提升1.13%，但红利并不能完全弥补碳定价对城镇居民造成的损失。若利用居民收入水平返还碳收益，此时城镇居民福利将明显改善，且能略微缓解城乡居民的福利差距。

　　由于农村居民的劳动收入份额高于城镇居民，当碳收益用于削减劳动收入税时，农村居民福利改善程度将大于城镇居民。然而，若收益用于资本减税，则城镇居民的福利损失较小。因此，与资本

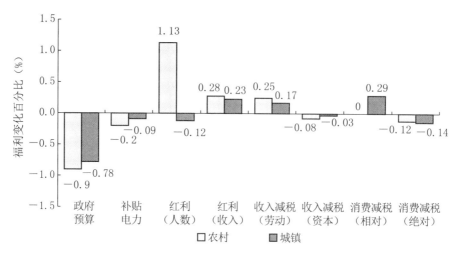

图5.6 不同收益循环情景下城乡居民的福利变化

注：福利变化是相对于基准情景的福利计算而得。

减税相比，劳动减税将更有利于缩小城乡福利差距。当按相对税率大小降低消费税时，减税带来的福利改善将弥补碳定价扭曲效应造成的福利损失，此时农村居民福利几乎未变，城镇居民的福利将提升0.29%，通过城乡居民消费结构的异质性，该减税方式能够更大程度地降低城镇居民面临的消费税，继而使其获得更多减税收益。而当按绝对税率大小削减消费税时，由于降税幅度一致，城乡居民的福利变化无明显差异。

如果城乡间居民的收入分配属于"垂直分配"，则城镇内部的收入分配未"水平分配"，而组内差异往往比组间差异更明显。[①] 尽管某些收益循环方式能够改善城乡收入分配，但其可能会恶化城镇内部

① J. C. Steckel, I. I. Dorband, L. Montrone, et al., "Distributional Impacts of Carbon Pricing in Developing Asia", *Nature Sustainability*, Vol.4, No.11, 2021, pp.1005–1014.

收入分配。在碳定价价格扭曲效应的作用下，城镇居民内部各收入组的福利变化同样是异质的。在无补偿的循环方式下，碳定价对城镇居民的影响是累退的，收入最低的前 10% 居民福利损失为 −1.26%，而收入最高的前 10% 居民福利损失仅为 −0.68%，相差近一倍（图 5.7）。

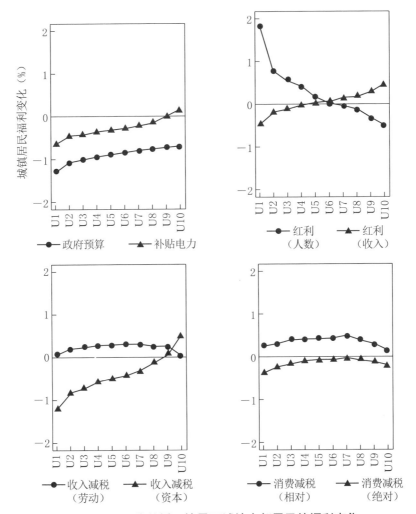

图 5.7　不同收益循环情景下城镇内部居民的福利变化

注：福利变化是相对于基准情景的福利计算而得。

尽管利用碳收益补贴电力能够补偿居民，但并不改变碳定价对城镇内部造成的分配效应，收入最高的 10% 居民净收益为正。但若将收益按人数平均返还给居民，则会显著改善城镇居民内部的收入分配。此时城镇低收入组居民福利提升了 1.82%，近 60% 的城镇居民净收益为正，但由于城镇高收入居民福利损失的绝对水平较高，返还的红利并不能完全弥补碳定价的负面影响。与此相反，若将收益按居民收入水平返还，则低收入居民获得的红利将不足以弥补福利损失，碳定价将具有显著的累退性。与该情景类似的是，当碳收益用于削减资本税，由于各类居民资本收入差距大于总收入差距，该减税政策将在更大程度上恶化城镇内部分配，此时收入最低的 10% 居民福利损失为 1.2%，与无补偿情景下的损失一致，低收入城镇居民几乎未从该减税方案中获益。

劳动减税和按相对税率大小削减消费税的结果较为类似，所有城镇居民的福利均得到改善，碳定价对城镇内部居民的影响呈现倒 U 形，即中间阶层的城镇居民福利改善程度更大。对于城镇高收入居民而言，劳动收入和消费在其总收入或总支出占比较低，故从减税中获得的收益相对较小。而对于城镇低收入居民，尽管减税能够较大地提升其福利，但同时碳定价对该居民的负面影响也较大，互相抵消后净收益略低于中间阶层的城镇居民。按绝对税率大小削减消费税的影响也呈现倒 U 形，但受政府挤出效应的影响，各类居民的福利变化依然为负。

综合收入侧、成本侧和再分配三种视角，为保障碳减排和收入分配优化目标协同落实，需要密切关注其造成的分配效应，尤其是正处于从经济建设到共同富裕转型阶段的中国，结合中国和其他国家在应对全球气候变化上的行动，提出以下政策建议：

第一，保护劳动所得，缓解碳定价对劳动市场的冲击，完善工资正常增长机制和支付保障机制。作为市场化的减排手段，碳定价会扭曲要素市场价格，降低国民收入中的劳动份额，进而影响中低收入居民的劳动所得。因此，在引入碳定价机制的同时，应加大对劳动收入的保护力度，减轻碳定价对劳动市场的负面冲击，尤其是在高排放的劳动密集型行业，需要避免出现工资下降或结构性失业问题，引导国民收入分配向劳动倾斜，增大中低收入居民的收入份额，避免依靠牺牲劳动收益来实现减排目标。

第二，提高财产和资本利得税，平衡各要素收入所得，逐步调节居民收入结构差异。由于居民要素收入结构差异会进一步提高碳定价对收入分配的恶化效应，因此，政府应当充分重视初次分配的公平性，平衡各要素收入所得，提高财产和资本所得税，防止私人资本过度扩张，降低家庭财产的集中度，逐步调节各阶层居民要素收入结构差异，提高中低收入居民的财产性所得，限制高收入居民的资本所得，真正落实"提低、扩中、限高"的改革政策。

第三，建立生活必需品价格调控和补贴机制，缓解碳定价带来的物价上涨压力。碳定价通过推高碳密集商品的价格，降低市场对此类商品的需求以实现减排。而面对生活必需品支出成本的上升，中低收入居民将遭受更大的福利损失，特别是随着经济发展，低收

213

入居民消费能力不断提升，物价上涨将更大地增加该类居民的支出负担。因此，政府需保证生活必需品的物价稳定，建立价格调控和补贴机制，避免碳定价从成本侧影响社会公平。

第四，加大可再生能源的发展力度，促进能源结构转型，持续降低居民用能成本。随着能源供给条件的改善，如中国当前推行的天然气"村村通"工程，覆盖所有化石燃料排放的碳定价机制将给中低收入居民带来更大的支出负担。因此，政府若在未来引入全面的碳定价政策，需未雨绸缪，在调控和补贴基本能源消费的同时，大力发展可再生能源，优化能源供给结构，在缓解气候变化的同时，降低碳定价对低收入居民用能成本的影响。

第五，应对气候变化应与消除贫困、改善分配等目标相结合，建立居民福利补偿机制，更好地发挥碳定价收益调节分配的作用。新冠疫情下，全球收入分配格局发生了新变化，收入不平等进一步恶化，各国政府应充分发挥碳收益调节分配的作用，建立居民福利补偿机制，保护中低收入居民的利益，尤其对处于"低碳"和共同富裕双重目标约束下的中国，随着政策目标从效率优先逐步转向重视公平，应尽快引入碳配额有偿分配的制度，发挥碳收益在调节分配中的作用，以借助"双碳"目标更好地实现共同富裕。

第六，充分评估气候治理过程中外部因素变化造成的影响，增强碳收益循环政策的灵活性和弹性。当前，各国减排承诺与实现《巴黎协定》温控目标所需的减排量存较大差距，提高国家自主贡献减排力度，加强减排国际合作将是未来气候行动的主旋律，因此，各国需高度重视相关外部因素变化对碳定价分配效应的影响，着力增强碳收益循环方案的灵活性和弹性，在平衡多方主体利益的前提下，寻求气候治理和公平分配的最大公约数。

第六章　面向"双碳"目标的新型能源体系建设

　　中国绿色低碳转型任务艰巨，强化能源消费与排放管理具有关键作用。能源相关碳排放占我国总排放近90%，随着经济产业持续较快发展，能源消费维持3%左右的年均增速。而资源禀赋特征决定了我国当前一次能源中煤炭占比超过50%，远高于发达经济体。深化能源低碳转型是实现气候治理目标的关键抓手，也是最大的挑战，需要供需两端"两手抓"，同时推进能源结构转型和深化节能降耗。强化能耗和碳排放管理、完善重点领域和区域排放目标分配，优化市场机制提升政策弹性和灵活性，有助于链接供需两端、引导各行业、各区域协同行动，对于有效推动能源低碳转型具有基础性、关键性的作用。

第一节　以"四个革命、一个合作"
推进建设新型能源体系

党的二十大报告提出，"深入推进能源革命，加快规划建设新型能源体系"。在全面建设社会主义现代化开局起步的背景下提出建设新型能源体系，体现了能源工作的重要地位，更对能源发展提出了更高的要求。早在 2014 年 6 月，习近平总书记就在中央财经领导小组第六次会议上强调，面对能源供需格局新变化、国际能源发展新趋势，保障国家能源安全，必须推动能源革命，并提出了能源消费革命、能源生产革命、能源技术革命、能源体制革命和加强国际合作的总体框架。面对碳达峰碳中和的宏伟战略，面对新时期全面建设中国特色社会主义现代化的长期目标，面对日益严峻复杂多变的内外部环境和气候挑战，"四个革命、一个合作"作为深化能源革命的基本遵循，进一步凸显出其重要价值，为推动新型能源体系建设，优化能源供需、保障能源安全、深化低碳转型，指明了方向、划出了重点。

一、新型能源体系的内涵

党的二十大报告对全面建成社会主义现代化提出了分阶段目标，从经济高质量发展、科技自立自强、市场经济体制、民生服务保障、美丽中国和国家安全等方面作出了部署。新时代建设新型能源体系需要响应社会主义现代化建设的内在要求，着眼落实新发展理念，着力支撑和推动构建新发展格局，切实有力地保障国家安全。

外部环境变化进一步提升了能源体系转型发展的紧迫性。新一轮科技革命和产业革命深入发展，能源技术和产业竞争对未来全球格局影响日益凸显。逆全球化思潮抬头、局部冲突频发，能源安全保障压力日渐提升。世界经济复苏乏力，新能源、新材料和低碳产业成为重要增长点，竞争激化的同时，深层次的国际合作空间也进一步打开。

在新的内外部环境下，面对新时代新征程的新要求，能源体系建设需要全局性、系统性的规划。从发展目标看，新型能源系统需要以全局性的能源安全观为统领，守正创新优化能源产业链、供应链、创新链，协同推进绿色低碳与经济高效。从体系范畴看，新型能源体系需要统筹能源供给、能源产业、能源科技，形成相互促进、全面发展的有机整体。从转型路径看，新型能源体系需要立足资源禀赋，在做好传统能源保障托底的基础上，深化发展新能源，实现传统能源与新能源科学配置、高效协同，稳步有力推动能源结构低碳转型。

二、新型能源体系的特征

以更好支撑社会主义现代化建设为目标，新型能源体系需要更全面地保障能源安全，更高效地支撑和拉动经济内外循环，更科学地推进能源和产业绿色低碳转型，更有力地支撑国家参与全球能源合作与气候治理。具体而言，新型能源体系需要具备以下五方面的特征：

一是安全稳健。保障能源安全是能源体系建设的首要任务。二十大报告提出了保障能源资源安全、重大设施安全、重要产业链供应链安全，以及科技自立自强等多领域、多层面的要求，对能源安全的范畴作了极大的拓展。以此为指引，新型能源系统建设需要提升能源供应链、产业链和技术链的协同保障，强化能源体系整体安全。

二是均衡普惠。以推动构建新发展格局为导向，需要保障能源等基础投入要素成本平稳可控，能源服务均衡可及，能源发展区域协调。为此，需要进一步理顺机制、优化系统，完善能源基础设施，推动能源结构调整、科学布局能源建设项目、深入推进能源市场体系改革，形成治理高效、区域协同的能源运行体系。

三是绿色低碳。推动绿色低碳发展是高质量发展的关键环节，能源低碳转型是实现双碳目标的关键抓手。站在更全局性的视角，新型能源体系不仅需要推动能源结构低碳化，还需要关注能源产业、能源设施建设全生命周期的节约优先和低碳绿色，优化设计减少装备资源消耗，科学规划储能调峰降低建设强度，发展新能源装备循环再利用产业和机制，推动温室气体与污染物协同减排。

四是协同高效。按照二十大报告的要求，新型能源体系建设需要强化产供储销链条的纵向协同，同时推动各个环节与其他领域的横向协同，包括不同能源品种间的互补、能源供需和储备协同优化布局、输运网络完善架构、能源市场与碳市场等的链接等。

五是高端智能。二十大报告提出构建现代产业体系，打造包括新能源在内的新增长引擎。在全球气候治理和低碳转型持续深化的背景下，能源产业需要着眼提升现代化水平，推动产业基础高级化、价值链分工高端化，引领经济增长和科技创新，为能源系统的数字化、智能化转型提供支撑，为能源产业提升国际竞争力、推动建设能源强国提供助力，为我国引领全球气候合作提供抓手。

三、新型能源体系总体建设思路

关于能源革命的"四个革命、一个合作"，习近平总书记点明了重点。第一，要推动能源消费革命，抑制不合理能源消费。坚决控制能源消费总量，有效落实节能优先方针，把节能贯穿于经济社会发展全过程和各领域，坚定调整产业结构，高度重视城镇化节能，树立勤俭节约的消费观，加快形成能源节约型社会。第二，要推动能源供给革命，建立多元供应体系。立足国内多元供应保安全，大力推进煤炭清洁高效利用，着力发展非煤能源，形成煤、油、气、核、新能源、可再生能源多轮驱动的能源供应体系，同步加强能源输配网络和储备设施建设。第三，要推动能源技术革命，带动产业升级。立足我国国情，紧跟国际能源技术革命新趋势，以绿色低碳为方向，分类推动技术创新、产业创新、商业模式创新，并同其他领域高新技术紧密结合，把能源技术及其关联产业培育成带动我国产业升级的新增长点。第四，推动能源体制革命，打通能源发展快车道。坚定不移推进改革，还原能源商品属性，构建有效竞争的市场结构和市场体系，形成主要由市场决定能源价格的机制，转变政府对能源的监管方式，建立健全能源法治体系。第五，全方位加强国际合作，实现开放条件下能源安全。在主要立足国内的前提条件下，在能源生产和消费革命所涉及的各个方面加强国际合作，有效利用国际资源。

面对不断变化的内外部环境和日益严峻的能源转型任务、对照新型能源体系建设的要求，亟待进一步从"四个革命、一个合作"出发，系统部署、统筹规划、聚焦重点，加快推进新型能源体系建设工作。

一是要应对内外部环境新挑战，建立能源新安全观。协同保障能源供应链、产业链、技术链安全，是新型能源体系的内在要求。供应链安全方面，不仅要保障传统能源国际、国内供应，更要提升国内能源供应链韧性和多能互补弹性，强化应对极端气候、突发灾害、重大安全事件等多元风险的能力。产业链安全方面，要保障能源产供储销循环顺畅，优化关键软硬件设施全球供应链布局，完善可再生能源关键矿物资源开发利用管理机制，确保我国能源产业链长期可持续发展。技术安全方面，要着力打赢关键核心技术攻坚战，提升能源技术装备独立自主性，确保我国关键新能源技术路线匹配、引领未来能源技术发展方向。

二是要适应双循环发展新格局，强化能源新系统观。二十大报告强调，要坚持系统观念，形成普遍联系、全面系统的视角。报告将新型能源体系的要求内化在各个领域，更需要全局性、系统性的视野。在能源建设方面，要优化产供储销体系系统性规划，整体性考虑能源供需和储能、输运网络优化布局。推进全产业链、供应链数字化、智能化转型，建设传统能源弹性韧性产运储销体系，和推进源网荷储智能协同的新型电力系统，提升能源结构调整灵活性，强化化石能源托底保障作用和可再生能源消纳能力，优化能源安全保障同时加快低碳转型。在产业发展方面，需要创新机制，推动能源供应链、产业链、创新链耦合发展，形成相互促进、交叉协同的发展格局。在治理体系方面，要推动能源市场，尤其是各级各类电力市场与碳市场、排污权市场、资本市场等的链接，形成合力共同支撑能源体系和能源产业优化发展，同时为国家治理能力的提升提供有益探索。

三是要适应百年变局新机遇，拓展能源产业新发展观。报告指出，当前新一轮科技革命和产业革命为我国带来了战略机遇，而能源和气候治理领域恰是我国提升国际竞争力、引领全球化进程、推动构建人类命运共同体的重要抓手。能源工作需要从国际化的视角构建新发展观，着力加大创新驱动力度，引领能源产业现代化发展，推动深化国际能源合作，加大研发突破性新兴能源技术力度，推动能源产业数字化、智能化转型。强化财税引导、搭建合作平台，鼓励企业多种形式走出去、引进来，鼓励以入股、合资、合营等多元化方式开展企业和项目层面的合作，提供金融、财税和外汇管理便利。深化对外开放，全方位、全流程、全渠道加强企业与项目服务，推动新能源科技全球协同创新，推动碳市场、绿色金融市场等多领域合作。

第二节　树立能源"新安全观"

近年来，能源危机、电力危机在全球日益频发，引起各国高度关注。在发展中国家，能源供不应求的矛盾日益突出；在发达国家，各类因素也时常对电网正常运行造成严重干扰。能源安全作为"不可能三角"的关键一环，在推动绿色能源转型，保障经济发展质量的同时必须得到充分兼顾。

我国的能源安全问题呈现出传统风险长期存在、新风险源不断涌现的特点，对能源治理提出了艰巨挑战。传统风险主要指油气资源的供应链风险。"贫油少气"是我国自然禀赋的客观特点，难以根本扭转，能源领域严重依赖进口，在可预计的未来依旧是我国能源消费结构上的重要特征。然而，能源供应的数量和价格都与地缘政治高度相关，对地缘政治风险事件高度敏感。同时，我国的主要能源来源国也各自面临地缘政治上的安全问题，催生了重大不确定性因素。另一方面，随着我国主动参与全球气候变化应对，不断推动新能源发展和传统能源转型，新的风险问题也在不断涌现。风能、光能等可变可再生能源在出力水平上和自然环境因素紧密相关。极端天气和自然灾害都有可能造成风光发电脱网的严重事故，对未来高比例可再生能源的电力系统产生全面和结构性的冲击。面对多种多样的能源风险因素，通过技术创新和管理优化增强能源系统灵活性是统筹处置各类能源安全隐患的基本思路。本节将从能源产业链视角概括产业链各环节由不同方面带来的风险因素，构建能源产业链安全风险评估框架，并就应对国际政治风险和极端天气带来的能源安全问题提出具体的策略组合。

在全球能源、产业、科技博弈全面激化、气候治理日益紧迫，以及我国工业化和城市化建设和经济社会转型发展进入新阶段，能源供需格局和要求正在快速变革，能源安全保障面临新形势、新挑战。围绕能源新安全观，需要在深刻认识全球能源新格局演进趋势和特征基础上，系统研判我国能源安全新形势，开展压力测试识别产业链脆弱环节，评估新能源装备关键技术自主性、基础矿物资源供应可持续性，提出应对举措，持续深化能源领域关键核心技术攻坚战。

一、新时期能源安全保障的新形势与新挑战

党的十八大以来，我国大力推动能源绿色发展，积极壮大清洁能源产业，推动能源清洁高效利用，不断释放创新发展动能，积极推动全球能源转型，有效促进了经济社会高质量发展。目前，我国已成为全球最大的可再生能源市场，可再生能源发展为能源供应提供了有力的支持。但同时，我们也要看到近年来能源领域的国际环

境经历了新的发展,一方面化石能源市场受地缘政治因素的影响,价格波动加剧、供应安全屡受冲击;另一方面可再生能源发展给全球能源产业链形态特征和合作博弈格局带来深刻变革。全球能源安全面临新形势、新问题、新挑战。

一是外部市场不稳定、不确定性因素增多,传统化石能源保供压力凸显。截至 2022 年,我国化石能源占一次能源 82%,化石能源主导的能源结构仍将长期延续。但我国化石能源资源品种失衡,煤炭基本自足的同时,石油、天然气对外依存度分别为 71% 和 40.5%。受大国博弈、地缘冲突和经济金融波动影响,化石能源供应不确定性和价格波动性加剧,给我国化石能源供应平稳带来严峻挑战。

二是绿色低碳转型要求不断升级,可再生能源资源约束亟待突破。面向碳达峰碳中和战略目标,我国到 2025 年可再生能源发电装机占比将超过 50%,到 2060 年非化石能源消费占比将达到 80%。但我国可再生能源资源分布空间分化较大,东部地区能源消费中心可再生能源资源开发空间有限;而资源富集区域主要集中在中西部。远距离输电带来供需两端和供应链沿线对突发事件、气候变化风险暴露性加大。亟待创新开发模式、拓宽通道建设、深度开发能源消费中心分布式资源,多措并举探索突破资源约束。

三是供需两端波动性加大,调峰压力日益突出,威胁能源系统安全。随着我国能源消费电气化程度不断加深,居民收入增长带来的交通、生活能耗增长,依据产业结构转型升级带来服务业能耗占比增加,我国用能用电潮汐特征日益突出,电力峰谷差迅速拉大。

从供给侧看，随着高比例可再生能源接入，电源间歇性和不确定性加大。供需两侧的不确定性导致电力调峰和系统平稳运行压力陡增。

四是我国新能源产业两头在外，产业链、技术链暴露于外部风险，威胁经济产业平稳。我国能源产业在风电、光伏、核能，以及火电清洁高效利用等产业、装备与技术具有国际竞争力。但同时，一些关键技术装备仍面临"卡脖子"风险。随着可再生能源装机增长，潜在破坏力迅速膨胀。另一方面，由于新能源产业具有明显的小规模和学习效应，需要联动全国及国际市场才能够更好推动产业发展、降低成本、优化技术。当前全球低碳能源技术创新进入活跃期，但策源地仍在发达经济体。随着可再生能源占比不断增长，能源产业链形态向制造业趋同、链条更长、环节更多、全球化布局和技术链条衔接更紧密。推动全球能源竞争格局从资源驱动、市场驱动逐步转向技术驱动。随着全球科技博弈和"脱钩"，争夺技术路

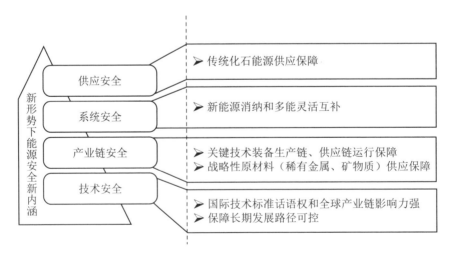

图 6.1　新形势下能源"新安全观"的四层次内涵

线和标准的话语权是保障产业长期健康发展、保护存量投资的基础保障。

上述四方面因素对我国能源安全，进而对经济社会平稳运行，都能造成深远影响。其中技术安全是产业链安全的前提，产业链安全是系统安全的保障，系统安全和供应安全共同构成能源安全的现实问题。新形势下，能源安全战略需要树立系统观，全面研究能源供应安全、系统安全、产业链安全和技术安全。

二、统筹两个市场、用好两种资源，协同保障能源供应安全

尽管在能源危机和气候变化成为国际主流议题的背景下，"低碳化"和"多元化"成为未来能源发展的重要特征。但需要强调的是，化石能源长期占据一次能源主导地位的格局在相当长的时间内仍将延续。全球主要能源企业和研究、管理机构普遍预测，未来20年可再生能源和天然气将成为满足未来全球能源需求增长的主要来源，但化石能源仍将在当前消费总量基础上，继续保持相当的增幅（图6.2）。

根据IPCC报告预测，未来十年化石能源仍将占据一次能源供给的70%以上，这意味着优化传统能源使用效率在能源系统低碳转型进程中，仍将起到不容忽视的作用。据IPCC分析，到2050年要实现温升不超过2度的情景，清洁高效利用将需要为全球碳减排目标贡献30%。

当前，全球能源供给格局呈现出口国高度集中、能源类大宗商

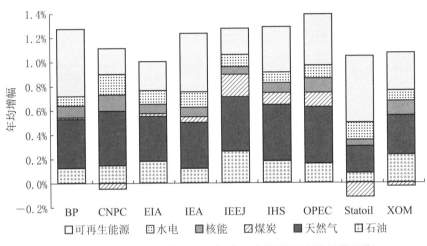

图 6.2　各机构对未来 20 年全球一次能源需求增长的预期

BP：英国石油公司；CNPC：中石油；EIA：美国能源信息署；IEA：国际能源署；IEEJ：日本能源经济研究所；IHS Markit：埃信华迈；OPEC：石油输出国组织；Statoil：挪威国家石油公司；XOM：埃克森-美孚

品价格波动由供给侧主导、能源价格对地缘政治安全高度敏感的特征。一方面，从历史经验看，全球政治博弈引发的地缘政治风险也是历史上多次能源危机爆发的主要原因。另一方面，在化石能源占比预期下降的能源发展路径下，化石能源勘探开采及相关技术研发投入下降，导致产能下降，供需矛盾进一步突出，使得国际化石能源市场面对需求增长和地缘政治事件更加风声鹤唳，市场价格波动性、不确定性大幅提升。

我国的能源供应风险主要可归因于为高对外依存度带来的地缘政治风险。2021 年中国原油进口量为 5.13 亿吨，原油对外依存度达 72%；我国天然气对外依存度在国内需求放缓和国产气产量上升的背景下仍保持 43% 的高位；2021 年我国煤炭消费 8227 万吨，其

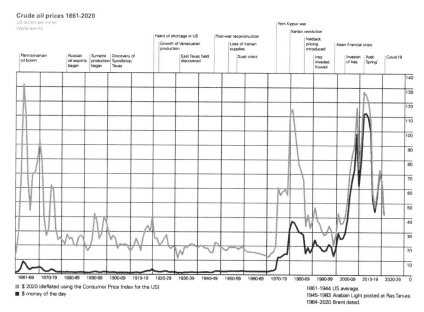

图 6.3 19 世纪以来全球原油价格波动和地缘政治事件

资料来源：BP, *Statistical Review of World Energy 2022*。

中进口 661 万吨，在化石能源中对外依存度最低，仅为 8%。虽然近年来我国对能源安全的重视程度不断提升，能源产量已大幅度提升，化石能源对外依存度已经有所降低，但油气对进口的依赖客观上难以缓解。从进口来源国分布看，我国油气进口大量来源于俄罗斯、中东等地缘政治敏感区域，海运路径也主要经由马六甲海峡，供应链风险较集中，相应的潜在风险不能不引起我们高度重视。随着经济的飞速发展，能源需求的增长远远超过了能源生产的增长，立足自身发展的同时，深化国际间能源供应合作也是未来必然的选择。为了应对化石能源可能带来的能源安全风险，我国应坚持资源供应多样化作为核心。在此基础上，确保一定的国家战略石油储备

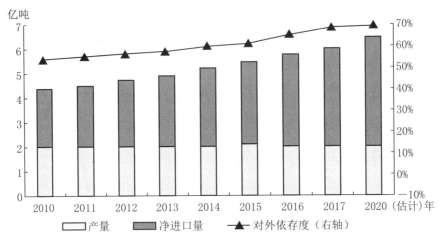

图 6.4　2010—2020 年中国石油对外依存度

资料来源：国家统计局。

和石油密集型产品的库存，加快建设民间油气储备体系，以应对短期供应中断。同时从"多渠道、多角度、多目标、多形式"寻找国际石油资源，而不是单纯被动"买油"。例如，海外油气产业的份额油、石油贸易、"市场换资源"等多种渠道。加快能源基础设施互联互通，确保资源供应多样性以及加强可再生能源技术创新合作都是未来国际能源市场的重点发展方向。

综合来看，将能源产业链国内和国际市场两手抓，促进两个市场的融合和良性循环，才能更好地促进我国能源系统向低碳转型的同时确保我国未来能源系统的安全和稳定。将国内优势技术推广到国外市场同时也吸收国外的先进能源技术，提前签订油气资源合约应对国内油气可能产生的季节性短缺等手段都将更好促进国内国外市场的良性循环。此外，随着地缘政治风险增大以及近年来以美国为首的国家奉行贸易保护主义、单边主义，对化石能源的供应和可再生能源供应链全球市场都有一定的影响。因此应提前建立一系列应对策略和替代性技术清单，确保将能源产业链安全的命脉掌握在自己手中。

三、以新型电力系统建设为核心，优化保障能源系统安全险

全球气候变化的环境因素与高比例可再生能源内部因素相叠加，对现有能源系统在安全性、稳定性、可靠性等方面提出了许多新的挑战。我国作为发展中国家，需要统筹兼顾经济发展和清洁生产，更需强调能源的安全供应底线和突发性能源和能源转型的阶段性。而在以电力系统为核心的现代能源体系中，保障能源系统安全最迫

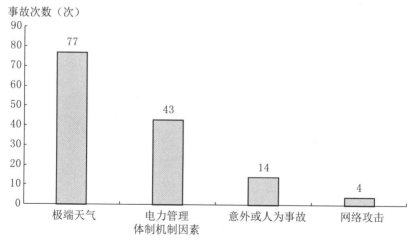

图 6.5　1990 年以来百万人 / 小时级别以上停电原因统计

资料来源：IEA。

切的挑战，就在于解决电力系统的安全问题。

在国际能源署的可持续发展预估情景中，电力占最终能源消耗的比例预计将从 19% 上升到 2040 年的 31%，且这一增长将主要由以我国为主导的发展中国家贡献。此外，随着我国数字经济的高速发展，电力在供暖、制冷、交通以及通信、金融、医疗等许多数字行业所占的份额将不断增加，未来几年对充足电力安全的需求将加剧。电力部门与多种一次能源相关联，与制造业、服务业等下游部门的稳定运行更是息息相关。复杂的产业链结构使得电力系统的风险来源与一次能源相比更加多元、复杂。

随着全球气候变暖的影响不断凸显，极端天气带来的"源网荷"三位一体的系统性风险成为对电力系统乃至能源系统、经济系统造成结构性冲击的最大风险来源。统计显示，极端自然灾害带来的严重扰动也是触发电力危机的主要原因，占近 30 年来全球电力危机的55%。近年来，可变可再生能源对极端天气的高度敏感性，又对电力危机的防范和解决提出了诸多新的挑战，已在世界范围内导致多起大停电事故。2016 年 9 月 28 日，澳大利亚南部发生了大规模停电事件。在这一天，一场强台风伴随着暴风雨、闪电和冰雹袭击了可再生能源比例接近 50% 的澳大利亚南部地区电网。极端天气触发了许多风电场断电，最终导致整个南澳大利亚州停电时间长达 50 小时。这起事件也被称为世界上第一次由极端天气诱发新能源发电大规模脱网导致局部大停电的事件。2019 年 8 月 9 日的英国大停电中，风电、分布式电源等新能源在故障期间耐受异常电压、频率的能力不足，产生连锁反应而脱网，对占比 30% 的新能源出力造成严重损失，损失机组 1691 MW，切除负荷 931 MW，受影响的英格兰和威尔士部分地区约有 100 万人受到停电影响。2021 年 2 月，一道源自于美加边境的"北极冷锋"席卷了整个美国，带来了大量的雨雪和极寒气温。这使得本来气候温暖的德州的气温一度降到零下 19 摄氏度。2 月 15 日起，猛烈的暴风雪造成了德州电网的瘫痪，导致了德州超过 400 万人停电超过 36 小时，经济损失高达 1300 亿美元。

随着全球变暖的影响不断显现，极端气候频现大概率将成为"新常态"。2022 年发布的 IPCC 第六次评估报告（AR6）指出，近 50 年全球变暖正以过去 2000 年以来前所未有的速度发生，气候系统不稳定加剧。而未来 30 年乃至更长时期，高温干旱、严寒霜冻，以及台风、强降雨和洪涝等将日益频发，强度和影响范围也将明显增强。极端气候的新常态具有三方面的特征，对城市能源安全提出了新的挑战：

一是延续性。国家气候中心监测显示，截至 2022 年 7 月上旬，我国平均高温日数已突破历史最高，并持续至 8 月。极端天气从"数日"延长至数周甚至数月，意味着城市能源"应急调峰"体系不仅需要在日内实现更大幅度的"削峰填谷"，还需在更长的时间内应对持续的供需缺口。

二是广域性。在全球性的气候变化推动下，极端气候影响范围明显扩大。本轮热浪影响整个长江流域和华南地区，9 省最高温度创历史新高。多省甚至全国同时面临极端气候的情况下，通过区域间能源互济应对电力短缺的有效性将大幅削弱，对城市能源自我保障能力提出更高要求。

三是复合性。气候变化不仅使地表温度上升，更会对大气环流造成连锁影响，使高温和强降雨、干旱和洪涝等同时或接续发生。2022 年 8 月下旬，美国西南部在连续月余的高温干旱后就遭遇了强降雨，导致洪涝等严重次生灾害。不同类型极端气候复合出现，会对水文等自然条件造成严重影响，导致可再生能源供给可靠性下降，还会造成航道干涸、线路霜冻等问题，阻断供应链，造成多品种的能源短缺。多能源品种的协同互补重要性进一步提升。

可再生能源快速发展，进一步加大了气候风险的影响范围和冲击强度。国际能源署在 2021 年《电力转型报告》中指出高比例可再生能源、化石能源减少、核能减少、分布式能源和能源数字化是五大影响能源安全的新趋势。其中高比例可再生能源具有影响力强，影响领域广，高不确定性的特点，是能源系统安全面临的最大的新挑战。可再生能源发电技术和传统发电技术之间的区别主要有三个方面：（1）由于天气条件造成的波动性和不可预测性；（2）除了短期的波动性，可再生能源还具有中长期的供需不匹配风险（由于昼夜和季节因素）；（3）可再生发电技术的可变成本为零或几乎为零，导致其在市场化机制下与传统电源处在完全不同的竞争条件，极易放大风险。这三个区别也分别代表了可再生能源发电技术给电力行业带来的三种风险。这三种不可控的因素会影响电力系统的安全性和可靠性，严重时甚至可能导致大规模停电，对企业和居民的生产生活和经济发展带来极大的影响。因此可再生能源在电力行业中占比的提升为电力行业脱碳带来极大贡献的同时也使得电力系统的复杂度大大增加。我们在侧重于发展以可再生能源为主的电力系统时也不应忽略其对现有电力系统带来的风险。

提升电力系统灵活性是保障系统安全的关键抓手，包括源网荷储以及市场机制五方面：

电源侧提升灵活性：主要是在高比例可再生能源电力系统中保留一定的化石能源发电厂或核电厂以在可再生能源发电波动时提供可靠的电力接入。通过降低最小运行负荷，缩短启动时间以及提高爬坡率可以使得现有化石能源电厂运行更加灵活。同时许多研究也已表明，间歇性可再生能源搭配具有 CCS 技术的电厂将是未来电力部门脱碳的一条重要路径。鉴于当前中国发电结构和能源安全性，当前中国保留一定的火电并对其进行灵活性和 CCS 改造是保障未来能源供应安全同时实现电力部门脱碳的关键路径之一。如何降低灵活性改造的经济成本和加快推广 CCS 商业化是加快供给侧灵活性部署的关键。

电网侧提升灵活性：包括邻近区域的电网，电力市场互联、远距离的超级电网、智能电网和微电网。省级间的电网互联和电力市场互联能够有效地降低高比例可再生能源下电力系统的波动性和不稳定性。智能电网主要通过整合所有能源供应商（包含消费者）参与电网优化以提高电网可靠性，而微电网则作为更大配电网的组成部分用来平衡电力系统中的供需平衡，确保整个大区域电力供应的

235

稳定。智能电网，微电网等电网灵活性技术在中国尚处于起步阶段，未来大规模应用和推广仍需更多的投资和研究。

复合侧提升灵活性：主要包括了需求侧管理和需求侧响应。需求侧管理主要运用技术手段在不影响居民基本生活的情况下，对一些用户进行批量的、分组的、短期的轮流用电负荷管控。需求侧管理可以为可再生能源电力系统的灵活性和电力市场带来许多好处：例如降低市场风险和价格的不确定性和波动性；提升系统效率；改变消费者用电行为以调节供需不匹配的问题。但实现需求侧管理需要较高水平的ICT基础设施以提供电力系统的实时供应、需求以及价格信息。鉴于需求侧灵活性对于推动未来电力系统的转型十分关键，未来需要在需求侧管理方面持续投入大量的研究和技术投资，加快发展。

储能侧提升灵活性：主要通过储能技术和设备来储存剩余的可

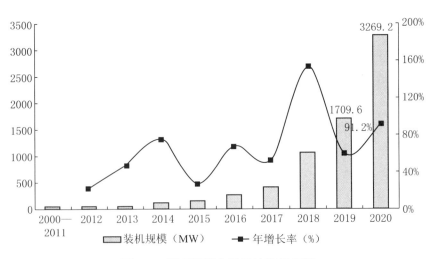

图 6.6　我国储能市场累计装机规模

再生能源发电或降低网络阻塞来提升电力系统的灵活性。储能技术也是提升电力系统灵活性的关键技术之一。许多研究也已经表明储能技术对于高比例可再生能源电力系统的整合很有价值且短期和中期的存储可以帮助电力系统适应风能和太阳能的间歇性。未来进一步地降低电池储能的成本是发展全系统储能灵活性的关键。

　　市场机制提升灵活性：良好的电力市场设计也可以在一定程度上提升电力系统灵活性。电力市场可以从提高可再生能源跨省交易量、建立良好的辅助成本分摊机制、促进并规范自备电厂以及运行分布式可再生能源供应商从事零售业务，减少上网补贴、提高电力交易时间分辨率、延长电力市场交易时间、提高碳价等方面入手，促进可再生能源在电力市场中的发展。当前中国正在推进电价市场化改革，通过健全电力辅助服务市场，建立容量成本回收机制，减少政府不合理干预，提高市场运行规范性和透明度等一系列措施进一步完善中长期与短期相结合的电力市场建设。

　　新型能源系统的气候韧性和可靠性问题不容小觑。应当从技术、

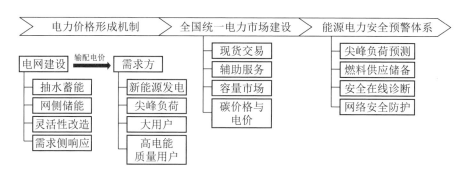

图 6.7　电力市场机制建设总体框架

市场、预警和应急保障机制等多维度进行分析，不断完善改进，才能更有效地提升新型能源系统的风险应对能力。

四、深化产业协同，优化保障能源产业链安全

2022 年 6 月，美国总统拜登宣布因俄乌冲突和极端天气导致电力短缺，美国进入能源紧急状态，并将出台政策刺激光伏电池等清洁能源装备生产、豁免部分国家相关组件进口关税等，增加电力供应。这一事件一方面为我国能源安全敲响了警钟，另一方面，美国的应对举措也反映出全球能源安全格局出现了新特征，即从能源产业链的视角重新审视能源安全威胁的来源和保障举措，寻求创新型的应对思路。

面对日趋严峻的地缘政治风险和持续提升的国际能源市场不确定性，美国能源独立战略正逐步从以页岩油（气）革命为主导的 1.0 版，转向以光伏、核电等清洁能源为主导的 2.0 版。此次"能源紧急状态"给拜登政府进一步加快刺激可再生能源发展提供了契机。欧洲也同样力求加快发展可再生能源，如德国 2022 年 4 月提出，到 2035 年实现 100% 可再生能源供电的目标，以降低能源对外依赖，应对能源危机。随着各国普遍加快能源转型的进程，可再生能源的产业链安全问题引发高度关注。相比于传统化石能源，新能源产业链专业化细分、全球化布局特征明显，对外部风险的暴露性大幅提升。美国财政部长耶伦也强调，要与其盟友合作，重构"自由且安全"的国际贸易与供应链体系，新能源供应链是其中的重要内容。

美国能源部（DOE）也于 2022 年 2 月发布了《美国清洁能源稳健转型的供应链保障战略》[①] 提出加大战略资源保障、扩大国内新能源装备产能、分散境外供应链布局、资源循环利用，以及政策、资金、人才保障等一系列举措。

面对日趋复杂严峻的外部环境和能源系统转型发展的内在要求，我国能源产业链安全问题尤为突出，主要表现在三个方面：一是供应链韧性不足，油气对外依赖高、进口渠道单一，国内储运体系发展较弱；二是产业链完整性存在结构性短板，部分先进技术装备和核心原料、部件面临国外"卡脖子"风险；三是产业基础创新效率较低，原发创新不足削弱长期竞争力。如果不能有效应对，其潜在风险将会随着能源供需规模扩大和可再生能源占比的提升而迅速膨胀，威胁能源转型的可持续性和能源系统整体的安全稳健。

推动能源产业链纵向协同和横向耦合，优化能源系统运行效率、提升能源供应弹性韧性，是产业链视角下优化能源安全保障的重要举措。

一是打破行业和市场壁垒，推动化石能源产业链高效协同。首先，立足"富煤贫油少气"的资源条件，加快发展新型煤化工产业，推广煤气共采和煤炭原位气化等技术，实现煤炭对油气的替代和互补，能够为能源供应安全提供更大的灵活性。油气价格波动带来的

---

① 原文标题为 America's Strategy to Secure the Supply Chain for a Robust Clean Energy Transition，参见 https://www.energy.gov/policy/securing-americas-clean-energy-supply-chain。

利润风险，是煤化工等替代技术发展面临的主要障碍。需要从能源安全的角度评估产能价值，优化产能建设规划，强化政策引导和激励。其次，替代油气产品"运不出、销不好"，自建储运和分销体系成本过高，是限制产业发展的另一桎梏。需加快打破行业壁垒，推动油气储运基础设施和分销体系共建共享和市场化运行，降低综合成本的同时，提升化石能源协同互补的灵活性。

二是以新型电力系统为中枢，深化非化石能源多能互补。以智能电网为中枢构建大型综合能源集成系统，深度耦合能源与信息产业，优化用电供需预测，提高电网调度智能化水平。构建多层次非化石能源多能互补体系，坚持集中式与分布式并举、陆上与海上并举、就地消纳与外送消纳并举、单品种开发与多品种互补并举、单一场景与综合场景并举、发电利用与非电利用并举，重点推广可再生能源并网前端实现多能协同。加快发展大容量新型储能产业，推广分布式储能与分布式电源耦合，培育储能、电动车灵活充放电（V2G）和综合能源管理等产业。

三是发挥企业主体作用，保障能源产业链自主可控。目前我国可再生能源产业链存在结构性缺失，光伏上游银浆等原料，以及跟踪支架、控制芯片等组件依赖进口；大功率风机主轴承、齿轮箱等关键部件长期被国外垄断。但同时，随着我国新能源产业持续快速发展，已经培育出一批具有国际竞争力的龙头企业，成为获取海外战略资源、技术和推动技术研发的重要主体。一方面要引导企业引进吸收和自主研发相结合，加快关键技术和装备"补链"。另一方面，加速能源产业链全球布局，推动我国新能源产业参与国际市场的方式从"装备输出"转向"装备、技术、产能、管理"整体输出，提升全球资源整合能力。积极参与国际技术合作和标准制定，依托优势技术深化产业链合作，推动构建更加紧密耦合，不可分割的全球新能源产业链。

五、能源科技安全保障与创新合作

随着可再生能源开发利用规模增长，全球能源竞争已由资源竞争逐步向能源技术竞争转变。当前可再生能源技术创新进入活跃期，全球技术竞争全面升级。从新增国际专利数看，2010年以来全球能源技术创新进入旺盛期，新增专利数显著高于其他门类。相比于传统化石能源产业，新能源产业链高度细分、拉长，全球化、一体化程度加深；科技装备在产业链上的地位明显提升。随着新能源、新技术的推广应用，国际技术博弈和技术本身的不确定性都会对产业链稳健性造成新的冲击。

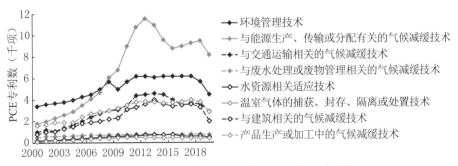

图 6.8　新增国际专利合作条约（PCE）专利数

资料来源：PCE 专利数据库。

　　为此，各国能源企业均加大创新投入，竞争技术高地，提升对产业链的掌控能力。发达经济体为保持领先地位，能源技术垄断、出口限制频发。尽管以中国为代表的发展中经济体在低碳能源技术的应用规模上领先全球，但是在基础科技的原发创新方面，依然与主要发达经济体存在较大的差距。全球低碳能源技术 PCE 专利申请数位列前 15 的申请人，均为欧、美、日、韩企业。

　　长期以来，我国能源部门存在重存量经营、轻技术开发的特点。一方面要通过顶层设计在能源装备领域进行研发支持，力求实现产业链中上游关键技术突破，另一方面要深化国际合作，充分发挥我国优势产业、优势环节，提升我国在全球能源价值链的话语权。

　　1. 大力引进来、走出去，推动和深化能源领域国际合作

　　大力引进来，拓宽国际能源技术合作。一是引技引智并举，拓宽国际能源技术合作。鼓励企业引进先进技术，加快消化学习，推动关键技术升级革新。稳步扩大能源产业对外开放，明确负面清单和准入规则，鼓励掌握先进技术的国外企业在沪合资或独资参与能源产业。依托上海人才政策和人才吸引力，加大关键能源科技领域创新研发领军人才合作培养与引进力度。二是提升科技全球协同创新能力。引导龙头企业和各类研究机构、高校积极参与前瞻性能源技术国际研发应用合作。加强政府间、研究机构间合作与交流，支持建立国际科创与技术研发合作平台，密切跟踪掌握关键重点领域前沿动态，引进国外先进成果。积极参与制定先进能源技术标准，推动国际技术标准的消化吸收和国内技术标准国际化推广。

积极走出去，鼓励装备出口和对外投资。相较于传统化石能源产业链，以制造业为基础的可再生能源产业链结构特征更接近制造业，全球化布局和一体化程度更高，产业链各环节链接也更紧密。目前我国可再生能源产业国际合作偏重于产品输出，相比于我国装备贸易在国际市场的市占率，对外投资和能源开发运营项目占比仍有提升的空间。上海集聚了可再生能源领域中国龙头和领军企业，具备了优越的产业配套和生态体系，以及领先的科技创新能力，应更加积极推动能源产业走出去，引领我国能源产业链进一步提升国际竞争力。鼓励和引导企业参与能源装备国际贸易，倒逼国内产业竞争力提升。促进能源装备国际贸易，扩大产出规模、降低成本，同时通过国际合作与竞争，加快技术验证和迭代，有助于提升企业研发动力，强化国际竞争力，在全球能源产业价值链向更高端的领域进军。引导能源投资，带动装备输出，加强全球资源整合能力。我国对外能源投资也迅速增长。2020年在其他门类对外投资普遍下跌的背景下，我国电力、热力、燃气及水生产和供应业对外非金融类直接投资额27.8亿美元，同比增加10.3%。对外能源投资增长折射了我国能源产业全产业链竞争力的提升。但相比领先国家，在项目运维技术和效率、全球产业链整合能力等方面，仍有一定差距。可进一步鼓励多元企业参与国际能源投资，优化全球能源合作，推动国际能源合作模式从装备输出转向产能输出、技术输出、系统输出，强化全球产业链整合协同能力。

2. 依托试点与重大工程，提升科技装备水平

提升能源科技装备水平，打造持续创新能力，是我国能源产业链解决国内资源约束、实现低碳转型和绿色发展，同时抓住全球新一轮科技革命与产业变革的机遇，也是提升国际影响力的重要途径，更是建设能源强国的必由之路。本部分从能源产业的视角出发，研究推动能源科技创新和装备发展的政策体系、创新机制，以及试点推广路径的优化设计。

中国的能源装备制造产业"大而不强"的局面，一直困扰着行业的快速发展，而集中力量发展能源装备正是破解我国能源部门当前问题的关键路径。从能源部门内部看，不论是煤炭、石油、天然气等传统化石能源还是风能、太阳能、潮汐能、地热能等可再生能源，上游资源可供开发的绝对值短期内都无法大幅提升，而下游需求又随着我国经济增长快速提升。因而，通过研制新一代能源装备，快速提升能源利用效率，提高新能源利用的充分率就显得尤为必要。而从全国行业部门横向看，以电机、燃机为代表的能源部件则处于制造业产业链体系中的核心地位，也长期是我国工业体系中的低洼部位，卡脖子环节。当前，我国装备制造业研发投入强度与4%—5%的发达国家平均水平相比，还有较大差距。企业自主创新的硬实力也亟待提升。由此可见，我国能源产业的发展离不开能源装备制造产业的突破，而要真正实现能源产业的健康发展，维护国家能源安全，掌握装备制造产业的核心技术必不可少。

我国新能源装备制造行业具有起点高、基础好的特点。光伏、

风电等新能源领域的制造技术一直处于世界顶端水平，其他领域接近或部分达到世界先进水平。而在实现"碳达峰、碳中和"大背景下，我国新能源装备创新自上游到终端主要可分为以下几个领域：其一是以可再生能源和氢能技术为代表的发电装备领域；其二，碳捕捉、利用和封存（CCUS）技术；其三是储能装备；其四是以新能源汽车为代表的工业领域电气化。

综合来看，我国目前在发展能源设备问题上的主要难题在于研发成本较高，技术突破困难导致的企业研发动力不足。利用"双碳"目标历史机遇，推动新能源装备自主创新是落实党中央、国务院决策的重要举措，是推进能源技术革命的重要内容。习近平总书记在中央财经领导小组第六次会议上，指出要按照攻关一批、示范一批、推广一批"三个一批"的思路推进能源技术革命。为进一步加快低碳能源技术创新，亟待将装备水平提升和重大工程相结合的策略，将新型装备的研发贯穿于国家重大工程之中，打造一批新技术、自主技术、原创技术示范工程，引领全产业链的技术创新和装备迭代。结合大型工程、示范工程开展装备研发有利于在短时间内集中各技术环节人才和技术基础，加强资金和技术支持可持续性，有效提高新技术研发的成功率。美国和欧盟等发达经济体已开始将高技术、高附加值的装备生产和加工制造由海外陆续收回至本土，并采取很多鼓励政策，如税收减免、补贴奖励等，鼓励投资商、制造商回归本土。在这种情况下，中国装备制造业不仅需要继续坚持自主创新，更需要政府在政策上的引导和"保护"，从而避免错失新能源装备制造业的最佳发展时期。目前，在装备创新领域，国家能源局已于 2018 年起正式开展能源领域首台（套）重大技术装备示范应用项目评选资助工作，立足国家级项目，对率先实现重大技术突破、拥有自主知识产权、尚未批量取得市场业绩的能源领域关键技术装备［包括前三台（套）或前三批（次）成套设备、整机设备及核心部件、控制系统、基础材料、软件系统等］进行支持。从 2020 年和 2021 年两轮入选目录看，支持项目覆盖了钻探设备、水电装备、太阳能装备、风电装备、煤电机组、天然气机组、输电装备、核电装备等几乎所有能源装备领域。其中 2020 年获评 16 项，2021 年获评 76 项，支持力度大幅上升。这些项目几乎都与重大工程相依托，提高了技术开发的可行性，展现出了国家层面对能源装备的支持力度。

因此，产业激励政策应从国家层面对具有重大战略意义的新能源部门提供必要的激励措施。新能源和低碳技术在短期内回报率低，攻关难度高。通过税收减免和补贴，可以缓解新生行业的融资难问题，快速促进新能源产业形成。我国曾对光伏和新能源汽车实施补贴政策，快速推动我国相关产业发展。目前我国光伏产业从产量和技术水平上都居于世界领先水平，新能源汽车蓬勃发展，核心部件自给率高，体现出补贴政策的积极效果。各类能源政策落实到行动中最终都体现为激励新技术研发以达到能源效率提升和能源结构转型的目的。然而，对于那些处于关键技术环节的核心技术和"卡脖子"装备，则需要从顶层设计上提供直接支持。我国是工程大国，结合国家级重大工程，集中各方面力量攻关重大技术专项是解决能换装备领域技术难题的可行路径。我国的产业激励政策立足技术瓶颈期、行业初创型发展特点，提供了切实有效的政策支持。而激励幅度的灵活调整也为培育行业竞争力、优化行业内部资源配置提供了政策工具。

另外，研发支持政策与国家级大型工程相配合，可有效组织人才资源，集中力量实现关键领域技术突破，解决能源装备领域"卡脖子"难题。能源装备位于能源产业链中上游，涉及勘探、储运、能源转换、能源效率提升多个产业链关键节点。相关技术攻关具有不确定性高、研发周期长、涉及学科广的特点。与一般的科技资助项目相比，从国家层面进行过规划，依托大型工程项目进行研发，在准确识别关键技术节点，集中高校企业研发力量，形成国家级研发团队上具有独特优势。早在 2016 年，国家发改委就联合工信部、国家能源局提出了《中国制造 2025——能源装备实施方案》，分十五项主要任务和八项保障措施，明确了国家层面支持能源技术创新的具体方针。方案中列明了能源装备各领域技术研发的具体攻关技术和关键技术指标，从国家层面对能源技术创新提供了具体的指导方案。2020 年和 2021 年，我国连续两年通过评选能源领域首台（套）重大技术装备项目名单，进一步明确了重点装备部件研发与国家重大工程的依托关系，将关键节点研发目标嵌入到水电、核电、风电和特高压输电网等国家大型工程建设中，有效提升了顶层设计的政策合力，技术研发的可行性以及创新成果转化的效率大幅提升。

第三节　拓展能源"新发展观"

2021 年中央经济工作会议上，习近平总书记对能源工作作出了明确部署，提出要"正确认识和把握碳达峰和碳中和，立足以煤为主的基本国情，科学考核，确保能源供应，深入推动能源革命，加快建设能源强国"。建设能源强国是党中央站在保障国家能源供应安全，稳步实施"碳达峰、碳中和"任务的高度，聚焦加速推动能源绿色低碳转型而作出的重大战略部署，是中国特色强国目标体系的重要一环。我国能源系统要达到安全可控、绿色低碳、经济高效的三重目标，仍然面临地缘政治风险加剧、技术竞争激烈、减碳脱碳替碳障碍大等一系列问题。能源产业链是能源系统运行的支撑技术经济载体，提升能源产业链现代化水平，是推动能源强国建设的基础支撑和关键抓手，也是能源强国建设成果的集中体现。在能源强国目标下，建设新型能源体系需要以能源产业链为视角，建立新发展观。

能源强国目标下，能源产业链应具备五方面特征：健全高效的产供销储体系、科学灵活的能源结构、强大的技术储备与创新能力、较强的国际市场话语权以及完善的能源管理体制机制。提升能源产业链现代化水平有助于为我国能源强国建设奠定坚实的产业基础。从能源新发展观出发，我国要抓住全球低碳转型和气候治理深入推进的机遇期，研判不同治理情景下全球能源产业链、价值链格局重构方向，提出我国能源产业链转型升级、提升国际竞争力的举措。

一、全球能源产业链新形态与新格局

能源产业链包括生产链、价值链、供应链、空间链和企业链等多个维度。能源产业链特征与能源品种高度相关，全球能源产业链主要包括油气产业链、煤炭产业链、电力产业链、可再生能源产业链，以及基于多种能源协同的多能融合产业链。在能源科技革命和低碳转型的推动下，全球能源产业链正在经历多重变革。

一是全球油气产业链响应地缘政治不确定性和交通电气化趋势，加快推动智能化转型，提升开采效率。目前全球石油探明储量62%分布于中东和俄罗斯等政治敏感区；全球石油消费量的74%需要通过进口，而其中近70%需要通过霍尔木兹海峡、马六甲海峡、苏伊士运河等海运要塞，渠道高度集中，一旦出现突发情况导致断航将会对全球石油供应造成严重冲击，供应链风险巨大。2021年3月"长赐"轮堵塞苏伊士运河、2022年俄乌冲突等事件，都对国际油气价格造成冲击。随着逆全球化浪潮下国际地缘政治不确定性提升，供应保障受到高度关注。但交通等领域的电气化趋势导致石油消费在全球一次能源中的占比持续下降，2020年约为31%，比2000年下降近10个百分点，削弱了石油资源的长期价值。2020年国际石油公司新增的15个资源开采项目中，有15个合计价值600亿美元被IEA预测为"搁浅投资"。在这样的背景下，国际油气企业普遍

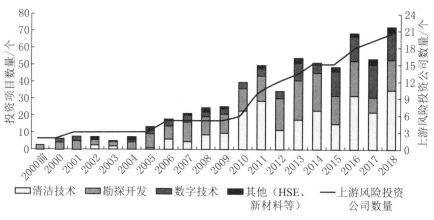

图6.9 石油公司风险投资技术领域分布

资料来源：美林数据。

加大了上游勘探开采环节的数字化智能化升级的投入，以最低的成本提升资源回采效率，扩充可用的资源。

二是全球煤炭产业链在清洁化、智能化生产转型的要求下，正在形成"两头翘起"的价值链形态，煤炭粗放开采、洗选、直接燃烧的传统模式面临变革。在低碳转型的持续深化下，各国普遍下调煤炭在一次能源中的占比，加大煤炭高效利用的技术装备投入。这给煤炭产业注入了全新的动力，推动产业链向两端发展。一是上游煤炭机械装备的研发投入力度加大，国外领先企业技术优势逐渐凸显，市占率明显提升；同时下游高效燃煤技术和煤化工产能也较快增长。IPCC报告显示，未来十年化石能源仍将占据一次能源供给的70%以上，优化传统能源使用效率实现清洁高效利用，有望为全球碳减排目标贡献30%。此外，顺应能源结构的转变，煤化工，尤其是精加工制油、气，以及非能源化原料的产业链不断延伸，煤炭产业非能化利用占比提升。

三是全球电力产业链在可再生能源高比例并网条件下，保障电网稳健安全面临的严峻挑战。电力产业链包含发、输、配、售、用五个环节，其中发电和售电可引入市场竞争，而输配环节具有自然垄断属性，各国普遍以政府垄断经营为主。随着可再生能源的发展，发电端多元化、市场化运营比例不断提升；用电端综合能源服务行业也在全球快速发展。2020年全球非水可再生能源发电占比达到了12%，IEA预测到2050年这一比例将超过60%。可再生能源具有波动性的特征，高比例可再生能源并网发电对电力产业发输配售用各个环节的灵活性与韧性都提出了挑战。提升智能化、灵活性和弹性，是电力产业链现代化发展的方向。电力价值链则主要体现在各生产过程的高效性和稳健性，这也意味着装备和软件水平决定着一国电

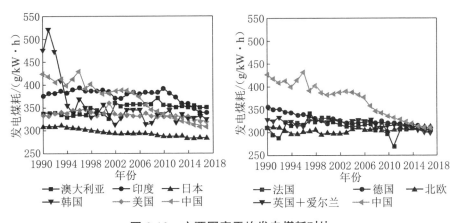

图 6.10　主要国家平均发电煤耗对比

资料来源：王倩等：《超（超）临界燃煤发电技术发展与展望》，《热力发电》2021 年第 2 期。

力产业链的国际竞争力。

　　四是全球可再生能源快速发展，带动能源产业链格局深刻变革。现有技术下，可实现大规模产业化应用的可再生能源主要包括太阳能、风能、水能、生物质能、海洋能、潮汐能、地热能等。IEA《可再生能源市场报告 2021》指出，2020 年全球可再生能源装机增长约 280 GW，比 2019 年增长 45%，占新增总量的 80%。分地区看，中国占比超 80% 以上；分品种看，风电占比超 90%。可再生能源主要应用场景为并网或离网发电，发电成本是决定可再生能源发展规模的核心因素。目前全球生物质、地热、水电、光伏和陆上风电都可实现平价发电，实际成本受资源条件、技术装备和运维技术影响差异较大。可再生能源发电的生产过程短，可以视为电力产业链的上游发电环节。但其自身产业链应包含装备制造、系统集成、工程建设和运维。这决定了可再生能源产业链形态接近装备制造业，即专业细分、全球化布局。从价值链的角度看，可再生能源产品高度标准化，国际竞争力与全球价值链定位很大程度上取决于核心技术装

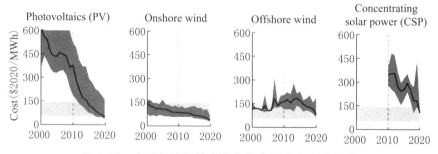

图 6.11　主要新能源技术发电机应用成本变化趋势

资料来源：IPCC AR6 WGIII。

备、软件系统及管理运营水平。

五是全球技术博弈加剧，能源产业基础创新能力亟待加强。能源竞争历来是国家战略的重要内容，可再生能源的发展有望突破资源约束，影响未来数十乃至数百年的国际格局，因而受到全球各国普遍关注，而新能源领域竞争的核心便是科技竞争。以中美竞争为例，近5年美国国会、政府及重要智库共发布450份对华政策文件和研究报告，以科技竞争和封锁为主题的占比过半，且逐年上升。其中，能源技术则是美国对华技术封锁管制的重点领域之一。我国关键技术、组件、装备和原材料面临国外"卡脖子"问题，如长期不解决，潜在风险将会随着可再生能源应用规模的扩大而迅速膨胀，威胁能源安全。

面向"两步走"战略目标和"双碳"目标，我国能源产业链现代化进程的加速将有利于抢占能源供需体系重构和颠覆性技术变革的机遇期，打造新型能源产业链的长板，成为全球产业链的中心节点区域；有利于补强传统能源产业链的短板，在推动主导能源供应

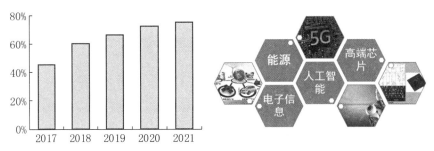

图 6.12　美国对华科技封锁管制政策数量及重点领域

资料来源：卢周来等：《美对华科技政策动向及我国应对策略》，《澎湃新闻》2021 年 7 月 14 日。

链坚强可靠的同时，打通从分割化到一体化的整合路径，逐渐向价值链高端升级，突破关键技术创新、打造多能协同的新兴能源产业链，强化网络韧性和弹性，从而为我国能源强国建设奠定坚实的产业基础。

二、我国能源产业链现代化水平现状与问题

对照能源强国的产业链现代化特征，我国能源强国建设已初具基础。但对比国际领先经济体，我国能源产业链完整性仍存结构性短板，供应链韧性不足，产业技术竞争力和基础创新能力不足，国际价值链分工以中低端为主等，对能源强国建设和经济社会高质量发展形成了掣肘。

一是产业链完整性较高，但存在结构性短板。完备的工业门类为能源产业链提供了完整的配套；而巨大的市场规模和多元化的自然地理特征，则推动了能源产业链的多元化发展。但仍存在明显的结构性短板。如光伏产业链上游部分关键原料和组件依赖进口，高端风电设备部分关键组件长期被国外企业垄断。此外，储能产业尚未实现大规模工业化应用，氢能、碳捕集封存和利用（CCUS）等技术尚未实现产业化发展，可再生能源装备回收处置等产业也待培育。关键技术、原料、装备和软件对外依赖导致"卡脖子"风险，需要针对性地重点突破。

二是供应链安全基本有保障，但韧性、弹性不足带来隐患。油气对外依赖大是我国能源供应链的主要问题，而储备体系不健全导

致吸收冲击能力不足。此外，部分新能源技术对外依赖较强，风险冲击将会随着可再生能源使用规模的提升而快速放大。不论从传统能源供给安全、能源供应链安全，以及技术安全的层面看，我国能源安全形势都较为严峻，供应链弹性、韧性亟待提高。

三是基础创新能力不足，高级化发展目标仍待实现。我国产出数量和研发投入领先，但还需在创新激励和产出质量上下功夫，着力提高创新成果服务工业实践的能力，以提升我国整体创新发展水平。

四是全球价值链分工仍以中低端为主。我国除部分石化产品外，能源产品出口规模较小，以中低端产品为主，高端产品进口依赖较高。能源装备制造业持续快速发展，但在高端技术、关键部件方面仍有缺口。从企业角度看，我国能源产业链的国际化水平远低于欧美日。

对比主要发达经济体，我国能源产业链的总体比较优势在于主导能源产供销体系完整，新能源产业链扩张迅速；能源技术配套产业和基础设施完备，新能源品种整机装备占据全球市场主要地位；具备支撑新兴能源发展的上游资源和矿产资源禀赋优势。但对标能源强国的产业链现代化特征，我国在从能源大国向能源强国转型过程中，产业链完整性仍存结构性短板，供应链韧性不足，产业技术竞争力和基础创新潜力较弱，国际价值链分工以中低端为主，对能源强国建设和经济社会高质量发展形成了掣肘。

分能源品种看，煤炭产业链规模大、完整性高，但高端化发展不足；油气供应链脆弱性和装备能力不足掣肘现代化发展；电力产业重硬件、轻软件，限制高比例可再生能源接入；新能源产业具备了现代化发展的基础，但结构性技术短板带来"卡脖子"风险，限制长期发展。

三、我国能源产业链现代化发展的定位与目标

以能源强国建设目标为指引，立足我国能源产业链比较优势，我国能源产业链现代化发展应瞄准成为引领全球能源产业链变革的战略中心节点，并以此作为长期定位。通过强化前沿科技创新力实现新兴能源技术产业的规模化扩张和结构性增长，构建起非化石能源全产业链优势。通过强化非化石能源与化石能源多能融合的关键技术创新，推动能源产业链的全面高端化，从根本上提升化石能源供应链韧性；深化能源产业链与信息产业链的深度耦合，打造数字化智能化大型综合能源系统的产业优势，引领全球碳中和变革。

以此为目标，结合能源强国建设目标对能源产业链的五方面要求，我国产业链的现代化发展可以分三阶段逐步推进：

第一阶段：优化传统化石能源压舱石作用，推动可再生能源获得突破式发展。

一是优化传统化石能源压舱石作用。优化煤炭利用，普及智能绿色开采技术，回采率达到国际先进水平；煤炭柔性、韧性产运销体系建立完善；新型煤化工优化发展，高端产品规模化供给能力提升。强化油气保供，增加石油供应来源、拓宽供应渠道，推广数字

化智能化开采提升采收率至国际先进水平，非常规油气实现规模化开采；战略石油储备达到 90 天安全水平。提升天然气在一次能源结构中的地位，大幅增加天然气装机容量，优化机组结构，合理提升调峰比例；加强 LNG 进口渠道建设，加快东部沿海接收和储存设施建设，加快管道和储存体系建设，优化布局适应电力调峰需要。电力产业链上游高效燃煤关键技术和组件自主可控，并在新建、改建机组全面推广应用。电力市场改革基本完成，形成科学合理、灵活高效的价格体系。

二是新能源产业链取得突破，提供发展增量。可再生能源关键技术装备自主可控，基本突破"卡脖子"技术限制；储能产业在分布式、发电端耦合等应用场景实现规模化发展；氢能产业具备从生产、储运到终端应用的完整产业链，培育若干具有国际竞争力的产业链一体化龙头企业；培育 CCUS 与工业、化石能源产业协同的规模化应用试点，走通产业化应用的技术和市场路径；装备回收利用产业制度框架和市场机制形成，装备回收处置再利用体系初步形成；综合能源管理与节能服务产业实现工业、商业、园区等多应用场景下加速规模化发展。

三是现代化能源运行管理的体制机制突破发展。政产学研一体化创新平台建立完善；形成统一开放、竞争有序的能源市场体系，全国统一的电力、天然气、排放权、可再生能源配额，以及油气管输能力交易市场建立完善；绿色金融产品和模式多元化发展；推进对外能源投资体系化。

第二阶段：推进化石能源产业链深度优化转型，可再生能源产业链全面加速发展。

一是传统化石能源产业链深度优化转型。煤炭产业全面推行数字化智能化勘探开采和柔性生产；高效燃煤技术全面普及，超超临界及以机组实现全覆盖，燃煤机组灵活调峰改造全面完成。石油和煤化工"非能化、高端化"转型，提升高附加值、高品质精细化工产品供给，品质性能达到国际先进；煤制油对常规成品油具有成本竞争力，形成规模化替代；生产能耗、水耗和产品品质达到国际先进水平。天然气灵活调峰能力进一步加强。CCUS 实现产业化、规模化、普及化发展，化石能源应用项目配备 CCUS 成为"标配"，生态碳汇和 CCUS 合计消纳碳排放达到 40 亿吨水平，二氧化碳经济利用规模化发展。

二是可再生能源产业链全面加速发展。核心技术装备实现高端化发展，技术指标和系统应用水平达到国际领先；储能产业在各种应用场景全面推广；氢能实现规模化、产业化应用，在终端能源消费结构中占比明显提升；装备回收处置产业发展成熟，可再生能源装备实现全面回收和梯级再利用，生产成本和全产业链碳足迹大幅降低；综合能源服务产业多元化、规模化发展，与分布式能源、储能、电网等产业深度交互耦合，推动智能电网和能源互联网全面发展。

三是现代化能源运行管理体制机制发展成熟。能源市场高效健康运行，电力、油气、可再生能源以及管输定价机制优化发展，推动资源优化配置和灵活调整，培育综合能源服务等多元化、市场化产业；绿色金融产品、模式和标准体系形成国际影响力；可再生能源全球产业链整合能力持续提升，达到国际领先水平，推动对外能源投资规模快速增长。

第三阶段：能源产业链在充分满足国内能源需求、推动绿色低碳转型的基础上，进一步提升国际竞争力，引领全球能源发展和低碳转型。

一是传统化石能源基本完成非能化转型，产品在国际市场竞争力领先。保留基本保障性装机及调峰装机；煤炭和石油回归原料属性，煤化工及石油化工高端产品占据国际市场领先地位；CCUS 产业进一步规模化、高端化发展，业务范围拓展至能源与工业领域全覆盖。

二是可再生能源实现全链条高端化发展。推动核心技术和装备高端化，具备国际市场领先的竞争力；储能产业实现市场化、多元化发展，培育创新业务体系；氢能产业进一步扩大规模化应用范围，在交通、工业领域成为主要终端能源之一；综合能源服务高端化发展，工业、建筑等多场景能源管理和电网交互软件系统领先全球。

三是能源运行管理体制机制持续高效发挥作用，引领全球能源转型和产业链协同发展。能源科技创新体系高效运行，创新能力和技术储备达到国际领先水平，支撑能源自主；政策与市场高效协同，国内能源市场价格对国际市场形成积极引领；可再生能源对外投资与国际合作全面升级，推动全球产业链协同发展，引领全球能源转型。

四、提升我国能源产业链现代化水平的举措

产业链的现代化，是指应用先进科学技术、组织模式和经营理念于产品生产和服务全过程，提升产业链各环节技术水平、推动产业链形态变革，使整体运行效率到达世界先进水平。[①] 新技术带来生产方式的变革，改变了投入产出结构，进而带动产业链上下游环节和配套体系相应变革。科学高效的产业链不仅需要在物理形态上适应关键技术的发展趋势，加快技术转化应用；在价值形态上也需理顺机制，使创新投入与创新收益相匹配，提升创新动力。

化石能源绿色高效开发利用、非化石能源多能互补规模化发展、多种能源协同耦合高端化发展，以及构建数字化智能化大型综合能源系统，是新时期我国能源技术发展的主要方向，多能融合是其中共同的主线。但长期以来我国煤、油、气、电等各个能源系统独立优化运行的产业链结构，无法适应多能融合的发展趋势，阻碍了关键技术的转化应用，削弱了创新动能。多能融合存在产品替代（如煤制油）、工艺耦合（如绿氢与煤化工耦合）、多能互补（如化石能源与可再生能源发电互补），以及基于数字化智能化技术构建大型综合能源系统（如智能电网整合可再生能源、储能、氢能、电动车等）等多种模式，不同的模式对产业链的重构提出了不同的要求。以技

---

① 黄汉权：《聚焦四大发力点 打好产业链现代化攻坚战》，《经济日报》2020 年 2 月 13 日。作者为国家发改委宏观经济研究院产业经济与技术经济研究所所长。

术融合带动产业链融合，通过工艺流程再造、配套体系优化、市场渠道整合、空间布局调整，以及管理运行体制机制改革，有助于促进能源产运储销各环节之间、多种能源品种之间、多种资源利用方式之间，以及能源产业与其他产业之间的耦合互补，实现协同优化。

从关键技术的发展要求出发，对照能源强国建设目标，我国能源产业链需要结合现代化水平的问题与短板，针对性地进行优化，推动变革和转型。

（1）化石能源高效协同开发利用

化石能源仍将长期作为主要能源，承担着能源基础保障的作用。保障供应稳定、提升全产业链开发利用效率，是化石能源产业链现代化发展的核心要求。我国"富煤贫油少气"的资源禀赋特征下，提升资源开采效率、开发非常规资源，以及实现煤炭转化替代，是保障能源安全、实现绿色高效利用的主要技术手段。

一是鼓励煤炭和油气上游勘探开采产业与信息技术产业的深度耦合，加快推广煤炭和石油天然气数字化智能化勘探开采技术。研发数字化智能化勘探开采技术，完善管理运营系统并加快推广，提升资源开采效率达到国际先进水平。

二是加快煤炭全产业链信息化转型，构建柔性韧性产运储销体系。建立完善生产、销售、运输和消费信息平台，实现煤炭开发、运输、销售全产业链信息联动。建立煤炭产能弹性管理机制，满足煤炭订单式的生产需求；推动智慧物流，充分挖掘现有铁路通道煤运能力，按照抓长协、优结构、增比重、散改集的整体思路加强煤炭运输组织，同时优化港口布局，提升港口转运衔接能力；利用基础较好的大型现代化矿井、大型露天煤矿、消费集中地、运输枢纽等地进行试点，打造政府可调度、运营市场化的煤炭多元储备体系；强化数据监测、分析和预警，建立煤炭应急保障机制。

三是优化市场机制，推动天然气储运调峰基础设施加快建设完善。随着可再生能源并网比例不断提升，对于天然气调峰，进而对储备需求也将迅速提升。在市场机制上，加快完善调峰电价和调峰气价；在建设模式上构建地下储气库和 LNG 接收站为主，LNG 调峰站及管网互联互通为辅的多层次储备体系；在区域布局上增加东南用电负荷中心的管网和储备设施；在运营激励上试点推广天然气管道掺氢输送等，有助于提升管网和储备体系建设经济性，加快建设进程。

四是完善天然气管输体系市场化运行和共建共享机制，降低非常规油气外输成本。推动煤炭与天然气企业共建共用天然气管输设

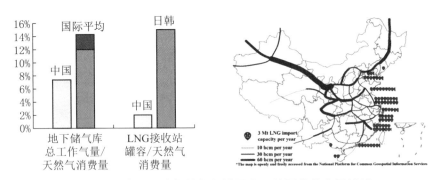

图 6.13　我国天然气储备规模及主干管网优化布局模拟

资料来源：Li et al., "Modeling and Optimization of a Natural Gas Supply System at a Transient Stage: a Case Study of China", *BMC Energy*, Vol. 1, No. 9, 2019。

施，细化自建管网与现有管网对接制度，加快完善天然气管输市场机制和价格体系，推广大用户直购和异地置换输气等灵活市场机制。加快发展煤气共采、富油煤开采、煤炭原位气化，以及页岩气等非常规油气开采技术，优化煤制油、气技术，降低成本，持续完善外输渠道基础设施和运行机制。

五是发展新型煤化工，实现与石油化工耦合互补，清洁高效利用。新型煤化工可实现对煤基油气和化工原料对石油产品的替代，但面临产品经济性以及绿色性两方面的挑战。针对经济性问题，一方面引导企业积极发展煤基特种燃料、煤基生物可降解材料等精加工产品，增加高值化学品生产比例，加强对价格冲击的抵抗力；另一方面要推动油气储运和销售渠道共建共享，降低市场壁垒，优化天然气管输能力市场化改革，降低煤制油、气外送成本。针对绿色性问题，要引导煤化工企业流程再造，通过可再生能源、石油化工企业深度合作，通过合作共建、交互参股、区域集聚等方式，推动煤化工与可再生能源制氢、供能，以及生产工艺的耦合内嵌。

六是上下游协同，加快培育 CCUS 产业化发展。在碳中和目标下，我国能源系统不仅要实现大幅度的减排，还需要通过 CCUS 消纳二氧化碳排放量。目前 CCUS 技术成本较高，主要原因在于现有化石燃料燃烧和工业过程增加碳捕集会对能效造成明显影响，且增加碳捕集设施改造成本较高。此外，低成本封存技术和封存空间尚不完善，CO_2 经济化利用路径较少，目前主要为石油开采环节驱油，以及生物质燃料生产等。需从源头入手，加快研发推广超临界水蒸煤技术、煤化工耦合绿氢等兼容 CCS 的新型清洁利用技术，实现 CO_2 资源化利用；同时加快捕集技术和装备的研发推广，依托新增化石能源建设项目开展碳捕集耦合技术试点。推广煤炭开采新工艺工法，增加地下碳储存空间，规划布局储、运、封存基础设施。完善 CCUS 建设政策支持与标准规范体系，研究 CCUS 纳入全国碳市场，提供经济激励引导产业链上下游协同推进。

（2）非化石能源多能互补规模发展

在双碳目标下，以可再生能源为主的非化石能源需要在我国长期能源结构转型中占据核心地位。但可再生能源具有波动性、随机性、间歇性等特征，需要通过多层次的多能互补技术，保障能源系统整体的平稳和安全。关键技术包括多种可再生能源的互补，可再生能源与化石能源的协同，可再生能源与氢能、储能等辅助支撑技术的耦合等。

一是构建多层次可再生能源多能互补体系，优化可再生能源发展模式。坚持集中式与分布式并举、陆上与海上并举、就地消纳与外送消纳并举、单品种开发与多品种互补并举、单一场景与综合场景并举、发电利用与非电利用并举。重点推广可再生能源并网前端实现多能协同。鼓励研发可再生能源多场景互补下的智能化控制系统平台，优化协同效率。

二是多产业协同，推动氢能产业加快发展。我国氢能产业链下游发展滞后，储运技术和设施体系不健全，以及氢能与其他能源多能耦合互补的技术发展相对滞后。氢能产业上中下游涉及多个能源行业，如上游制备技术以煤化工制氢为主，下游应用涉及电力、燃气及交通部门，中游储运体系建设则投入需求巨大，需要构建跨产业协同推进的机制。鼓励以煤化工、可再生能源、核电企业为主导，合作开展绿氢制备，建设储运体系。推动天然气管输和储备设施掺氢的技术应用和推广，鼓励利用现有加油站增设加氢设施，实现储运体系优化协同。在公共交通、特种交通工具、公共服务用车等交通场景推广氢能；加快试点建设分布式可再生能源—氢能的综合能源系统。

三是优化价格机制、拓展多元场景，加快发展大容量新型储能产业。随着可再生能源接入比例提高，电网对短时、中长时储能的需求不断增高。2020 年我国储能电池出货 3.8 GWh，而国内消费仅占 18%。"内需不足"主要来自大容量技术发展不成熟、储能成本较高的限制。通过财税和产业政策引导电力、新能源车等拥有技术条件的龙头企业"跨界"大容量储能产业；加快电价机制改革，拉大峰谷电价差、完善储能容量电价等机制。推广分布式储能与分布式电源耦合，发展区块链共享储能技术，协同提高电网对分布式可再生能源的接纳，提升储能利用效率，降低成本。

（3）构建数字化智能化大型综合能源系统

电力系统是未来能源系统的中枢，是统筹源网荷储、集成多能融合、实现供需交互的平台。强化调峰能力、优化多能互补、完善智能调度，是提升可再生能源消纳能力、保障电力系统稳健高效的关键技术路径。

一是优化电价机制，加快发电调峰能力建设。深化电价体制机制改革，根据不同调峰特性拉大调峰电价梯度，提升调峰能力建设的激励强度。因地制宜优化推进煤电灵活调峰改造，结合机组经济和技术条件，因地制宜优化转型路径。山东、内蒙古、山西等省区服役时间长、效率低、盈利差的煤电机组优先退役；东部沿海大规模、运行年限短的机组，积极推动煤电灵活性改造。优化规划布局，合理适度增加天然气调峰机组建设，加快完善天然气储运基础设施体系。

二是深度统筹能流和信息流，以智能电网为中枢构建大型综合能源集成系统，培育综合能源管理和节能服务产业。优化供给端精确预测，发展智能化调度高效优化算法，提升调度软件和系统水平，实现高比例可再生能源并网条件下的主动支撑和智能优化，提升电网调度自动化、智能化水平，保障电力安全性和经济性。以智能电网为中枢平台，统筹推进源网荷储协调发展，协调电、储、氢等复合能流优化运行及智慧运维，优化新型储能、电动车灵活充放电（V2G）系统，培育综合能源管理等多元化服务产业。

目前，我国电力供需预测技术、电网调度底层算法和软件系统水平与先进国家相比均存在较大的差距，新型储能、V2G 等与电网统筹较低，综合能源管理等产业培育滞后。电力体系开发度，以及信息透明度较低，抑制了跨行业的合作与市场化业务的发展。但同时，我国在人工智能软件开发方面，已经具备了较强的国际竞争力。推动信息披露，明确披露规范，提升市场透明度，吸引行业外企业跨界参与基础算法和软件的开发，引导电网企业与互联网企业开展合作，推动相关配套技术和软件系统的现代化水平；加快电力市场改革，在配电端引入市场竞争，明确技术规范和标准体系。优化储能、分布式能源系统与电网交互统筹，培育市场化能源综合服务。

（4）开拓能源合作新模式，提升产业链全球竞争力

一是进一步引导企业参与能源装备国际贸易，鼓励海外能源项目投资，加强全球资源整合能力。我国对外能源投资迅速增长，2020年在其他门类对外投资普遍下跌的背景下，我国电力、热力、燃气及水生产和供应业对外非金融类直接投资额27.8亿美元，同比增加10.3%。作为全球最大的可再生能源技术研发国之一，我国近年来持续深化可再生能源领域国际合作，水电业务遍及全球多个国家和地区，光伏产业为全球市场供应了超过70%的组件，"一带一路"沿线国家和地区需求增长尤其可观。可进一步鼓励多元企业参与国际能源投资，优化全球能源合作。

二是发挥中国能源、贸易与航运的规模集聚优势，打造隐含能源贸易新中枢。在全球化程度加深的背景下，部分能源隐含于全球生产网络和贸易网络中进行二次分配，即能源通过各类跨国贸易活动发生转移，用来满足其他国家的最终需求，为全球提供高能耗的商品服务。中国隐含能源贸易主要表现为隐含能源净出口，2015年中国隐含能源净出口量突破100 Mtoe（百万吨标准油），相当于2015年中国1/4的油气进口量。随着能源结构的清洁化，油气资源将更多的脱离动力系统，而以原材料的形式投入。作为全球隐含能

源贸易网络中关键的节点国家，中国隐含能源的全球贸易关系将在低碳经济时代持续强化。中国可依托传统贸易以及航运优势，扩大与全球能源互动范围，深化能源高质量互联互通，从传统能源贸易到隐含能源贸易，充分发挥集聚优势，打造全球"能源中枢"的功能，逐步重塑多元化的全球能源格局。

第七章 "双碳"目标下的产业和区域协同发展战略

实现"双碳"目标是一场广泛而深刻的经济社会系统性变革，需要各行业、各部门、各区域协同合力。为此，不仅要做好科学规划、统筹落实，更需要优化体制机制，有效引导多方协同。

2022年1月24日，习近平总书记主持十九届中央政治局第三十六次集体学习，就努力实现碳达峰碳中和目标作了重要讲话。在论述做好"双碳"工作需要处理好四对关系时，他强调："既要增强全国一盘棋意识，加强政策措施的衔接协调，确保形成合力；又要充分考虑区域资源分布和产业分工的客观现实，研究确定各地产业结构调整方向和'双碳'行动方案，不搞齐步走、'一刀切'。"

在行业维度，一方面要推动传统产业优化升级，加快工业革新和数字化转型，实现节能减排提效；另一方面要紧紧抓住新一轮科技革命和产业变革的机遇，推动新兴技术与绿色低碳产业深度融合，改变生产方式。要结合当前和未来我国各阶段实际发展需要和现实条件，科学研判产业转型发展的趋势、路径，合理规划减排目标，实现经济发展和绿色转型的协同共进。

在区域维度，则需要在保障国家总体"双碳"战略目标有效落实的基础上，充分认识区域发展阶段、产业转型、资源禀赋的差异化特征，推演产业转型的动态演化路径，综合考虑减碳脱碳的经济成本和社会福利损失，科学合理安排区域减排目标和实现路径。要建立市场化机制，优化区域间交叉补偿，引导产业和政策主动协同。

第一节　科学规划传统高碳产业减排转型路径

能耗与排放具有内在关联，但随着能源结构的持续转型，两者的背离也逐步显现。逐步从能耗双控向碳排放双控转型是优化排放管理的重要举措，但同时也受到不同行业排放特征、转型趋势、数据基础以及管理体制机制的影响。

本节拟结合行业特征分析与宏观经济模型，梳理电力、钢铁、石化、有色等重点产业排放特征、低碳技术、减排成本，分析重点行业能耗排放优化路径，研究能耗和排放双控政策的现实条件和实施要求，提出协同与衔接的过渡方案。

一、碳市场机制下传统产业减排路径模拟

依托全国细分行业可计算一般均衡（CGE）模型，模拟各行业

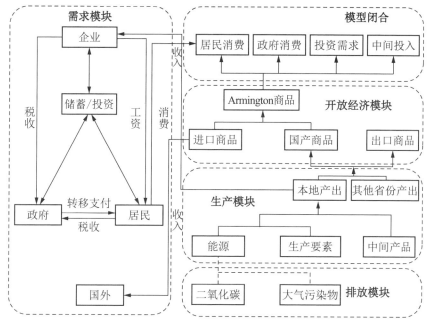

图 7.1 CGE 模型结构

在碳达峰情境下的排放路径，为行业排放总量和强度目标设定基准。CGE 模型以瓦尔拉斯一般均衡理论为基础，通过各部门之间的联系将外生冲击在经济体的各个部门间进行传导，能够更加全面的分析政策的实施对各个部门乃经济体的影响。以此为基础，模拟和评估不同排放管理政策下的经济增长与社会福利变化，提出减排目标设定和管理机制优化方案。

CGE 模型构建基于《中国地区投入产出表——2017》，该数据集囊括了全国 31 个省级行政区划单位的投入产出关系。同时，本章碳排放数据来自中国碳核算数据库（CEADs）所提供的《2017 年 30 个省份排放清单》。需要指出的是，此处仿真模型重点考虑化石燃料燃烧所产生的二氧化碳排放，未考虑工业过程以及农业和土地利用改变造成的碳排放，也未考虑碳汇和CCS等负碳技术和政策，同时未将其他温室气体排放纳入模型中。

模型分别模拟了自然增长（BAU）情景和碳达峰（PEAK）情景，其中碳达峰情景假定利用排放总量约束和碳交易，实现排放配额在行业间的优化配置。BAU情景则主要作为对照组出现，模拟不存在碳市场时的情况（表7.1）。

表 7.1　情景设定

情景	覆盖部门
BAU	无
ETS	电力部门

从全国范围来看，碳市场的设立显著降低了碳排放水平，有效降低了2030年碳达峰时的最高排放量。在碳市场情境下，由于生产部门必须为产生的碳排放匹配相应数量的配额，因此配额数量的分配在很大程度上就决定了当年的排放水平。在本小节的情景设定中，纳入碳市场的部门为能源消耗及排放的重点行业，因此全国碳排放水平在碳市场情景下实现了良好的控制。以2030年为例，在ETS情景下，碳排放峰值为110.13亿吨，较基准情景下降13.1亿吨，减排幅度超过10%。

从行业层面来看，我们发现碳市场对于排放的限制并未使经济付出过高的代价。研究发现，行业总产出水平并未由于碳市场的引入而发生显著改变，建材行业的产出变化水平在样本期始终低于

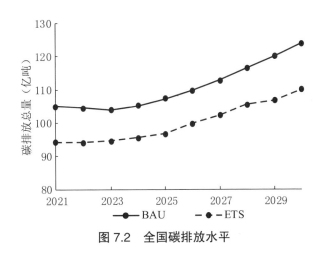

图 7.2 全国碳排放水平

1%，钢铁 / 有色和化工业的产出下降水平在 2% 左右，电力部门的产出下降规模在 5% 左右。

相比于产出规模的缩减，碳减排水平则在更高水平上得以实现。图 7.4 中不难发现，重点行业的碳排放水平均出现了显著下降，减排幅度均高于甚至若干倍于产出下降幅度。以 2030 年数据为例，化工、钢铁 / 有色、电力和建材行业的减排幅度分别为 4.9%、12.9%、17.9% 和 3.2%，分别 1.88、9.90、2.8 和 8.37 倍于产出变动幅度。

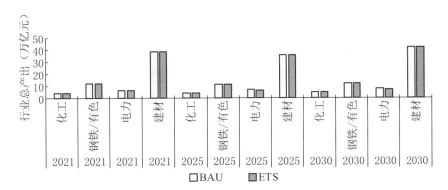

图 7.3 部门产出水平比较

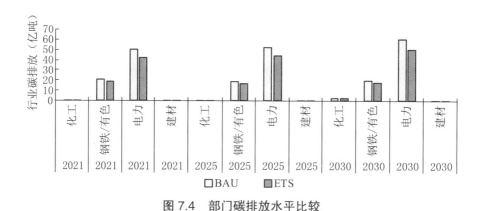

图 7.4　部门碳排放水平比较

因此，我们认为碳市场作为市场型减排政策工具的重要手段充分发挥了其优势，能够以更小的经济代价实现更高水平的减排目标，自由流动的碳配额成为调节部门产出，帮助资本向利润率更高部门转移、逐步淘汰落后部门的重要手段，碳市场的有效性在我们的分析中得到了证实。

　　在碳排放强度方面，重点行业的碳排放强度也实现了良好的控制。图 7.5 展示了重点行业在碳市场情景下排放强度下降情况，重点行业碳排放强度下降幅度随着碳市场的确立而逐步提高，逐步从 2021 年的 12.5% 提高至 2030 年的 15.2%，从而进一步确认了碳市场的有效性。

　　从碳减排的实现方式来看，一是碳排放强度的下降，二是产出水平的减少。相比行政型减排政策，市场型减排政策的优势在于能够通过给予碳排放权价格的方式激励控排企业通过技术创新的方式实现减排目标，而非通过减产的方式完成行政命令。目前，我国仍处于经济发展的关键阶段，部门产出规模的扩张是经济发展的必要

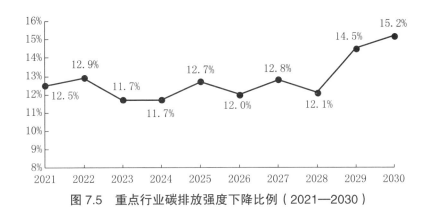

图 7.5　重点行业碳排放强度下降比例（2021—2030）

条件，因此，为最大化避免排放约束对于经济发展所产生的不利影响，应更多采用市场型减排政策鼓励节能增效、技术创新，避免通过减产而实现的虚假减排。考虑到这一因素，我们认为在未来的碳市场设计中，除总量控制外，产出的强度管控同样应纳入管理范围，以鼓励技术创新型减排，规避减产所产生的不利影响。

整体而言，CGE 模型可以较为可靠地模拟碳排放路径，对行业间碳排放水平和碳排放强度的变化进行有效模拟。但是模型本身仍存在一些不足，例如大量替代弹性需要估算、技术进步率需要外生假定等，因此对于模型结果的解释不应过于注重具体的模拟数值，而应重点关注结果的趋势性变化。

二、能耗"双控"向排放"双控"转型的方法与路径

能耗双控是指实行能源消耗总量和强度"双控"行动。我国从"十一五"开始实行能耗强度控制，从"十三五"开始正式实施能耗双控。能耗双控制度作为我国节能工作的核心制度，推动了能源利

用效率大幅提升，减缓了能源消费增速。2012—2021年，我国单位GDP能耗累计降低26.4%，年均下降3.3%，相当于节约和少用14亿吨标准煤，对经济转型发展起到了积极推动作用。

碳排放双控是指实行碳排放总量和强度"双控"行动。2009年哥本哈根气候大会中国政府对外宣布了碳强度下降目标，即到2020年，我国单位国内生产总值（GDP）二氧化碳排放量（下称"碳强度"）比2005年下降40%—45%。2011年，国务院发布了《"十二五"控制温室气体排放工作方案》，提出要围绕到2015年全国单位国内生产总值二氧化碳排放比2010年下降17%的目标来开展节能降耗与能源结构的相关工作。2011年10月国家发展改革委办公厅发布了《关于开展碳排放权交易试点工作的通知》，试点碳市场地区的重点单位需要报告碳排放数据并清缴碳排放配额，是针对二氧化碳排放量的市场型管理措施。2020年9月，中国国家主席习近平在联合国大会上提出了"二氧化碳排放力争于2030年前达到峰值，争取在2060年前实现碳中和"的目标，我国碳排放管理目标的重要性得到进一步提升。2021年中央经济工作会议中首次提出"创造条件尽早实现能耗双控向碳排放总量和强度双控转变"，能耗双控制度在"十四五"以来期间得到进一步完善，用以加强其与碳达峰、碳中和目标任务的衔接。主要变化包括强化能耗强度降低约束性指标管理，有效增强能源消费总量管理弹性，新增可再生能源和原料用能不纳入考核。在排除可再生能源后，能源消费总量管理与碳排放总量管理有了高度的协同性。

2023年7月审议通过的《关于推动能耗双控逐步转向碳排放双

控的意见》标志着能耗双控正式转向碳排放双控。碳排放双控和能耗双控存在明显联系。首先，两者均形成了对于化石燃料使用的约束。目前，我国碳排放的主要来源仍是化石能源使用，因此能源消耗量的限制可以在很大程度上限制碳排放量。其次，两者均旨在推进绿色转型。节能增效是解决环境问题的重要抓手，推动低碳发展的有效途径，实行碳排放双控，是破解环境约束、应对气候变化、实现绿色转型的关键一招。

表 7.2　能耗双控制度发展历程

时　间	政策文件	政策内容
2006 年 3 月	《中华人民共和国国民经济和社会发展第十一个五年规划纲要》	首次提出单位 GDP 能耗降低 20% 的约束性目标。
2011 年 3 月	《中华人民共和国国民经济和社会发展第十二个五年规划纲要》	提出能源消费总量 40 亿吨标准煤的预期性目标；提出单位 GDP 能耗降低 16% 的约束性目标。
2013 年 1 月	《能源发展"十二五"规划》	明确提出"实施能源消费强度和消费总量双控"的原则和目标；首次提出"合理控制能源消费总量"的要求。
2016 年 3 月	《中华人民共和国国民经济和社会发展第十三个五年规划纲要》	明确能源消费总量控制在 50 亿吨标准煤以内；单位 GDP 能耗降低 15% 的约束性目标。
2017 年 1 月	《能源发展"十三五"规划》	将能耗双控作为经济社会发展的重要约束性指标，建立指标分解落实机制；要求每季度发布能耗双控"晴雨表"，对各地目标完成情况进行严格考核。

续表

时　间	政策文件	政策内容
2021年3月	《中华人民共和国国民经济和社会发展第十四个五年规划和2035年远景目标纲要》	"十四五"期间单位GDP能耗降低13.5%； 二氧化碳排放降低18%； 非化石能源占能源消费总量比重提高到20%左右的新要求。
2021年9月	《完善能源消费强度和总量双控制度方案》	提出继续将能耗强度降低作为约束性指标； 对能源消费总量目标实行约束性目标与激励目标两个等级的弹性管理，并在指标分解时充分考虑各地区的差异性，即对能源利用效率较高、发展较快的地区适度倾斜，同时推行用能指标市场化交易。
2021年10月	《2030年前碳达峰行动方案》	2030年，非化石能源消费比重达到25%左右，单位国内生产总值二氧化碳排放比2005年下降65%以上，顺利实现2030年前碳达峰目标。
2021年12月	《"十四五"节能减排综合工作方案》	对各行业提出了加强能耗双控与污染物总量控制，实现节能降碳减污协同增效的要求。
2022年3月	《2022年国务院政府工作报告》	提出新增可再生能源和原料用能不纳入能源消费总量控制。

（一）碳排放双控与能耗双控的机制异同

能源消费总量是指生产和生活所消费的一次能源或二次能源的总和，二氧化碳排放总量是指化石能源燃烧活动、工业生产过程产生的二氧化碳排放。由于碳排放的主要来源是化石能源使用过程，且目前我国能源消费的主体仍是化石能源，因此限制能源消费量也将较大程度上限制碳排放量。但二者也存在差异：（1）最初的能源双控对非化石能源消费也有限制，而碳排放双控对不产生碳排放的非化石能源消费没有限制；（2）能耗双控仅考虑不同化石能源的热值差异，碳排放双控还考虑不同化石能源的碳排放因子差异；（3）碳排放双控对非能源活动（如水泥熟料生产等）也有限制，但能耗双控则没有，能耗双控更局限于能源密集型产业，碳排放双控则能够覆盖更多领域；（4）能耗双控可以更多地采用能效标准和节能补贴，而碳排放双控会更多使用碳税和碳交易等市场机制，标志着治理方式从行政命令型向市场型转变。

能耗双控的优势在于执行简便高效，但由于不区分用能类型，在限制化石能源使用的同时也限制了可再生能源的发展。此外，关于能源消费总量的预期性目标管理存在缺乏弹性的问题，2021年国家发展改革委对部分省区能耗强度、消费总量发出"红灯"预警后，部分地区为了竞争性完成能耗双控指标，甚至出现了通过"一刀切"式停产限产等错误方式管理排放的问题，煤炭、电力等行业短期供给不足，对经济社会正常运行造成较大冲击。

碳排放双控有利于统筹经济发展和减排目标，统筹能源安全和转型。我国正处于现代化建设过程中，人均能源消费与发达国家相比有差距，根据《BP世界能源统计年鉴》，我国2021年人均用能水平是G7国家平均水平的59.8%，能源消费预期在未来将进一步增长以满足经济社会发展的合理用能需求。

从能耗双控转向碳排放双控，具有以下几方面的优势：

（1）允许地方和企业更多依靠非化石能源满足新增用能需求，

提升推进能源转型的内在动力；

（2）破解重大项目落地能耗指标制约，为经济增长提供更多用能空间；

（3）可再生能源丰沛地区可依托新增可再生能源项目，在不增加碳排放的情况下大力发展能耗强度低的优质项目，促进相关产业发展；

（4）促进我国的碳减排行动与国际接轨，推动我国关键低碳技术的创新与应用；

（5）原料用能不纳入能源消费总量控制，将更好地保障我国石化化工等重要项目合理用能需求，为产业结构转型升级赋能；

（6）相比于能耗双控，碳排放双控直接针对碳排放，更加直接地有助于实现气候目标。

（二）落实排放双控的机制要求

碳排放双控政策的科学制定需要强有力的碳排放统计支撑。我国已经开展多年的碳排放统计和核算工作，初步建立了碳排放核算方法。

（1）省级层面碳排放核算：国家发展和改革委员会于 2010 年组织有关部门和研究单位以 IPCC 清单指南基础，编制出《省级温室气体排放清单编制指南（试行）》，并在广东、湖北、天津等七个省市进行试点编制，为地方制定温室气体控制方案和达峰路径设计提供了技术支持。在省级清单编制过程中，电力行业的碳排放是最主要的排放源，考虑电力生产和消费存在区域性的差异，基于区域间公平的思考，省级清单指南中特别增加了与电力调入调出有关的二氧化碳排放量计算方法。电力调入调出产生的温室气体排放是省级温室气体排放重要的信息内容，对一个地区制定碳减排政策和措施具有明确的指导意义。

（2）企业层面碳排放核算：2013年，国家发展和改革委员会出台了首批十个行业的企业温室气体排放核算方法与报告指南并开始试行，之后又于2014年年尾以及2015年中分别出台了第二批总共四个行业和第三批总共十个行业的企业温室气体排放核算方法与报告指南。先后总共公布的二十四个行业的企业指南，主要供开展碳排放权交易、建立企业温室气体排放报告制度等相关工作参考使用。2021年全国碳市场正式启动前，生态环境部制定了《企业温室气体排放报告核查指南（试行）》；并在全国碳市场开展一年多后，总结经验，于2022年年末进一步推出了针对电力行业的《企业温室气体排放核算与报告指南 发电设施》与《企业温室气体排放核查技术指南 发电设施》管理办法。此外，为了促进可再生能源电力交易与碳市场的衔接，截至2023年6月，北京、天津、上海试点碳市场陆续推出了将控排企业外购绿电排放因子调整为0的政策。

表7.3 分行业温室气体排放核算方法与报告指南

批次	行业指南名称
第一批	《中国发电企业温室气体排放核算方法与报告指南（试行）》
	《中国电网企业温室气体排放核算方法与报告指南（试行）》
	《中国钢铁生产企业温室气体排放核算方法与报告指南（试行）》
	《中国化工生产企业温室气体排放核算方法与报告指南（试行）》
	《中国电解铝生产企业温室气体排放核算方法与报告指南（试行）》

批次	行业指南名称
第一批	《中国发电企业温室气体排放核算方法与报告指南（试行）》
	《中国电网企业温室气体排放核算方法与报告指南（试行）》
	《中国钢铁生产企业温室气体排放核算方法与报告指南（试行）》
	《中国化工生产企业温室气体排放核算方法与报告指南（试行）》
	《中国电解铝生产企业温室气体排放核算方法与报告指南（试行）》
	《中国镁冶炼企业温室气体排放核算方法与报告指南（试行）》
	《中国平板玻璃生产企业温室气体排放核算方法与报告指南（试行）》
	《中国水泥生产企业温室气体排放核算方法与报告指南（试行）》
	《中国陶瓷生产企业温室气体排放核算方法与报告指南（试行）》
	《中国民航企业温室气体排放核算方法与报告格式指南（试行）》
第二批	《中国石油和天然气生产企业温室气体排放核算方法与报告指南（试行）》
	《中国石油化工企业温室气体排放核算方法与报告指南（试行）》
	《中国独立焦化企业温室气体排放核算方法与报告指南（试行）》
	《中国煤炭生产企业温室气体排放核算方法与报告指南（试行）》
第三批	《造纸和纸制品生产企业温室气体排放核算方法与报告指南（试行）》
	《其他有色金属冶炼和压延加工业企业温室气体排放核算方法与报告指南（试行）》
	《电子设备制造企业温室气体排放核算方法与报告指南（试行）》
	《机械设备制造企业温室气体排放核算方法与报告指南（试行）》
	《矿山企业温室气体排放核算方法与报告指南（试行）》
	《食品、烟草及酒、饮料和精制茶企业温室气体排放核算方法与报告指南（试行）》
	《公共建筑运营单位（企业）温室气体排放核算方法和报告指南（试行）》
	《陆上交通运输企业温室气体排放核算方法与报告指南（试行）》
	《氟化工企业温室气体排放核算方法与报告指南（试行）》
	《工业其他行业企业温室气体排放核算方法与报告指南（试行）》

（三）逐步过渡的路径与方法

能源双控与碳排放双控考核可能在一定时间内并存。在 2030 年前为过渡阶段，可以仍以能源双控为主，严格考核能源消耗强度，对能源消费量进行有弹性的管理。与此同时，逐步完善碳排放双控制度，制定二氧化碳减排分行业、分地区的减排路线图，完善排放统计方法与指标分解。2030 年实现碳达峰之后，以二氧化碳减排政策为主。具体来说，过渡阶段可以推进以下几方面的工作：

（1）进一步完善能耗"双控"制度。按照相关政策规定，结合各地用能需求，在对新增可再生能源和原料用能部分的能耗抵扣后，优化各省能源消费总量和强度指标分解下达；尽快出台新增可再生能源消费量不纳入能源消费总量控制的实施细则；明确新增核电消费量在能源消费总量和强度控制中的考核导向；建立用能权交易机制和交易平台。

（2）完善碳排放双控核算体系与相关管理制度。结合经济形势的变化、能源供应形势等，对碳排放总量和强度目标进行调控，加强全国碳市场建设，提高行业覆盖面与调控力度；统筹考虑各地在碳排放总量和强度指标等方面的差异，对各省区制定差异化的碳排放双控实施方案，积极稳妥推进碳达峰碳中和。

（3）完善清洁能源跨省配置的基础设施与政策体系。加强对清洁能源跨区跨省配置的统筹协调，加快推进西部、北部沙漠、戈壁、荒漠大型风光基地开发与跨省区输电通道规划建设，为东部、南部沿海省份提供绿电保障，建立起送端、受端省份降碳协同工作机制；加强对绿电消费的认证，满足电力用户消费绿色电力的诉求，体现企业绿电消费部分对应的碳减排量，提升绿电消纳水平。

第二节　气候治理下的区域协调发展

当前我国各区域的排放目标综合考虑历史排放和发展差异，但多目标、多标准间缺乏明确的标准和动态调整和修正的方法体系，导致目标确定的过程具有一定主观性和不确定性。在细致分析各地资源特征、发展趋势、转型路径的基础上，系统模拟区域间产业、贸易、要素流通等交互过程，分析能源需求和排放路径，评估减排空间和成本，识别特征表征及工具指标。通过上述研究，本课题旨在提出区域间排放目标分配与动态调整的方法体系，进一步优化排放目标设定于区域经济社会发展与转型动态路径的协调性和匹配度。

本节结合空间计量方法，在传统 CGE 中引入区域交互的空间关联，拓展空间 CGE 建模技术。在此基础上，刻画不同区域特征、发展阶段下，经济社会治理多目标交互协同机制；构建区域复杂交互与政策博弈机制，模拟和评估不同碳排放目标分配标准和动态机制、路径下的区域增长与福利变化，提出区域间减排目标分解标准和动态修正方法。

一、区域能耗与碳排放路径模拟

采用与前节相同的碳达峰排放路径，本节构建分区域 CGE 模型，对各省市排放路径及区域间排放指标分配方式和管理政策进行模拟和评估。基准情景模拟结果显示，碳排放水平与经济发展水平呈明显正相关，同时受到产业结构、人口规模、技术水平的影响。广东、江苏等经济发展水平较高的地区，由于工业占比较高，经济发展对于能源消耗的依赖性较强，碳排放水平在全国位居前列。对位山西、内蒙古等能源大省而言，由于承担着向外输送煤炭、电力的重要任务，一定程度上分担了其他省份的排放负担，造成了排放偏高的现实。

图 7.7 展示了按当前碳市场设计情境下的各区域 2030 年碳排放量及减排率情况。由于将电力部门引入碳市场，进而引起上游行业

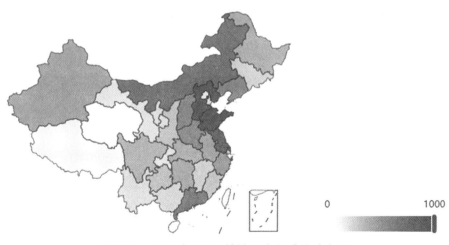

图 7.6 2030 年 BAU 情境下省级碳排放水平

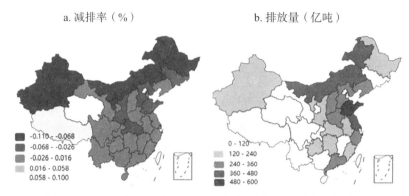

a. 减排率（%）　　　　b. 排放量（亿吨）

图 7.7　2030 年碳市场情境下，各省区市碳减排率和排放量

产出的调整，我们发现内蒙古、山西、河北等能源、资源大省的碳减排率更高。以内蒙古为例，我们发现相较于基准情景，碳市场情景下的碳减排率为 8.27%，减排程度排名在各省份中排名第一。对于这一结果，我们认为是由于电力部门在内蒙古经济结构中占比较高造成的。从产出占比来看，电力部门产出在内蒙古总产出中的占比为 6.13%，远远高于全国 2.46% 的平均水平。同时，电力部门是温室气体排放的主要部门，排放占比超过 40%。因此，将电力部门纳入碳市场后，电力部门自身发展受限，同样也作出了主要的减排贡献。这一现象体现在碳减排率中，就是资源大省、能源大省的碳减排率较高，贡献了主要的减排力量。

由于碳市场覆盖了电力部门，因此碳配额的分配情况一定程度上也代表了火电部门的产出水平。图中所示，碳配额分布情况并不均匀，主要集中在内蒙古、江苏、山东等省份。在电力部门产出在当地总产出中占比较高之外，当地的电力产出主要依赖于火电同样是重要原因。随着可再生能源在电力结构中的占比提高,所需配额水平将明显降低。以四川为例,由于水电占比在当地超过80%,电力生产并不依赖于化石燃料投入,因此全国碳市场对于四川电力部门的影响并不明显,四川省所需碳配额数量远低于其他可比省份。

二、碳排放目标分配机制优化研究

除了静态的分析结果为排放配额基准分配提供依据外,对于中国这样处在经济转型过程中的发展中国家而言,不同地区、不同行业的增长路径、技术进步路径都大相径庭,在这样的背景下,构建碳交易机制的目标除了实现减排成本的最小化外,更重要的是要保证长期经济增长的最优路径。

一般情况下,在设定地区排放目标的同时,引入碳交易机制会提高减排政策的经济效率,从而带来正向的经济影响。但是如存在内生经济增长等跨期关联机制,则当市场主体在进行碳交易时,忽略当期生产行为对未来生产效率及经济增长的影响,即在各期独立地追求减排成本最小化,此时引入碳交易可能导致经济增长偏离最优路径,从而降低长期经济产出。然而与此同时,碳交易本身带来的经济效率的提高也共同影响着长期与短期的经济增长。因此本节中,我们首先对"短视"交易行为下引入碳交易的经济影响进行分析,随后对比"跨期优化"行为下碳交易的经济影响,对碳交易机制的正向的经济影响(减排政策的经济效率提高）以及负向的经济影响（对长期优化增长路径的偏离）进行定量的分解分析。最后，我们根据理论模型的分析，设计了一个排放权动态分配机制，并对其在长期中逼近"跨期优化"解的能力进行了评估。

本节在前文模型基础上进一步优化，构建了一个引入了"干中学"效应的多区域、多部门的跨期优化动态 CGE 模型。模型包含了 30 个地区（包含了除香港、澳门、台湾以及西藏外的全部 30 个省、自治区和直辖市，用 $r \in \boldsymbol{R}$ 表示），每个地区分别有 41 个部门（包含我国 42 部门投入—产出表中的全部部门，其中废品回收与再利用部门并入其他工业部门，用 $i \in \{1, \cdots, 41\}$ 表示），每个部门生产各自差异化的产品（用 $j \in \{1, \cdots, 41\}$ 表示）。每个地区都有三个经济主体：本地居民，移入居民以及地方政府，其中本地居民拥有的要素禀赋包括异质性的资本（$K^{r,i}$）、农村劳动力（L_{ag}^r）、城镇非技术劳动力（L_{us}^r）、人力资本（L_s^r），以及农业土地（$Land_{ag}^r$）和非农土地（$Land^r$）；移入居民仅拥有非技术劳动力（L_{us}^r）；而政府则拥有排放权（em^r）。模型中，"干中学"效应表现为各地区各行业的全要素生产率（$A_t^{r,i}$）由该地区该行业的历史产出决定，而外生于单一生产者。本地居民、移入居民与政府各自按照自己的偏好结构，在预算约束下最大化各自的效用。各期（用 $t \in \{2017, \cdots, 2030\}$ 表示）的要素供给和积累路径根据前期的模型模拟结果决定，即递归结构。模型基年设定为 2017 年，其中静态参数根据《2017 年中国地区投入产出表（42 部门）》数据校准得到，动态参数根据 2012—

2017年[①]各行业、各地区以及全国实际经济增长路径校准得到。为了更好地模拟我国经济产业结构调整和转型的过程,模型对地区间经济关联以及要素供给增长路径进行了细化的模拟。

模型以前节全国单区域模型中模拟得到减排率为依据,设定区域同等减排作为基准情景(BAU)排放管理政策依据。在基准情景的基础上,我们记录下各期全国排放总量,并以此为依据设定总量约束目标,以保证政策之间的可比性。对于总量约束目标,我们分三个维度进行分析,分别是市场行为特征,区分经济主体是采取"短视"的交易行为实现各期成本最小化,还是"跨期优化"的行为追求跨期收益的最大化;排放权可交易性,即比较引入碳交易机制前后,减排政策经济影响的区别;排放权的分配方式,比较不同排放权初始分配的不同对于减排政策经济效率的影响。

表7.4　政策情景设置

情景代码	市场主体行为特征	可交易性	排放权分配标准
BAU_M		根据现有政策,设定减排强度指标	
EMT_T_M	"短视"行为(追求各期成本最小化)	可交易	基期地区排放量
GDP_T_M			基期地区 GDP
CNS_T_M			基期居民消费额
EMT_NT_M		不可交易	基期地区排放量
GDP_NT_M			基期地区 GDP
CNS_NT_M			基期居民消费额

———————

① 为避免疫情影响,且避免 2022 年投入产出表不可得的因素,选择 2012—2017 年作为校准依据,未使用 2017—2022 年数据。

续表

情景代码	市场主体行为特征	可交易性	排放权分配标准
BAU_F		根据现有政策，设定减排强度指标	
EMT_T_F	"跨期优化"行为（追求跨期收益最大化）	可交易	基期地区排放量
GDP_T_F			基期地区 GDP
CNS_T_F			基期居民消费额
EMT_NT_F		不可交易	基期地区排放量
GDP_NT_F			基期地区 GDP
CNS_NT_F			基期居民消费额
DYN_T	"短视"行为（追求各期成本最小化）	可交易	基期排放量+生产者产值
DYN_NT		不可交易	

根据前文分析，经济主体的"短视"行为会导致经济增长路径偏离"跨期优化"行为下的最优情景。下图 7.8 中深色和浅色柱状图分别显示了"短视"行为与"跨期优化"行为下，不同政策情景中 2030 年的全国 GDP 总量。从图中可以明显地看到经济主体的"短视"行为会对经济增长带来不利的影响，表现为"短视"交易下，各个政策情景 2030 年的经济总产出水平（深色柱状图）都低于相应政策情景在"跨期优化"下的水平（浅色柱状图）。不仅如此，"短视"交易还在很大程度上降低了排放权交易机制对经济产出带来的积极影响。在"短视"行为下，当排放权分别按照基期排放、GDP 以及消费水平进行分配时，引入碳交易使长期经济产出分别提高了 0.066%、−0.089% 以及 0.478%，均低于"跨期优化"行为下的增幅（分别为 0.235%、0.107% 和 0.615%）。

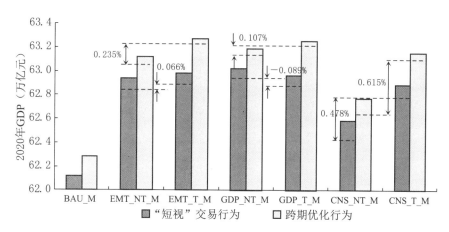

图 7.8 "跨期优化"与"短视"交易下，
碳交易机制的长期经济影响对比

上述模拟结果说明碳交易机制本身会提高减排的经济效率，从而提高经济产出，但是在"短视"交易行为下，由于经济主体忽视了当期产出对未来生产效率及经济增长的影响，因此碳交易机制的潜在经济影响无法完全体现，其中有一部分由于"短视"而被损失了。如果将"跨期优化"行为下，可交易与不可交易情景之间的差距视为碳交易的潜在经济影响，而将相同分配机制下"短视"交易与"跨期优化"之间的差距视为"短视"造成的经济损失，则通过对比两者对比我们便可以了解经济损失的相对强度。但是由于"跨期优化"与"短视交易"两组情景之间由于市场条件、经济主体行为模式的差异，导致在 BAU 情景下前者的经济增长路径也高于后者。为了使两组情景具有可比性，我们对其各期 GDP 分别按照各自的 BAU 情景进行平减，然后再用平减后的数据进行对比，结果如图 7.9 所示。当按照基期消费水平分配额时，由于初始分配与最终均衡

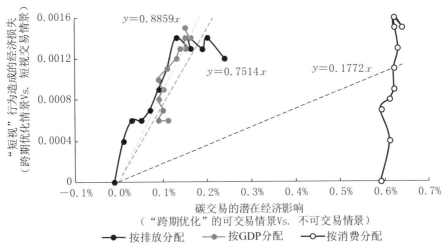

图 7.9　碳交易总体经济效率及"短视"交易行为效率损失的对比

解相差较大，因此引入碳交易可以显著地提高减排政策的经济效率，相应的"短视"行为造成的效率损失占比就较小，约为18%。但是当按照基期排放量或者基期GDP分配排放权时，由于排放权交易带来的效率提高幅度有限，因而"短视"行为带来的经济损失占比迅速提高，分别达到了75%和88%。这一结果意味着如果不能保证经济主体采用"跨期优化"的行为决策，或者无法保证稳定的市场和政策环境从而提高市场预期的有效性，那么"短视"的碳交易行为将在很大程度上抵消碳交易机制本身的效果，甚至使其归于无效。而在目前我国的经济转型阶段，市场环境、政策环境不可避免地会非常多变，存在很高的不确定性。在"完全信息"的要求远远无法满足的情况下，通过排放权动态调整的分配方式逼近长期优化增长路径的"次优"政策安排便显得尤为重要。

　　在"完全信息"不可得的市场条件下，理论上可以通过动态分配排放权的方案，在一定条件下逼近跨期优化解。根据静态分配机制的模拟结果，我们发现在"短视"交易情景下，按照基期排放分配排放权能够实现较高的短期经济产出，因而我们设定本节的动态分配机制以此为基础进行调整，即各生产者实际获得的排放配额在各地区排放总量约束中的占比为：

$$Share_{r,i,t} = \frac{(1-w)\,iem_{r,i,0} + w \cdot OPT_{r,i,t-1}}{\sum_i [(1-w)\,iem_{r,i,0} + w \cdot OPT_{r,i,t-1}] + \dfrac{cem_{r,0}\,rem\_c_{r,t+1}}{rem\_c_{r,0}}}$$

式中 $iem_{r,i,0}$ 表示 r 地区的生产者 i 在基期的排放量，$OPT_{r,i,t}$ 表示该生产者在 t 期的产出量，$cem_{r,0}$ 表示基期 r 地区的居民消费过程中产生的排放，而 $rem\_c_{r,t}$ 则表示 r 地区在 t 期的排放配额总量。下图 7.10 显示了不同调整系数 w 下，排放权动态分配机制对各年经济产出增长路径的影响。可以明显地看到，引入排放权动态分配机制能够在短期内激发"干中学"效应，从而促进 GDP 快速增长。而到 2025 年之后动态分配机制带来的经济增长效应趋缓。主要原因在于模型中的"干中学"效应具有收敛性，因此保持原有的调整系数取值便会产生过度调整，从而反而造成不必要的扭曲。但同时也需看到，随着 w 取值的提高，短期经济增速会出现显著的提高，但是长期增速却相应地会出现快速的下降。因此如果从更长期的角度看，动态分配机制提高经济产出的作用将会有所下降。由此可见，根据生产者产出水平调整各期排放权分配方案的动态分配机制能够在短期内有效地激发内生经济增长机制，从而提高经济增速。但是这只能作为市场转型过程中的权宜之计，因为在动态分配机制的经济影

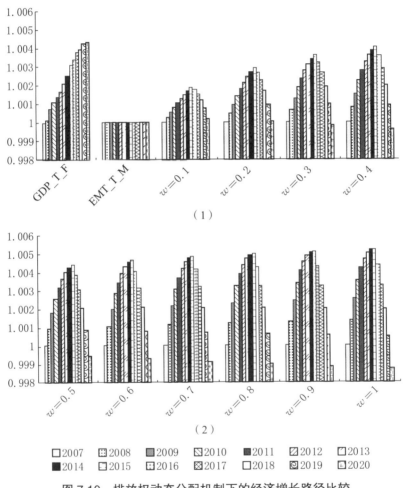

 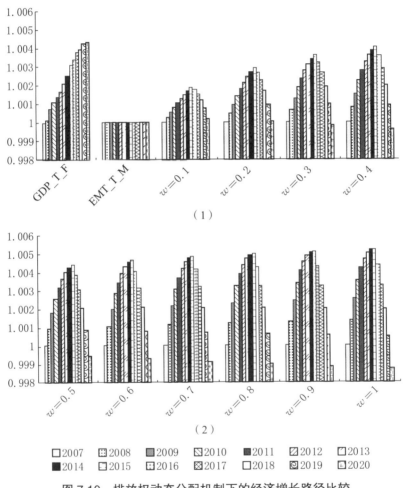

响在长期中会得到削弱，甚至产生减缓长期经济增速的作用。

本节模拟研究对当前我国排放政策以及碳市场机制设计具有非常重要的参考价值。目前我国正在积极探索更为有效的减排政策，并加快试点全国性碳市场。考虑到我国正处于经济转型增长的关键

（1）

（2）

■2007 □2008 ■2009 ▨2010 ■2011 ◪2012 ▤2013
■2014 ▤2015 ▦2016 ▨2017 □2018 ◎2019 ▤2020

图 7.10　排放权动态分配机制下的经济增长路径比较

注：图中将 EMT_T_M 情景下各期的 GDP 标准化为1，便于比较；同时列示
　　GDP_T_F 作为"最优"情景，与动态分配机制下的"次优"情景对比。

时期，保证长期增长路径的政策目标远比实现当期减排成本的最小化更为重要。而在现有的地方减排目标分配以及碳市场配额初始分配方法往往依据历史排放水平，结合产业政策导向、技术水平以及前期减排工作等因素综合考虑，缺乏统一、客观、科学的标准。这种主观、静态的分配方式结合现有市场环境与政策环境的高度不确定性，将会导致经济增长偏离最优路径。引入排放权动态分配机制，结合经济增速调整初始减排目标或市场配额的分配，能够有效地促进短期的经济增长。而在长期中，则需要着力提高市场和政策的稳定性，主要的做法包括制定更长期的减排目标；明确排放权的分配方案；设定更长的排放权结算周期、允许跨期储存与预支排放权等等。而加快建立完善全国碳市场，拓宽行业覆盖，也是扩大碳交易机制自身成本效益红利，提高市场平稳性的重要途径。

第八章　科技创新对应对气候变化的革命性作用

　　习近平总书记强调，做好"双碳"工作需要辩证把握发展和减排的关系。"减排不是减生产力，也不是不排放，而是要走生态优先、绿色低碳发展道路，在经济发展中促进绿色转型、在绿色转型中实现更大发展。"推动科技创新是实现减排和发展协同共进的关键。持续深化科技创新，是我国在越来越大人口、资源、环境压力下寻求可持续发展的必由之路。我国经济总量已跃居世界第二位，社会生产力、综合国力、科技实力迈上了一个新的大台阶。同时，我国发展中不平衡、不协调、不可持续问题依然突出。物质资源必然越用越少，而科技和人才却会越用越多。要推动经济社会实现绿色、低碳、高效、可持续的高质量发展，必须及早转入创新驱动发展轨道，把科技创新潜力更好释放出来，充分发挥科技进步和创新的作用。

　　当前，新一轮科技革命和产业变革深入发展，传统化石能源高效利用、新型电力系统源网荷储智能协同、氢能、光伏太阳能、核能、锂钠电池等新能源技术日新月异。大数据和人工智能技术的重大突破则为我们识别和应对气候风险、提升双碳工作系统性和科学性提供了更多的可能性。我国应抓住这一重大战略机遇期，通过能源生产、加工、运输等一系列领域重大技术变革和技术融合，构建绿色、循环、低碳的发展方式，更好满足人民的美好生活需要。

但同时也需注意的是，科技创新本身也需要绿色发展。数字基础设施是加快科技创新的重要基础，但同时也是高能耗设施。相关基础设施体系亟待科学规划、低碳建设和高效运行，避免高碳锁定。同时力求需求牵引、适度超前的建设路径，提升基础设施使用效率，加快培育相关产业，发挥数字化智能化发展对推动产业低碳转型的效果。

第一节　全面发展低碳能源技术，加快构建新型能源体系

二十大报告提出要"建设新型能源体系"，适应高比例间歇性可再生能源接入，提升系统弹性、韧性，在保障能源安全的基础上优化低碳绿色和经济高效特性。其核心是以数字化、智能化技术为基础，以灵活性和系统韧性为关键特征的新型电力系统技术体系。通过深化源网荷储一体化建设运行、多种能源协同互补、更大尺度区域互济，实现能源系统整体性的低碳转型和高效安全运行。

优化能源建设路径不仅需要看到化石能源、可再生能源自身的发展和转型需要，更重要的是需要优化网络和系统，在供需之间、在化石能源和新能源之间实现耦合，推动模式创新和协同优化。深化能源全产业链数字化、智能化转型，构建传统能源柔性韧性产运储销体系，和源网荷储智能交互的新型电力系统。推动能源与相关领域跨市场链接，实现能源市场与多种类型市场的耦合联动与管理，协同推进资源优化配置。

一、加快推动化石能源转型

尽管随着我国水、核、风、光等清洁能源生产和消费规模持续增长、可再生能源逐渐占据我国新增能源供给的主要部分，但火电依然占据重要地位，甚至随着高比例间歇性可再生能源接入，火电安全保供和平衡供需的作用更进一步凸显。截至 2022 年，我国火电装机容量占比 52.07%，发电量占比 66.5%。考虑到未来高比例清洁电力接入需要有足够的火电调峰能力和安全备用水平，电力降碳并非简单削减煤机规模，而是要合理规划、统筹安排，推动煤电优化存量、逐步从主力电源向支撑调峰电源转变，推动气电布局增量、逐步向调峰和适度电量支撑转变。通过降低燃煤发电量、提高发电效率来控煤减碳，实现最大负荷 40% 配置应急备用调峰能力。

1. 发展目标

面向化石能源转型发展的显示目标，习近平总书记在 2022 年 1 月十九届中央政治局第三十六次集体学习时提出，要"坚决控制化石能源消费，尤其是严格合理控制煤炭消费增长，有序减量替代，大力推动煤电节能降碳改造、灵活性改造、供热改造'三改联动'"。一方面我国火电能效分化较大，东部如上海等发达省区公用煤机平均供电煤耗以达到 300 gce/kWh，优于 900 MW 超临界机组国际和国内标杆水平；标杆机组（上海外高桥第三燃煤电厂百万千瓦超超临界）供电煤耗 276 gce/kWh，全球领先。但同时，中西部部分省区仍存在大量小散机组，部分重化工业自备电厂能效较低。面向高比例间歇性可再生能源接入的需求，和控制化石能源消费总量的目标约束，煤电转型发展需以提升灵活调峰能力为重点，以推进等容量、减排量替代为基础，以因地制宜推动供暖改造为补充，以清洁高效改造和碳捕集接口改造为保障，实现煤电能效整体提升。

具体而言，煤电转型发展坚持"先立后改"，近期重点推动亚临界机组等容量替代；试点示范现役煤机"三改联动"，打造升级改造试点示范标杆项目，完善技术路径；推进自备电厂清洁化改造；优化统筹战略备用。中期推动煤电全面转型发展，支撑高比例可再生能源接入的协同调峰调度体系和市场机制基本成型。研究在可再生能源基地配套建设煤电调峰电源；鼓励综合能源服务等第三方投资模式市场化、产业化发展；优化电力配套服务市场化定价改革。

2.关键推进举措

深化火电转型发展面临资源保障、技术适配、市场激励等三方面的潜在障碍。资源保障方面，煤炭储运体系刚性较强，将对火电调峰能力建设和应用形成掣肘。技术适配方面，火电调峰带来频繁快速变负荷和启停，对机组稳定性造成冲击，低负荷运行下热耗增加降低排放效率，协同聚合调峰对数字化智能化控制提出更高要求。市场激励方面，电力辅助服务补偿缺失，导致灵活性改造市场化激励不足。灵活性改造不仅涉及改造成本，承担调峰功能还意味着机组整体发电量下降，低负荷运行比例提升导致能效下降、机组损耗加大，弱化经济性。针对以上三方面主要难点，需要针对性地采取措施，推动转型。

一是统筹规划、多措并举，优选机组开展改造升级、安排备用和关停淘汰。加强电力部门能耗与排放双控要求，严格限制并逐步削减煤耗和排放规模，提升效率。综合考虑低碳、绿色和安全，细致梳理机组性能、工况和寿命等情况，差异化制定改造、备用和淘汰计划，避免一刀切，保障转型过程的经济高效和安全可控。参照《全国煤电机组改造升级实施方案》标准，推动亚临界公用煤机等容量、减排量、加调峰替代，预留碳捕集接口和场地，开展应用试点。其余现役公用煤机实施"三改联动"改造，调峰深度70%以上，打造煤机升级改造试点示范标杆项目，完善技术路径；推进宝钢和上海石化自备电厂按煤机不超过2/3实施清洁化改造；老旧机组中择优确定战略备用机组，推动实现最大负荷40%配备应急备用调峰能力的目标。中期进一步扩大碳捕集应用规模；研究在市外可再生能源基地配套建设煤电调峰机组，实现电源端主动协同；完善市场化发展机制，鼓励以第三方综合能源服务模式开展改造建设，完善金融支持和财政配套，推动产业化运营。

二是持续优化灵活性改造技术，协同推进数字化自动化升级。随着煤电改造机组、集中式和分布式燃气机组，以及未来的储充和虚拟电厂等多元化调峰单元接入系统，需加快完成火电机组数字化、智能化控制和远程运维技术，为电网大规模、多层级聚合调峰提供技术条件。

三是加快完善辅助服务市场建设，实现对相应资源的充分激励。加快建立针对系统灵活性资源的容量成本回收机制，激励火电机组改造投入。探索构建调频、调峰、备用服务的市场化定价机制。随着火电利用小时数的下降，及时落地完善容量电价机制，提升容量电价在火电收益中的占比，支撑市场持续平稳运行。

二、因地制宜全面加快可再生能源发展

一是我国可再生能源技术创新进入活跃期，在相关领域进步迅速。但也存在部分盲目追赶政策热点、盲目投资、"大干快上"等问题，导致重复建设、资源浪费。在创新层面，我国在低碳技术领域研发支出、风险投资较多（图 8.1），相关专利数量增长迅速。根据 EPO-IEA 报告，在 2010 至 2019 年中，我国在低碳能源领域申请的相关专利占世界总数的 8%，数量较多，但是较日本（25%）、美国（20%）、德国（12%）等发达国家相比仍有差距。在投资领域，在大量资金涌入可再生能源领域，低碳发电设施装机量迅速提高，但是这导致了严重的产能过剩等问题，巨大的装机量导致上游原材料价格暴涨，但是新运行的风力发电、光伏发电等项目却利润微薄。

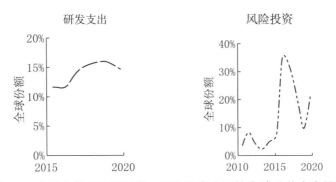

图 8.1 中国在低碳能源研发、风险投资方面的全球公共支出份额

为推动可再生能源持续稳健发展，亟待优化可再生能源开发模式，推进多能互补、多模并举，推进供需协同响应。多能协同互补能够将各方资源充分利用起来，实现多种能源的相互补充，构建能源互联网，从而合理分配各地区的能源使用情况。多能互补，一方面是在能源种类上互补，如水电和风电的互补、火电和光电的互补，通过耦合多种类、多特性的能源，尽量减少系统总体的供给波动性。多能互补领域包含的关键技术主要有储能技术、协调优化控制系统、多能混合建模等。促进多能协同互补，应当明确可再生能源占比，随着可再生能源占比提高，供能系统不可避免地面临更多不稳定性，因此应当保留一部分传统能源调峰能力。促进多能互补，应当提高火电的灵活性，增加火电机组的出力变化范围，响应负荷变化或调度指令的能力，增加火电机组在低负荷时的稳定、清洁、高效运行能力，使得火电调峰能力提升，减少因可再生能源波动性过高、灵活性较低导致的弃风弃光现象，提高资源利用效率。促进多能互补，应当提高对储能技术、协调优化控制系统、多能混合建模等领域的投资。另一方面，多能互补也应当促进集中式发电与分布式能源互补，分布式能源具有较高的灵活性，对于维护整体系统的平稳运行具有较高价值。应当提高供需协同响应。这一方面需要提高时间上的协同响应，另一方面需要提高空间上的协同响应。在时间上的协同响应方面，一方面需要提高供给系统的灵活性和稳定性，可以通过智能电网建设、多能互补、系统冗余等措施予以促进，另一方面需要及时通过市场价格信号调节需求，鼓励需求削峰填谷。在空间方面，面对我国可再生能源分布不均的情况，应当鼓励可再生能源就地消纳与外送消纳并举、单一场景与综合场景并举、发电利用与非发电利用并举。建设先进的输电设备，鼓励可再生能源资源丰富地区及时将能源输送至能源需求强烈地区。

二是发挥我国可再生能源设备市场占有率高、竞争力强的优势，进一步鼓励创新，提高技术效率、促进关键技术突破，以应对西方国家的技术限制威胁。发展储能技术，提高储能电池的安全性、能量密度、容量规模、续航能力、服役寿命以及降低电池成本；发展能源互联网技术，发展大数据挖掘、信息流管理、检测和网络泛在、决策优化等跨界科学技术交叉融合的支撑。发挥氢能技术，氢能能够提高可再生能源利用率，实现电网和气网的耦合，增加电力系统的灵活性，同时具备储能功能，通过可再生能源电解水制氢，实现能源消纳与储存。

三是因地制宜优化开发模式，坚持多元融合，实现集中式与分布式并举、陆上与海上并举、就地消纳与外送消纳并举、单品种开发与多品种互补并举、单一场景与综合场景并举、发电利用与非电利用并举,促进多能互补,提高能源系统的供给稳定性,提高供需协同响应。目前,我国存在可再生能源分布不均,且集中于消纳能力较低地区。以太阳能为例,2020年西北地区太阳能发电占全国36.4%,西北地区的内蒙古为2020年太阳能发电最多的省区市。可再生能源消纳的关键在中东部地区,而非可再生能源资源丰富的"三北"地区。中电联数据显示,"三北"地区共13个省的全部用电量占全国总量的不足1/3;而中东部地区经济较发达,占我国电力消费量的近70%。仅广东、江苏、山东和浙江4省的用电量就相当于

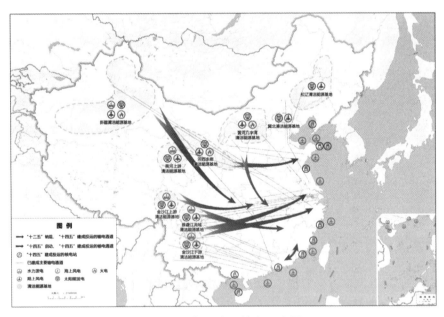

图 8.2　中国跨区输电示意图

资料来源:《中华人民共和国国民经济和社会发展第十四个五年规划和2035年远景目标纲要》。

"三北"地区总量。可再生能源资源丰富的地方消纳能力严重不足，因此需要加快建设外送的特高压项目。我国在电力基础设施方面具有优势，具有发达的远距离输电技术，能够有力支持上述策略。在"三北"地区优化推动风光大基地化规模开发、在西南地区统筹推进水风光综合能源基地开发、在中东南部地区重点推进风电光伏就地就近开发、在东南部沿海地区积极推进海上风电集群化开发，并最终依托跨省跨区输电通道提高整合和互补。可再生能源接入电网对电网的调度、预测等能力提出了更高要求，集中式的电力市场能够更好统合信息，解决新能源接入的挑战，但与此同时，分布式的能源生产又要求电力市场具备某种程度的分散特性。需要因地制宜并行发展，并在点网层面优化调度，处理好二者的关系，实现集中式与分布式并举的发展。

三、加快建设完善多能协同互补的新型能源体系

在极端气候新常态下，能源系统面临电力需求峰谷差拉大、需求缺口周期拉长、可再生能源波动性加大、外源性能源供应减少等问题。有效应对极端气候新常态，能源系统建设需应对新的安全挑战，从优化电网架构、完善多元储备体系、推广低碳用能技术，以及深化电力市场改革等方面入手，加快推动系统优化。加快建设源—网—荷—储智能联动，多种能源协同互补的新型电力系统，协同推进能源安全保障和深化低碳转型。

硬件方面，持续完善特高压等跨区输送线路，优化技术，支撑

跨区跨省送电的电力市场改革。优化源网荷储一体化协同技术，建立集中式和分布式协调兼容的调度和平衡技术，提高电网调峰性能。软件方面，面对可再生能源波动性大的特点，传统的年度计划方式已不再适应，因此应当开发性能更好的电网软件，开发电力市场，支持电力现货交易，放开年度发电计划。应当大力支持开发新能源技术，促进可再生能源供能的日前、日内等预测，降低发电及储能成本。

（一）加快构建多层级、多模式、智能灵活的储能体系

发展储能体系，通过谷时/平时充电、峰时放电，是降低和应对电力峰谷差的重要手段。储能可以应用于电源侧、电网侧、用户侧等电力系统各个环节，各应用场景下的技术需求不同，匹配的储能技术也不同。实证分析显示，当前居民和服务业用户对电价敏感性较低，而引入户端储能后会改变用户用电行为，放大分时电价的峰谷调节效果。

储能发展环境不断改善。锂电池成本由 2018 年的 2500 元/千瓦时快速下降至 2022 年的 1000 元/千瓦时左右。2022 年上海峰谷电价政策调整后，有市场机构测算一个 5 兆瓦/10 兆瓦时的储能项目投资回收期约 5.6 年，已初步具有经济吸引力。随着技术发展及能量密度的提高，当电化学储能的成本降至 700—1000 元/千瓦时以下时，电化学储能作为电网调峰资源的经济性逐步凸显。

发展储能体系面临价格、运行和技术三方面的难点。价格激励方面，电化学储能建设成本较高，在现有电力市场价格机制下盈利

仍较困难。运行机制方面，分布式储能由用户侧投资建设和控制，频繁深度充放电对电池损耗较高，影响用户参与电网协同调度的积极性。技术方面，当前电化学储能安全性问题尚未完全解决，储能容量和跨时跨区调节的上限有限，面对极端气候等系统性、大尺度环境变化造成的调峰压力，氢能技术尚未成熟，近中期难以实现大规模应用。

表 8.1 各类储能技术对比表

储能类型		调峰周期	技术特点	成本（元 / 千瓦时）	成熟度
机械储能	抽水蓄能	日级目前主流	功率和能量规模大，选址受限	0.2—0.25	高
	压缩空气	小时—日级	功率和能量规模大	0.6—0.7	一般
电化学储能	锂电池	小时级	能量密度高，市场占有率90%	0.45—0.6	高
	铅蓄电池	小时级	能量密度低，使用小规模应用	0.5—0.7	高
	液流电池	小时级	循环寿命长	0.5—0.7	较高
氢储能		季度及以上	在时长、容量维度有突出优势	2.5—3.0	较低

为进一步推动储能技术发展，需探索新型储能多场景、多模式应用，推动分布式储能与多种技术协同发展。重点推动储能与分布式光伏、车网互动等分布式能源系统融合，开展电动汽车智能充放电业务 (V2G) 以及退役动力电池的梯次利用。明确各类分布式系统配套储能最低标准。研究数据中心、通信基站、工业园区配置储能

的技术路径，探索多种场景下分布式储能聚合协同技术与模式。依托分布式光伏、微电网、增量配网等，将已建储能设施纳入需求侧响应范围，推动配置新型储能，提高用能质量，降低用能成本。针对工业、通信、金融、互联网等用电量大且对供电可靠性、电能质量要求高的电力用户，根据优化商业模式和系统运行模式需要配置新型储能，支撑高品质用电。

创新引领，集中攻关核心技术。围绕优化负荷聚合响应模式路径和政策机制，扩充用户协议响应规模，进一步提升需求侧响应能力。加快大容量、高密度、高安全、低成本新型储能技术研发。突破能量型、功率型等储能木休及系统集成关键技术和核心装备，满足能源系统不同应用场景储能发展需要。推进储能电池全寿命周期的系统安全预警、系统多级防护结构及材料等关键技术发展。

提前谋划，推动氢储能示范应用。探索与新型电力系统建设深度融合，充分发挥氢能作为可再生能源规模化高效利用的重要载体作用及其大规模、长周期优势，打造"风光电氢一体化"的应用场景，逐步扩大示范规模，探索季节性储能和电网调峰。

（二）以智能柔性为导向，强化电网建设

电网是实现需求侧响应、分布式系统聚合、源荷储协同的平台。建设坚强电网、智能电网、灵活调度电网在应对电力峰谷差、缓解峰谷调节矛盾等方面发挥着基础性的作用。构建智能柔性电网面临安全运行风险、灵活性不足和电价上涨风险等多方面难点。

一是安全运行风险。新能源发电由于固有的强随机性、波动性和间歇性，大规模接入电网后，电力系统的电力电量时空平衡难度显著加大。电力电子装备抗干扰能力弱于常规机电设备，系统故障时风电、光伏机组容易大规模脱网，引发严重连锁故障。

二是灵活性不足。在超短周期（毫秒至秒级）、短周期（分钟至小时级）、日内、多日和周时间尺度，均面临调节困难。例如，在短周期调节方面，新能源短时出力随机性和波动性易造成系统频率和潮流控制困难，单个最大功率波动可达到装机容量的15%—25%。常规电源不仅要跟踪负荷变化，还要平衡新能源出力波动。在日内调节方面，新能源发电特性与用电负荷日特性匹配度差，尤其是风电反调峰特性显著，增加系统调峰压力。

三是电价上涨风险。新型电力系统的配套电网建设、调度运行优化、备用服务、容量补偿等辅助性投资相应增加，整个电力系统成本随之增加，最终疏导到终端用户，使得电价上涨。

为更好衔接电力供需、协同多种能源、实现源网荷储一体化，需要从硬件和软件两方面全面系统地进行技术革新和运营优化。

硬件方面，优化电网结构，提升极端天气下能源供应链稳定性。我国正加大力度开发中西部可再生能源，并通过特高压长距离输送至东部。目前已建在建"16交19直"，"十四五"期间还将建设"24交14直"共73条线路。远距离输电有效解决了可再生电力供给和消纳问题，但一方面大规模间歇性可再生能源接入电网，给受电省份电网稳健性造成压力；另一方面输电距离拉长，一旦沿线出现霜冻等引发事故，会对上下游及沿线电网造成巨大冲击。此外，特高压点对点输电通道与输出地及沿线区域电网联通不足，导致多区域能源紧张情况下，跨区调度灵活性不足。为此，在继续推进点对点输电通道建设的同时，需协同强化点对网、线对网的联通和协同，提升电网弹性与调度灵活性。对于远距离输电线路的潜在事故，需提前排摸风险，做好预案。

软件方面，强化智能调度能力。持续深化新型电力负荷管理系统建设，开发资源排查接入、负管终端管理、全电链路溯源、负荷管理方案管理等功能应用，稳步推进负荷管理"数字化、智能化、精准化、规模化"，满足需求响应柔性调节与电力保供精准刚性要求。贯通虚拟电厂运营管理平台，推进负荷资源统一调节服务。开发空调负荷管理模块，实现空调负荷可调节能力在线监测、统计分析、行为画像等功能。加强平台关键信息互通，支撑开展政策联动奖惩，将用户需求侧响应（或其他负荷管理措施）参与情况、响应效果等与节能减排、绿电交易、园区及企业评级、资格认证、税费减免、金融信贷等政策联动。

第二节　深化数字科技、人工智能技术与双碳行动的结合

气候变化是当前人类面临的最紧迫的全球化挑战之一。随着气候风险日益凸显，全面深化气候治理、优化气候变化适应和应对工

作，紧迫性不断提升。应对气候变化需要全社会采取行动，涵盖各级各类社区经济主体，涉及多维多元方法和工具。在此之中，大数据与人工智能的突破性发展被寄予厚望。人工智能（AI）技术可以毫不夸张地说是 21 世纪至今影响最为深远的科技创新成果，孕育了新一轮的科技革命。在应对气候变化领域，正在广泛地开展 AI 技术应用的研究和探索，包括预测风电光伏等间歇性可再生能源发电、优化工商业和建筑能源管控、通过卫星图像识别基础设施建设、温室气体排放、土地利用变化等，以及分析和验证企业披露的排放数据、实施产业链排放和碳足迹管理等。

首先，AI 能够在大量非结构化数据中识别有用的信息，拓展人类研究人员的信息处理能力。例如，分析卫星图像，以查明森林砍伐或识别容易遭受沿海洪水影响的城市区域，或者可以过滤企业财务披露的大型数据库以获取与气候相关的信息。其次，AI 有助于改进预测，包括气候气象要素、经济社会运行趋势等。以机器学习为代表的人工智能分析技术可以利用历史数据识别趋势特征，并结合辅助信息进行预测。例如，AI 可提供分钟级的太阳能发电预测，以帮助平衡电网，或者在极端天气威胁粮食安全时预测农业产量。第三，AI 能够有效优化复杂系统。气候变化及其应对，是具有大量影响因素和控制变量的复杂系统，人工智能方法非常擅长在系统整体及局部，针对特定目标进行优化。例如，人工智能可用于减少建筑物供暖和制冷所需的能源，或优化货运时间表以减少交通工具排放等。最后，AI 能够大幅加速科学建模和发现。AI 通常可以通过将已知的基于物理的约束与从数据中学到的近似值相结合来加速科学发现本身的过程，包括筛选电池材料和催化剂、加快实验速度、快速模拟部分气候和天气模型等。

然而，目前要充分发挥数据智能技术的全部潜力，仍存在技术、市场、政策等多方面的瓶颈和挑战。

一、人工智能在减缓气候变化领域的关键应用

（一）电力系统

为了有效地平衡电网，从而实现大规模高比例可再生能源并网，必须预测电力供需，而 AI 可以提供这一功能。此外，AI 还可以改进电力调度和存储的算法，以及优化分布式系统微网管理。此外，AI 还可以通过调整风机叶片、太阳能电池板角度等，优化可再生能源设施运行效率。最后，AI 还有助于加速新能源相关材料的发现，例如用于光伏电池、电池和电子燃料的材料。

（二）建筑物和城市用能管理

AI 可以提高建筑物和城市环境的能源使用效率，推断能源使用情况，识别能效短板和减排空间。在智能建筑中，AI 可以优化供暖和照明等建筑功能，以节省能源。对于城市整体而言，AI 可以优化城市规划、支撑传感器系统和数据挖掘、协助城市进行废弃物管理等公共管理，优化城市排放。

（三）交通运输低碳转型

AI 可以改进对交通使用情况的估计，以及对公共交通和基础设

施的需求建模，从而优化货运路线和调度，提高车、船、飞机等交通工具的低碳利用。此外，为进一步促进电动汽车的发展，AI可以优化充电协议和设施布局，并为电池和下一代燃料的设计提供参考。

（四）工业制造业节能减排提效

AI可用于自适应控制和流程优化，减少工业流程消耗的能源，降低排放强度。基于AI和大数据建立产业数字孪生，还可以提高设施运行效率，减少无组织温室气体排放和泄漏。最后，AI还可以协助优化钢、铝等能源密集型材料的回收流程，有助于避免与采矿和加工原始材料相关的排放。

（五）监测林业和土地利用变化

AI可以通过多种方式优化土地利用，增加自然固碳。比如AI工具与卫星图像一起用于碳储量估算，为土地管理决策提供信息；AI还可用于监测森林砍伐和其他土地利用变化等。最后，AI在预测野火风险及其蔓延趋势方面也有很多用途，进而避免大量的温室气体排放和生态破坏。

二、人工智能在适应气候变化领域的关键应用

（一）农业减排与适应

精细化农业生产涉及农业生产过程的自动化，人工智能在这个过程中能够发挥重要作用，自动监测和响应农作物的变化，提高管理效率并减少与农业化学品和土地使用相关的温室气体排放。在适应气候变化方面，用于作物监测和产量预测的遥感工具可以在干旱

时促进粮食安全。

（二）社会适应

AI 可以帮助社会抵御气候变化的影响，包括识别气候风险传导路径，分析脆弱环节，并针对基础设施短板进行优化，实现预防性维护以避免故障。用于医疗保健的 AI 技术可以改善公共卫生模型以及社会对受气候影响的流行病和其他疾病的反应。当发生风暴、洪水和火灾等突发事件时，AI 可以通过改进地图和识别高危个体来为救援工作提供信息。

（三）生态系统适应和保护生物多样性

面对气候变化，AI 可以支持生物多样性保护。AI 技术正越来越多地被应用于监测野生动物的传感器、用于评估生态系统变化的遥感工具以及用于从视觉或音频数据识别物种的识别系统中。

三、人工智能在气候变化研究领域的关键应用

（一）加快气候变化科学研究

AI 可以改进气候、天气和其他地球系统的模型。通过机器学习技术，AI 可以对气候和气象模型中的某些方程进行快速求解或数值近似，以减少模型运算量、提升估计和预测效率。这种近似模拟既可用于改进整体模型，又可实现灵活的升降尺度，提高模型实际运行的空间分辨率，进而提供更精准、更有针对性的风险预测。

（二）完善气候政策设计

上述关于 AI 的应用场景，可以向政府和主管部门提供丰富的信

息，从而支持政策决策。此外，AI 还可以通过其他方式为气候政策提供信息，包括优化政策仿真模拟和评估模型，强化因果推断优化政策效果评估等。

（三）优化市场和金融体系运行

AI 可用于分析和建模行为模式，以使市场设计与气候影响保持一致。人工智能还可以通过量化气候相关风险和解析与气候相关的企业披露信息来为保险和金融政策提供信息。对于具体的交易行为而言，比如在碳市场，AI 可以提供碳储量估计等数据，从而为碳价预测提供支撑。

第三节　推动新基建绿色发展，支撑培育新兴产业

"新型基础设施"是结合新一轮科技革命和产业变革特征，面向国家战略需求，为经济社会的创新、协调、绿色、开放、共享发展提供底层支撑的具有乘数效应的战略性、网络型基础设施，主要包括特高压、城际高速铁路和城市轨交、新能源汽车充电设施、5G 通信网络、数据中心，以及由此衍生的人工智能、工业互联网等。其中，5G、数据中心和电动车充电设施的优化建设对于加快经济社会数字化转型，推动新型工业化发展、深化绿色转型具有重要意义。

表 8.2　新型基础设施建设提出的背景与内容

时　间	场合或文件	主要内容
2018.12	中央经济工作会议	加大制造业技术改造和设备更新，加快 5G 商用步伐，加强人工智能、工业互联网、物联网等新型基础设施建设，加大城际交通、物流、市政基础设施等投资力度，补齐农村基础设施和公共服务设施建设短板，加强自然灾害防治能力建设。
2019.3	2019 年《政府工作报告》	加大城际交通、物流、市政、灾害防治、民用和通用航空等基础设施投资力度，加强新一代信息基础设施建设。
2020.1	国务院常务会议	出台信息网络等新型基础设施投资支持政策。
2020.2	深改委第 12 次会议	统筹存量和增量、传统和新型基础设施发展，打造集约高效、经济适用、智能绿色、安全可靠的现代化基础设施体系。
2020.3	中央政治局常委会会议	加快 5G 网络、数据中心等新型基础设施建设。
2020.4	国家发改委例行新闻发布会	新型基础设施主要包括信息基础设施、融合基础设施、创新基础设施三个方面内容。
	国务院常务会议	部署加快推进信息网络等新型基础设施建设，积极拓展新型基础设施应用场景，引导各方合力建设工业互联网，促进网上办公、远程教育、远程医疗、车联网、智慧城市等应用。
2020.5	2020 年《政府工作报告》	加强新型基础设施建设，发展新一代信息网络，拓展 5G 应用，建设数据中心，增加充电桩、换电站等设施，推广新能源汽车，激发新消费需求、助力产业升级。

资料来源：政府公告与新闻报道。

一、新基建建设和使用短期将增加能耗，亟待绿色集约发展

新型基础设施投资建设和使用周期长，自身能耗较高，具有环

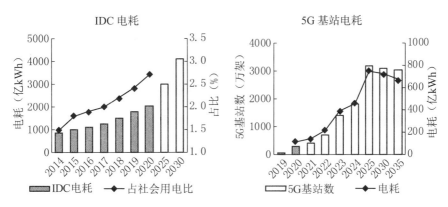

图 8.3　IDC 及 5G 基站电耗预测

资料来源：国家通信标准化研究院、工信部智研咨询。

境和气候影响的强锁定效应。同时，新基建推动经济社会数字化智能化转型，为绿色低碳发展创造了更好的技术条件。综合来看，新基建对排放的影响具有两重性，需要统筹规划集约建设。

从长期看，新基建具有减排效应。主要体现在三方面：（1）技术能效提升。5G 技术单位数据传输能耗仅为 4G 的 10%—20%，并有助于降低智能手机、物联网和其他终端设备的电池消耗；数据中心节能降耗和可再生能源应用技术也在快速发展，国内外已有多个数据中心示范项目 100% 使用绿色能源。（2）带动传统产业优化发展。新基建支撑 AI、工业互联网等技术，对工业、能源、建筑、交通基础设施和上下游体系的改造将大大强化产业链的协同增效，使各行业垂直领域的连接更加紧密、反应更加智能、整体更加高效、大幅减少物耗和能耗。（3）推动基础设施管理和运营更加智慧高效。基于大数据、物联网和 AI 技术的 BIM、CIM、数字孪生等技术为城市数字化、经济细化、智慧化管理提供技术基础，推动城乡规划、交通、用能管理更加灵活高效，提升整体能效，深化绿色转型。

但是短期看，新基建的建设和使用过程都将增加能耗和排放。绿色和平组织的研究显示[①]，2020 年我国新增新基建投资 1.8 万亿，建设过程的隐含能耗合计 8789 万吨标煤，合计 CO_2 排放 1.73 亿吨，比同等建设规模下的传统基建仅低 7%。大规模的新基建投资建设过程将给能耗的碳排放控制带来挑战。从使用过程看，新基建的能耗更值得关注。2022 年 1 月，国务院发布《"十四五"数字经济发展规划》，提出"十四五"期间，我国将进一步优化升级数字基础设施，包括：加快建设信息网络基础设施，建设高速泛在、天地一体、云网融合、智能敏捷、绿色低碳、安全可控的智能化综合性数字信息基础设施；推进云网协同和算网融合发展，加快构建算力、算法、数据、应用资源协同的全国一体化大数据中心体系；有序推进基础设施智能升级，构建智能高效的融合基础设施，提升基础设施网络化、智能化、服务化、协同化水平。次月，国家发展改革委、中央网信办、工业和信息化部、国家能源局联合印发文件，同意在京津冀、长三角、粤港澳大湾区、成渝、内蒙古、贵州、甘肃、宁夏等 8 地启动建设国家算力枢纽节点，并规划了 10 个国家数据中心集群。至此，全国一体化大数据中心体系完成总体布局设计，"东数西算"工程正式全面启动。随着建设工作持续推进，我国超大型数据

---

① 参见绿色和平组织 2021 年 9 月中国绿色与包容性复苏观察政策简报 3：《新基建投资的真实影响——基于绿色与包容性复苏框架的综合效益评估分析》。数据分析结果基于投入产出法得到。

中心、大型数据中心机架规模占比逐年提升，数据中心规模化趋势日渐显现。我国数据中心大型机以上机架数量从 2017 年的 83 万架提升至 2021 年的 420 万架，占比从 50% 提升至 80%，数据中心大型化规模化趋势将带来耗电量与能耗的上升。数据中心耗电量随数据中心数量的增多逐年攀升。国家电子技术标准化研究院数据显示，2020 年我国数据中心（IDC）电耗 2035 亿千瓦时，占全社会用电量 2.7%，预计到 2025 年，我国的数据中心耗电量预计将增长至近 4000 亿千瓦时。数据中心耗电量占全国用电量比重预计将从 2018 年的 1.6% 增长至 2025 年的 5.8%。

5G 通信基站也将快速增长。2020 年 7 月工信部公布的《2020 年上半年工业通信业发展情况》指出，以 5G 为代表的新型信息基

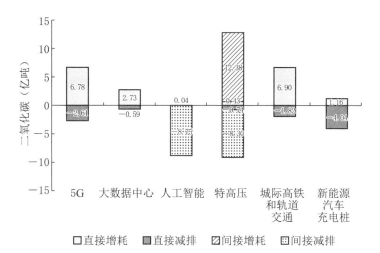

图 8.4　"十四五"新型基础设施建设的碳排放影响分析（五年累计）[①]

① 柴麒敏等：《新型基础设施投资的碳排放影响分析及绿色低碳化政策建议》，《气候战略研究》2020 年第 19 期。

础设施投资力度加大。截至 2020 年 6 月，全国 5G 宏基站累计 41 万个。而预计 2020—2025 年期间，5G 基站将会新增 500 万—600 万座。如果加上小型基站，综合将超过 1400 万个。按现有技术，单个 5G 基站单站功耗是 4G 基站的 2.5—3.5 倍，全面部署后通信能耗也将大幅增长。综合考虑基站功耗、数量、能效提升预期等因素，预计 5G 基站的用电量将由 2020 年的不足 200 亿千瓦时迅速攀升至 2025 年的 3500 亿千瓦时左右。

考虑到能源结构转型及产业数字化智能化转型具有渐进性，按现有投资规划，预计"十四五"期间新基建建设和使用将带来年均 7300 万吨的 CO_2 排放增量。[1] 但长期来看，新基建带来的信息技术和能源技术的"双重革命"将推动行业智能化升级改造、绿色化要素协同，持续发挥减排效应，带动"十五五"期间能耗和排放下降。

二、优化布局、提升能效、多能协同，推动数据中心低碳转型

根据中国数据中心工作组（CDCC）发布的《2021 年中国数据中心市场报告》，2021 年度全国数据中心平均能源使用效率（PUE）为 1.49。按照地区统计分析：华北、华东平均 PUE 接近 1.40，规模化、集约化和绿色化水平较高。华中、华南地区受地理位置和上架率及多种因素的影响，数据中心平均 PUE 值接近 1.60，存在较大

---

[1] 柴麒敏等：《新型基础设施投资的碳排放影响分析及绿色低碳化政策建议》，《气候战略研究》2020 年第 19 期。

的提升空间。2021 年 4 月，上海市经信委指出，新建大型数据中心综合 PUE 严格控制不超过 1.3，并对于利用可再生能源，储能技术的项目给予引导和支持。同月，"东数西算"工程要求张家口、韶关、长三角、芜湖、天府、重庆集群的 PUE 在 1.25 以下，林格尔、贵安、中卫、庆阳集群在 1.2 以下。2021 年 7 月，北京市发改委指出，将对新建、扩建数据中心项目进行更严格的审查，根据不同的用能规模，对于 PUE 超过标准限定值的数据中心执行差别电价政策。年能源消费量＜ 1 万吨标准煤的项目 PUE 值不应高于 1.3；≥ 3 万吨标准煤的项目 PUE 值不应高于 1.15。2021 年 11 月，工信部《"十四五"信息通信行业发展规划》提出到 2025 年底，单位电信业务总量综合能耗下降幅度达 15%，新建大型和超大型数据中心 PUE 值下降到 1.3 以下。

统筹优化布局、增加可再生电力占比、深化余热综合利用和提升技术能效，是 IDC 绿色低碳转型的主要抓手。

（一）构建"东数西算"格局，推动绿色算例优化布局

2022 年 2 月，国家发展改革委、中央网信办、工业和信息化部、国家能源局联合印发通知，同意在京津冀、长三角、粤港澳大湾区、成渝、内蒙古、贵州、甘肃、宁夏等 8 地启动建设国家算力枢纽节点，并规划了 10 个国家数据中心集群，全国一体化大数据中心体系完成总体布局设计，"东数西算"工程正式全面启动。

实施"东数西算"工程，有利于在提升国家整体算力水平的同时，促进绿色发展。加大数据中心在西部布局，将大幅提升绿色能

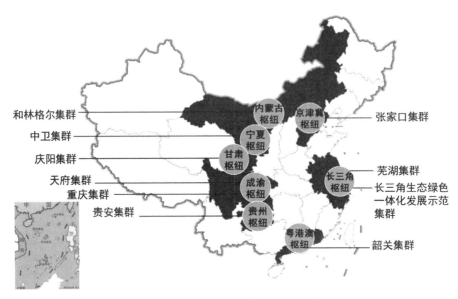

和林格尔集群
中卫集群
庆阳集群
天府集群
重庆集群
贵安集群

内蒙古枢纽
京津冀枢纽
张家口集群
宁夏枢纽
甘肃枢纽
成渝枢纽
长三角枢纽
芜湖集群
长三角生态绿色一体化发展示范集群
贵州枢纽
粤港澳枢纽
韶关集群

图8.5　我国"东数西算"布局示意图

资料来源：国家发改委。

源使用比例，就近消纳西部绿色能源，同时通过技术创新、以大换小、低碳发展等措施，持续优化数据中心能源使用效率。

分 IDC 类型看，短期内算力型数据中心的主要聚集地仍是东部的一二线城市，而带宽资源不足的欠发达地区和西部地区可以利用充沛的电力资源建设存储类数据中心。

（二）增加可再生电力使用占比

支持具备条件的数据中心开展新能源电力专线供电，鼓励 IDC运营企业参与可再生电力双边交易和公开市场交易，提升绿色电能使用占比。鼓励 IDC 购买绿电（风、光、水）或购买绿证，随着绿电交易机制进一步完善，绿电占比有望进一步提升；绿证为重要补充方式，未完成消纳指标的市场主体可通过自愿认购绿证的替代方式完成消纳量。

鼓励 IDC 投资开发分布式可再生能源，如在数据中心楼顶安装分布式光伏、风电用于自用，满足机房照明灯用电等，作为峰值电力补充手段。

支持储能设施与 UPS 一体化提标改造，提升可再生能源消纳能力；加快推广模块化氢电池和太阳能板房等技术在小型或边缘数据中心的规模化应用。

（三）大力推动 IDC 节能降耗

鼓励 IDC 采用液冷、模块化电源、模块化机房等高效系统设计等绿色节能措施，推动新建 IDC 提标和存量 IDC 升级改造。

最后，深化 IDC 与周边区域能源系统的协同，推进数据中心电源热余热回收和梯级利用，包括自用或输送至周边公共建筑供暖系统等方式，大幅提升能源、资源的综合利用水平。

（四）完善 IDC 用能管控配套体系

IDC 用能评估、监督、管理政策体系亟待完善。目前对于 IDC 设计能效、节能技术以及可再生能源利用标准等在建设规范和设计标准相关文件中，作出了较为明确、细致的规定，但对于投产后的能效表现跟踪评估评价，以及监管体系尚待完善。需加快设计完善 IDC 投产运行前的能效监测体系，包括配套设施和监测方法和标准体系，加快建立涵盖数据中心基础信息、能效、碳排放、网络、算力等在内的数据中心在线信息监测平台，并对接各地能效监测管理平台。加强用能考核和管理，明确能效标准和差别化管理政策，加快推动小散老旧数据中心有序升级改造和关停并转。此外，相关导则主要集中在从技术上降低数据中心能耗和PUE，缺乏可再生能源使用的约束性政策。需加快探索创新机制，引导IDC运营主体提升能效、增加可再生能源利用。包括发布数据中心绿色发展与可再生能源开发利用指引；研究引入用能权交易、差别化电价机制、减量替代等激励机制；用能指标动态分配机制和标准；探索长三角跨省能耗和效益分担共享机制等。

三、集约发展、技术升级，推动通信网络绿色发展

发展节能技术是优化5G基站能效的主要手段。国家《贯彻落实碳达峰碳中和目标要求 推动数据中心和5G等新型基础设施绿色高质量发展实施方案》针对5G网络建设提出了发展高效节能技术、加快节能基站推广应用、应用AI技术加强自动化智能化能耗管理等要求，通过软硬件技术优化降低基站设备能耗。影响基站能耗的主要因素有五大方面：（1）基站发射功率；（2）业务负载的影响；（3）散热及耐热可靠性；（4）器件不同能效比的影响；（5）设备运行环境温度等。高功率电源、锂电池、光伏、AI等新技术的快速发展为5G基站打开了新的建设形态，带来了可观的能效提升空间。可以通过鼓励增加室外站降低制冷能耗，并利用道路综合杆等城市公共设施设置新形态基站，实现资源共享；推动电源改造降低损耗；鼓励因地制宜叠加太阳能光伏，实现光伏、储能与市电的智能协同；发展AI技术，根据站点温度、湿度、能源状态、业务状态实时调整

系统运行参数等手段，提升系统效率。

从政策抓手的角度看，加快推进 5G 网络低碳转型还需在监管机制上进一步完善和优化能效标准，加强能耗审计和监管；在配套机制上协同供电政策，加快推动转供电改直供电，降低 5G 基站运行成本；在建设规划上统筹用能和城乡建设、市政管理等各部门，推动集约化建设。

四、推动数字化、低碳化交叉融合创新发展

大数据和现代通信基础设施自身高能耗的特性，是难以改变的客观事实。加快发展基于数字智能的现代低碳产业系统、能源系统、公共管理系统，是更好发挥新基建绿色低碳效应，促进低碳转型，实现净减排的同时挖掘经济增长和社会发展新动能的重要举措。大数据、人工智能（AI）和现代通信技术的快速发展，以及基础设施的快速完善，对经济社会和能源系统的低碳转型带来的影响，集中体现在以下几个方面：

一是能源效率优化：大数据和人工智能可以用于监测、分析和优化能源使用。通过收集和分析大量的能源数据，系统可以识别能效低下的区域，并提供优化建议，从而降低能源浪费，提高能源利用效率。

二是智能城市管理：大数据和人工智能可以用于城市规划和管理，提高城市运行的效率。例如，交通管理系统可以通过实时数据来调整交通流量，减少交通拥堵和排放。智能建筑管理系统也可以优化建筑能源使用，减少碳排放。

三是可再生能源集成：大数据和人工智能可以帮助优化可再生能源的集成和管理。通过实时监测天气、能源产量和需求，系统可以智能地调整能源分配，确保可再生能源的最大利用，提高电力系统的可靠性。

四是碳排放监测和管理：大数据和人工智能技术可以用于监测企业、城市和国家的碳排放。这有助于建立碳排放清单，制定更有效的碳减排策略，并实施碳交易市场，推动碳市场的发展。

五是智能交通和共享出行：大数据和人工智能可以改善交通系统的效率，促进共享出行模式。这有助于减少汽车数量，降低交通拥堵和碳排放。智能交通系统可以提供实时的交通信息，引导人们选择更环保的出行方式。

六是绿色技术创新：大数据和人工智能的发展推动了绿色技术的创新。通过数据分析和模拟，研究人员可以更快地发现新的低碳技术，提高能源生产和使用的效率。

七是智能电网建设：大数据和人工智能在电力系统中的应用可以创建智能电网，实现对电力需求的更加精确的预测和调度。这有助于提高电网的稳定性和可靠性，支持可再生能源的大规模集成。

大数据、人工智能和现代通信的发展为低碳转型提供了强大的工具和技术，使各个领域能够更加智能、高效地管理和利用资源，推动社会朝着更可持续的方向发展。

第九章 气候治理的政策与机制保障

实施能源强国战略，兼顾能源转型和能源安全，需要有全局性的顶层设计。其必要性可概括为以下四个分项。其一，能源问题涉及面广，地区间、部门间矛盾突出，顶层设计可以为规避地区、部门间冲突、形成推动能源转型目标实现合力提供有效协调。其二，清洁能源转型具有投入成本高、回报率低、回收期长的特征，从顶层设计上提供必要的激励措施可以为绿色低碳能源发展和能源结构优化提供有效激励。其三，能源强国建设需要多种复杂技术支撑，科研攻关难度高，顶层设计上提供的规划和支持有利于集中产学研各主体资源，为新型能源装备研发，攻关"卡脖子"环节提供整合性平台。其四，能源和气候变化议题与国际政治经济问题深度关联，我国能源使用与能源技术提升深度嵌入全球价值链，处理能源战略中的国际矛盾更需顶层设计来完成。国际和国内经验都表明，实施能源转型，保障能源安全，顶层设计提供的支持力、整合力具有不可替代性。完善的顶层设计，不仅可以使各部门、各主体的创新力充分迸发，还能起到统合市场力量，最大程度降低政策不确定性，稳定市场预期的作用。我国具有"集中力量办大事"的显著制度优势，为推动多元一体的顶层设计提供了可能，为我国能源战略实施，尤其是"碳达峰，碳中和"目标的达成提供了充分的制度保障。

强化建设能源强国战略的顶层设计，要避免政策类型的单一化，力求多点布局，多类型政策配合。以能源低碳转型为例，顶层设计可包含总量规划、全国性交易平台、产业激励政策和研发支持政策等多个类型。总量规划体现为对一个较长时间段内的能源使用或排放总量提出总体约束，并对各部门减排次序做出优先级排序。2020年9月的联合国大会上，中国宣布了国家层面的"双碳"目标，即在2030年前实现二氧化碳排放达峰，2060年前实现碳中和，并进一步将减排路线细化为单位 GDP 的 CO_2 排放量在 2020 年比 2005

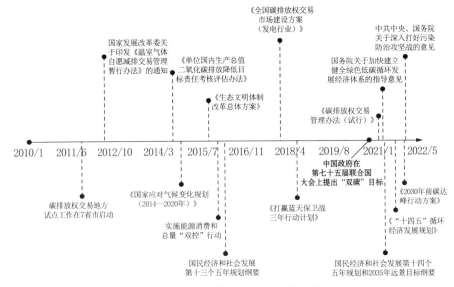

图 9.1 中国双碳领域顶层设计时间轴

年减少 65% 以上；非化石燃料在一次能源消费中的比重达到 25% 左右；森林碳储量比 2005 年高出 60 亿立方米；风能和太阳能总装机扩大到 1200 吉瓦以上等若干量化目标。总量规划具有实施时间长、覆盖行业广的特点，为各部门、各地方制定各自的能源转型规划奠定了基调。我国领导人多次在国际场合介绍我国总量规划，也进一步增强了我国在全球应对气候变化协同行动中的地位和话语权。

表 9.1　中国政府应对气候变化总量承诺和碳减排目标时间表

承诺年份	国家气候承诺和碳减排目标	关键实施政策
2009	与 2005 年相比，到 2020 年碳强度下降 40%—45%	提出国家和省级二氧化碳排放目标、工业能效目标、碳市场
2014	与 2005 年相比，到 2030 年碳强度下降 60%—65%；到 2030 年实现碳达峰	区域碳市场试点、国家碳市场（基于强度）、支持可再生能源电力的部署和并网
2020	2060 年前实现碳中和	国家碳市场（基于总量）、可再生能源投资组合标准、对低碳能源的研发支持、技术标准（非二氧化碳温室气体）

第一节　中国碳市场的建设与发展

建设以全国电力市场和全国碳市场为代表的全国性交易平台，有助于发挥市场资源配置作用，促进全国资源协调，并激励市场主体自发进行技术创新。全国能源交易市场一体化也有利于提升能源系统的灵活性，有利于在地区性、行业性能源危机爆发时，通过价格机制平抑能源及时供需矛盾，优先将资源配置到优质主体。各国经验也表明，碳交易和电力交易市场覆盖越广、整合度越高，实施效果就越好。2021 年 6 月 25 日启动的全国碳交易市场是目前我国推动能源转型而实施的关键举措。从 2011 年 7 省市启动，到全国碳市场规则制定和正式启动，顶层设计贯彻始终。而在电力市场的建设过程中，国家层面的顶层设计也在推进规则制定、整合各方面力量、稳定市场预期等方面扮演了重要角色。

一、中国碳市场的发展历程

2020 年 9 月习近平总书记关于碳达峰、碳中和目标的宣言为中国经济和社会发展的深刻变革提出了清晰的愿景和时间表，碳达峰、碳中和已纳入我国经济社会发展全局规划，由此提出处理好发展和减排、整体和局部、短期和中长期关系的重要战略要求。习近平总书记在十九届中央政治局第三十六次集体学习的重要讲话中强调，实现碳达峰碳中和是一场广泛而深刻的经济社会系统性变革，不仅是贯彻新发展理念、构建新发展格局、推动高质量发展的内在要求，也是推动构建人类命运共同体的必然选择。

碳市场作为成本较低的市场化减排方式，为处理发展与减排的关系提供了有力工具。与传统的行政管理手段相比，碳市场能够通过价格信号为企业长期的生产经营规划提供支持，并通过"奖优罚劣"的激励机制促进企业以最低成本实现减排，催生绿色技术创新和引导绿色产业投资。从国内外经验看，发展碳金融市场在低碳转型政策体系中有着基础性的地位。截至 2022 年，全球共有 72 个区域、国家和次国家级碳定价机制，占全球温室气体排放量的约 18%，其中碳排放交易计划（ETS）27 个。这其中就包括 2021 年底启动的中国全国碳排放权交易体系。

碳排放权市场是利用市场化机制促进减排的重大制度创新，也是中国实现碳达峰、碳中和目标的重要政策工具之一。与传统行政管理手段相比，碳市场是以较低成本实现特定减排目标的政策工具，既能够将温室气体控排责任压实到企业，又能够为碳减排提供相应的经济激励，降低全社会的减排成本。此外碳市场通过倒逼减排带动绿色技术创新和产业投资，为处理好经济发展和碳减排的关系提供了有效的工具。然而不论国内还是国外，针对碳市场有效性的研究普遍面临多因素交互影响带来的内生性问题，碳市场建设初期规则体系快速迭代带来的稳定性问题，政策、技术、市场多维不确定性带来的微观行为复杂性和非完全理性，以及交易数据不可得、结构指标难定量等问题，导致碳金融市场影响产业结构的效果、机理、路径，尚缺乏完整、系统、深入的研究。

当前我国碳达峰碳中和"1+N"政策体系正在加紧制定，优化碳市场建设是重中之重。2022 年以来，中央高度重视处理减排和发展的关系，碳达峰碳中和工作领导小组召开联络员会议指出，我国碳市场在发展过程中仍然面临一定的挑战，须通盘考虑，优化思维方式，正确处理好发展和减排的关系、整体和局部的关系，稳妥施策，更好发挥碳市场的重要作用和调节功能。作用效果、机理、路径的系统性研究缺失，不利于碳市场的机制和规则优化设计，妨碍我国气候治理政策体系的加快完善和"双碳"战略目标的优化落实。

（一）碳金融市场概念、发展历史与研究焦点

碳金融市场的机制基础，是总量控制与交易制度（cap-and-trade），它的目的是将环境要素成本化，通过碳排放权交易实现环境资源的有效配置，从而实现系统整体碳减排成本的最小化。碳排放权交易的概念源于排污权交易，这是一种被广泛用于大气污染和河流污染管理的环境经济政策，其基本做法为：政府机构评估出一定区域内满足环境容量的污染物最大排放量，并将其分为若干排放份额。政府将排污权在一级市场上进行有偿或无偿出让给排污者，由排污者自行在二级市场上将排污权进行买入卖出。在碳排放权交易中，通过碳排放权总量控制和交易机制形成的碳价格，实质上反映了不同单位减排能力的强弱，价格信号能寻找到成本效率最高的减排区域，从而激励相应主体开展节能减排行动。碳交易市场是人为构建的政策性市场，环节多样、机制复杂，涉及经济、能源、环境、金融等社会经济发展的方方面面，涉及政府与市场、各级政府、各部门、各地区之间以及公平与效率之间等诸多问题，是一项复杂的系统性工程。因此，需及时跟踪国内外政策变化、技术变化，深入研究交易体系，研判未来发展趋势。

碳排放权交易起源于排污权交易理论，20 世纪 60 年代由美国经济学家戴尔斯提出，并首先被美国国家环保局（EPA）用于大气污染源（如 SO_2 排放等）及河流污染源管理。随后德国、英国、澳

大利亚等国家相继实行了排污权交易。20 世纪末，气候变化问题成为焦点。1997 年全球 100 多个国家签署了《京都议定书》，该条约规定了发达国家的减排义务，同时提出三个灵活的减排机制，碳排放权交易是其中之一。据 ICAP 报告，自《京都议定书》生效后，碳交易体系发展迅速，各国及地区开始纷纷建立区域内的碳交易体系以实现碳减排承诺的目标，目前全球已有 27 个在运行中的碳交易机制，覆盖规模约为全球碳排放总量的 18%。

在碳市场机制下，政府首先确定减排目标，并按一定的规则将初始碳排放权分配给纳入交易体系的企业，企业可在碳市场交易碳排放权。由于受到经济激励，减排成本相对较低的企业会率先进行减排，并将多余的碳排放权卖给减排成本相对较高的企业并获取额外收益，同时减排成本较高的企业通过购买碳排放权可降低其达标成本，最终实现社会减排成本最小化。有效碳市场的碳排放权的价格即企业的边际减排成本。在企业微观决策上，主要是将碳减排成本、超额碳排放成本、购买碳配额的成本与超额排放生产带来的收益进行比较，并作出相应决策。

根据市场是否具有（履约）强制性，可将碳市场分为强制性碳市场和自愿性碳市场：强制性碳市场基于总量控制与交易原则下的碳排放权交易市场，具有强制属性，起源于《京都议定书》。参与主体主要为控排企业，交易产品主要指普通的碳配额（用于最后履约），该类型碳市场最为普遍。自愿性碳市场主要指基于项目的碳信用市场，部分碳信用市场按一定规则与强制性碳市场链接，参与主体主要为减排企业（主要作为卖方）、控排企业（主要作为买房），交易产品主要为碳减排量或碳信用，例如清洁发展机制（CDM）、中国核证自愿减排量（CCER）、核证减排标准（VCS）等。

根据交易目的的不同，可将碳市场分为一级市场和二级市场。一级市场主要针对强制性碳市场，对碳配额进行初始分配的市场体系，参与主体主要为控排企业、政府机构，交易产品主要为碳配额。政府对一级市场的价格和数量有较强的控制力，在配额初始分配机制中如何分配、分配多少都取决于减排政策和目标，需要从配额分配方式和初始配额计算方法上进行明确。配额分配方式主要包括免费分配、拍卖分配以及这两种方式的混合使用；初始配额计算方法则主要包括历史排放法、历史碳强度下降法、行业基准线法。二级市场指控排企业/减排企业/其他参与者开展碳配额/碳减排量现货交易的市场体系，控排企业在一级市场获得碳配额后获得对碳配额的支配权，减排企业通过减排量申请获得政府/组织核证的减排量后获得对减排量的支配权。

碳交易机制的设计也有所不同。完整的碳排放交易体系包含五个环节：

一是碳排放权配额分配（包括无偿出让及有偿出让）。政府部门根据全社会的实际历史排放量以及追求的减排目标确定碳排放权总量，然后将一定比例的份额划为有偿出让交给拍卖平台，剩下的份额则进行无偿出让。无偿出让是指政府主管部门根据企业历史履约情况以及市场交易情况确定配额数量并向企业免费发放。有偿出让则指企业向拍卖平台通过拍卖来购买配额。通过无偿出让及有偿出让获得的配额总量即为该企业这一段时期内可用的法定碳配额。

二是配额使用与交易。这些法定碳配额一方面可用于抵消企业运营过程中产生的碳排放，另一方面多余的配额可在交易平台上与其他企业进行交易以获取额外收入。此外，碳配额可以作为一种金融资产，开发衍生品或用于融资，从而催生更丰富的碳金融市场。

三是配额抵消。这是法定碳配额交易的补充环节，企业可自愿开展减排项目，经具有资质的第三方机构认证后，其减排量可被认为是核准碳配额，这些核准碳配额能够在一定规则下与法定碳配额发挥同样的作用，核准碳配额同样可以在交易市场上进行交易。通过法定碳配额和核准碳配额的交易，企业能够获得额外收入。

四是配额核查。政府从交易平台获取有关碳交易的相关信息（MRV），例如碳交易的市场结构、价格决定因素、市场活跃度、交易费用等等。

五是履约。政府依照初始各企业拥有的法定碳配额量对企业履约情况进行核查，不满足配额使用要求的企业将受到相应惩罚。

每个时期内的碳交易都由这五个环节支撑进行，每一轮的碳交易绩效都将影响新一轮碳交易的实施。当各环节能够形成良好反馈时，一个相对稳定的碳交易体系便能建立。但受到政治体制、立法体系、经济产业和资源禀赋特征不同，各国气候政策导向具有较大差异，目前全球都尚未形成"标准的"，甚至"完整的"碳市场，各国碳交易机制均处在持续探索、演进和变革过程中。

（二）我国碳市场建设的背景与趋势

我国参与碳排放交易历程可划分为三个阶段：第一阶段（2005年至2012年），主要参与国际CDM项目；第二阶段（2013年至2020年），在北京、上海、天津、重庆、湖北、广东、深圳、福建八省市碳排放权交易试点开始运营；第三阶段（从2021年开始），建立了全国碳交易市场，首先纳入电力行业。自2013年开始，各试点碳市场陆续开始运营，在交易机制设计上呈现出框架相同、细节存异的特征：

关于覆盖范围气体范围：除了重庆外各碳试点均仅纳入了二氧化碳气体，重庆纳入了六种温室气体（二氧化碳、甲烷、氧化亚氮、氢氟碳化物、全氟碳化物、六氟化硫），各地覆盖温室气体排放的比例在40%—70%之间。此外，国内各碳试点均将间接排放纳入了交易机制中的碳排放核算体系，该点与国际碳市场的普遍做法不同，旨在克服我国电力价格有政府管控导致的碳成本无法传导问题，有助于从消费端进行减排。

关于覆盖行业范围：各试点均纳入了排放量较高、减排空间较大的工业，如电力生产、制造业等。但由于各试点经济结构不同，纳入碳交易的行业范围有差异，例如深圳、北京、上海等地将交通运输业、服务业、公共管理部门等纳入其中；各试点控排门槛也有差异，如深圳、北京工业企业较少且规模有限，故对工业的控排门槛设置低于其他碳试点。

关于配额分配方法：六家碳试点均规定可以通过拍卖的方式进

行配额的发放，但比例较低；广东碳试点碳配额的拍卖是针对具体行业初始碳配额的分配，其他碳试点设置拍卖的目的均为了政府进行市场调控。初始配额分配计算方法融合历史排放法、标杆法等多种方式。

关于惩罚机制：对于履约期未足额缴纳对应碳配额的企业，试点碳市场设定了固定的罚款或与碳价绑定。在缴纳罚款的同时，深圳、广东、天津、湖北、福建碳市场均要求未足额履约企业补缴碳配额。

关于市场调控机制：所有碳试点均会对碳价波动采取一定干预措施，包括政府回购碳配额或出售碳配额、设定配额拍卖底价，以及通过交易限制等方式调节价格波动，稳定碳市场。

全国统一碳市场建设在 2020 年下半年步入快车道。2021 年 3 月 30 日，生态环境部发布《碳排放权交易管理暂行条例（草案修改稿）》（征求意见稿），对全国统一碳市场框架进行了全面、系统的规定。当前全国碳市场仅纳入二氧化碳，行业覆盖发电行业，未来将按照成熟一个纳入一个的原则，逐步纳入钢铁、有色、石化、化工、建材、造纸、航空等其他行业。配额初始分配的原则为按行业基准法免费分配，基于历史产量数据、设定差异性单位碳排放量参数，计算生产机组的初始碳配额。价格调控机制，以及排放配额是否可以存储当前尚无定论。此外，温室气体削减排放量的核证及登记的具体办法及技术规范均尚未明确。

目前我国碳交易市场的建设仍处于起步阶段，顶层架构及机制仍需进一步完善。不论是地区试点还是全国统一碳市场，都不同程度存在交易活跃度不高的问题。配额分配过于宽松、免费配额占比过高等碳交易机制本身设计问题，以及碳市场金融化发展不足等，是约束我国碳金融市场优化发展的关键因素。

二、碳市场的减排效果评估

碳市场的建设目的，是旨在通过对排放许可证定价，将化石燃料消费的社会成本内部化，从而以市场化的方式激励和引导控排企业主动减排，加速能源结构变革和提高能效。本质上，碳市场控排企业能够采取多种措施达到减排目标，包括调整能源结构、采用节能减排技术，以及减少产出。在这些选项中，微观企业的具体选择很大程度上取决于碳市场规则和机制的设计，同时在不同微观企业之间具有高度异质性。

基于海外碳市场的评估结果显示，在主要发达经济体中，碳交易机制在推动相对高成本的减排选项方面效果有限，原因在于提升能效、优化城市规划和基础设施等高成本、长周期的决策，往往对价格激励不敏感。我国于 2013 年启动了七个试点排放交易系统，并于 2021 年启动了全国碳市场。目前全国市场与地方试点市场并行运行。

在我国所有碳减排政策工具中，碳市场是典型的、影响最为广泛的市场化机制，我国碳市场建设从国际经验以及试点市场的经验中获得了许多经验和支撑。然而，中国的排放交易体系是否有效地促使能源结构发生重大变化并加速技术效率仍然存在极大争议。事实上，由于我国燃煤电厂的投资仍在增加，煤炭总消费量也在持续上升，使得中国碳市场乃至碳减排政策的有效性受到质疑。尽管近年来出现了关于中国试点碳市场的实证评估研究，但是关于试点市场的实证研究结果在宏观水平和微观分析之间存在矛盾的证据。一些使用省级或行业数据的研究表明，中国的试点碳市场为减排提供了强有力的激励，主要来自煤炭消耗的减少和能效的提高。然而，越来越多的基于企业层面的实证分析发现，碳市场并没有显著改变能源结构，技术创新效果也存在歧义。具体而言，对于使用基准配额法的部门，公司层面的政策效果与基于宏观数据的效果非常相似，试点市场的总体减排效果在10%—30%之间，排放强度也明显下降。然而近年来，一些基于企业或发电厂和机组级别的微观数据的研究发现，受基准法规制的燃煤发电行业未能实现显著的减排和提高效率，主要的减排贡献来自控排企业相对于非控排企业产出下降更多。此外，也有研究认为，过于宽松的津贴分配方式，可能是造成这一情况的另一个原因。

宏观和微观研究之间不一致的实证结果需要进一步调查关于个体的异质减排活动，这需要考虑到ETS政策的具体实施背景。比较分析将为像中国这样的过渡经济体的ETS计划设计增添一些新的见解。这项研究提供了有关中国试点ETS异质影响的一些新发现，特别关注其在限制煤炭消费和提高能源效率方面的有效性。考虑到ETS基准设置是基于发电机组而不是公司或工厂，我们构建了一个独特的全国范围机组级数据集，涵盖了 2011 年至 2020 年间安装容量不低于 300 兆瓦的 1000 多个燃煤发电机组（CPUs），这使我们能够观察到试点 ETS 实施后机组级的运营和技术变化。从图 9.2 可以看出，低容量机组（300—400 兆瓦）和高容量机组（高于 400 兆瓦）的年龄结构分布差异很大，非 ETS 的 CPU 通常比 ETS 的 CPU 更年轻。此外，年龄较大的 CPU 具有更高的计划外停机率，低容量 ETS 机组的性能也不及非 ETS 机组。从环境监管的角度来看，我们还发现低容量 ETS 机组的污染治理技术升级率较低，无法达到超低排放标准。因此，那些未升级其技术的机组不太可能获得财政激励计划，其中 200 小时延长运营时间是可以增加电力发电量的重要因素。因此，有必要在机组级进行政策影响评估，以更清楚地了解技术异质性对政策影响的影响，并提高 ETS 系统设计的有效性和相关性。为了对宏观—微观水平政策影响差异进行有效的筛选，本文采用动态处理效应模型来识别国家和地区级别的政策效应，并利用涉及多维输入变量的因果森林机器学习模型来探索单位级的时变异质个体处理效应。比较分析使我们能够在传统的平均处理效应不显著时，从个体视角揭示更多技术信息。我们的结果显示，中国的试点 ETS 在政策实施后的后几年内确实能够有效减少机组的煤炭消耗，但对不同安装容量的机组有不同的影响。较小的机组通过降低电力输出水平减少了更多的总排放量，而较大的机组在短期内净煤消耗率和电力发电量略有减少，但在后几年出现反弹，因此长期效应并无改变。这意味着试点 ETS 通过大机组向小机组的容量替换实现了

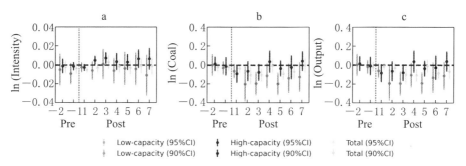

图 9.2　试点碳市场启动后，火电机组的能效、能耗、发电量变化

资料来源：H. Q. Qian, Y. R. Gong, S. Y. Wang and L. B. Wu,"Structural Substitution Rather than Efficiency Improvement in Thermal Power Sector Achieved by China's Pilot Carbon Markets", Working Paper, 2023。

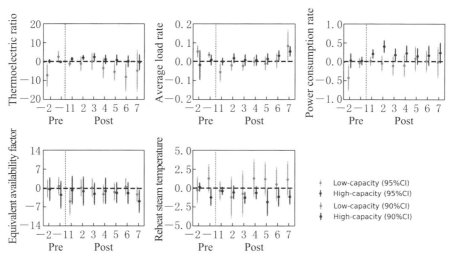

图 9.3　分类型火电机组在碳市场启动后的运行情况变化

资料来源：同上。

煤炭退缩。关于煤炭强度，ETS 对小机组和大机组的长期影响也很小。对于较大的机组，ETS 甚至导致效率性能的恶化。为了有效推动能源效率提高和重组，我们需要一个更有效的碳市场，以触发显著的技术创新，或者更直接地说，需要一个以气候为导向的调度系统来加强效率标准和排放标准。

为评估碳市场机制对控制煤炭消费、提高发电效率的作用，我们对比了纳入试点碳市场的各类火电机组在市场启动前后的能效、总煤耗和发电量。结果显示，大型、高效机组在碳市场实施后第二年和第三年的能效小幅提升，而小型、低效机组在样本期间变化不大。这表明试点碳市场对火电机组的技术效率影响有限。但纳入碳市场的火电机组总体发电量和总煤耗明显下降。分机组类型看，大型高效机组发电量减少幅度较弱，而小型低效机组发电量则有相对更明显的下降。

碳市场的机制设计对于期减排效果和作用机制存在至关重要的作用。在现有各试点市场中，仅湖北碳排放交易试点对煤炭强度降低有政策效应，推动低容量机组能效提升了5.7%，高容量机组提升了1.9%。而其他试点碳市场则未对机组能效提出明确要求，因而也未见显著效果。此外，面板回归分析进一步显示，配额分配标准、碳市场交易量和流动性，以及平均碳价在解释政策效应时都具有统计显著性。从市场角度来看，活跃的交易、较高的价格和严格的基准标准有利于效率的提高。

总体而言，我国试点碳市场通过结构性压降发电规模、推动大型高效机组对小型低效机组的替代，显著减少了煤炭消耗和温室气体排放总量。但从长期看，发电机组的技术能效在短期内几乎没有改善，甚至在较长时期内也有所恶化。推动更严格的配额分配基准、强化能效和排放强度管控，都能够进一步提升碳市场的节能降碳效应。

三、碳市场的规则和制度优化

全国碳市场是否能够成为实现碳达峰和碳中和目标的核心政策工具，一方面取决于自身的体系设计，有效的总量控制、合理的部门覆盖、灵活的品种选择、透明的交易规则、充足的流动性等都是决定市场是否能够释放出合理的价格信号、引导市场主体进行低碳转型的关键。而另一方面，碳市场能否发挥好其发现价格、规避风险、引导投资的功能，还取决于它与其他市场化改革和节能减排政策的兼容性，在电力市场化改革、大气污染防控、用能权交易机制、可再生能源配额机制、排污权交易机制等在内的多重规制，如果做不到激励兼容，则政策效果也会大打折扣。目前中国的碳市场要顺利起步，还需要统筹考虑，做好关键政策节点的衔接，防范政策失灵与市场失灵风险。

（一）与电力市场化改革政策的有效衔接

选择发电部门起步的中国碳市场，正逢中国电力体制改革进入深水区的关键阶段，各地发电企业受到保证非市场化用户安全供应、承受市场化竞争所带来的收益不确定性的双重压力；各地的煤炭消费总量控制、可再生能源配额消纳责任进一步影响发电企业的生产选择。在这种情况下，按照标杆法基于发电企业实际发电水平测算的配额能否形成有效交易以及合理的价格水平，外部环境因素的影响可能远远大于市场内部因素的影响，这也为评估碳市场减排效果和机制设计的合理性，推进碳市场继续向其他部门扩张带来了很大的不确定性。多重约束下的发电企业作为碳市场的控排主体，减排效应受到多重因素影响，减排成本也高度不确定。市场化条件下，具有市场力的煤电企业可以将碳减排成本完全传导到下游，甚至可能会谋取超额利润，造成碳市场失灵，而目前还缺乏必要的监管机制。

（二）与环境治理政策有效衔接

大气环境污染物与温室气体具有高度同源性，但是减排手段则有不同，使得二者的协同治理效应存在不确定性。基于中国企业层级的数据研究表明，我国火力发电企业的环境污染物达标主要依赖于末端治理装置的利用，而能源利用效率提升、生产规模变动等因素对减排贡献度很小。工业部门减排的协同效应更强，能效提升对协同减排作出了较为明显的贡献。因此可以预见全国碳市场起步阶段，主要靠企业提高单位发电量能效水平、采取碳捕集技术、购买自愿减排量的电力部门在配额履行上会面临较大的成本压力。在目前电力市场化改革总体要求电价水平稳中有降的大背景下，企业经营状况可能会受到较大影响。地方政府和发电部门考虑到地方能源安全等因素，可能会对碳市场减排的深入推进产生抵触。推进工业部门尽早纳入碳市场，发挥协同减排效应的潜力更大。同时也要进一步研究不同地区碳减排协同效应的差异和地区环境污染物减排的力度，对配额分配进行综合考虑。

（三）与用能权交易机制和可再生能源配额交易机制有效衔接

目前从调结构的角度，我国同时实行的用能权交易机制和可再生能源配额交易机制都与碳市场建设有着密不可分的关系。前者的控能主体与碳市场的控排主体存在重叠，后者则从电源结构直接入手，关系着碳排放配额总量的设定。三大机制的政策细节设计目前还缺乏有效衔接，地方政府实际执行的方式也存在较大差异。这样的局面一方面会带来地方政府、行业企业的不必要的减排负担，影响稳增长、保民生等重要工作，另一方面也会形成冲突的政策激励信号，影响各类政策功能的有效发挥。

因此，亟待组织力量系统深入研究我国目前绿色低碳转型的政策体系的协调性问题，尽快解决各部门之间协调不够、政策边界不清的问题，把握好双碳目标实现的大局，精细化设计合理的政策体系，真正做到地区、行业协同有序应对气候变化，实现减碳乃至中和。

第二节　能源市场化改革的关键挑战

电力行业二氧化碳排放水平高、减排潜力大，是气候变化领域的重点关注对象，也是碳排放权交易体系的重要参与主体。中国于2021年7月启动的全国碳排放权交易市场从火电行业起步，覆盖二氧化碳年度排放规模达到45亿吨，成为全球覆盖温室气体排放规模最大的碳排放权交易体系。与此同时，在电力部门价格机制扭曲、投资效率偏低、可再生能源"三弃"问题严重等背景下，发端于 2015 年的中国第二轮电力市场化改革在 2021 年 10 月后取得突破性进展，部分试点省份通过电力现货市场建设突破了火电行业上游成本变化难以通过电价进行传导的局面。

电力市场的发展也有助于保障电力供应安全稳定。面对突发的电力短缺，当前主要通过行政性的手段实现有序用电，市场化机制尚未发挥作用，造成较大的经济损失。电力市场化交易有助更灵活、高效地优化供需平衡。但更重要的是，价格信号的有效释放为长期的能源投资提供了有效的激励和指引，提升能源系统建设的科学性。2000 年美国加州电力危机后，市场化步伐不退反进，引入更多市场主体，并鼓励可再生能源和储能的多元化投资，最终到今天实现可再生能源占比超 90% 的目标。近期欧洲因俄乌冲突面临能源危机，电价急剧上涨推高了经济运行成本，但也为产能投资提供了充足的激励，截至 2022 年 6 月德国分布式用户侧储能新增容量同比增长 67%。在我国推动能源低碳转型的过程中，化石能源、可再生能源，以及调峰、储能等多元化的主体都将并存于系统中，形成复杂的交互影响和不同的发展路径。只有让市场充分发挥作用，才能够更科学、高效地实现电力和能源系统的低碳转型，减缓气候变化的同时，更好地应对能源危机。因此，亟待进一步完善电力定价机制，加快现货市场建设和配电市场化改革，培育综合能源服务产业，实现价格信号向用户端的传导；加快探索储能、调峰等电力配套服务市场，开放市场交易主体，引入用户端、能源服务商、需求聚合商等多元化交易主体，激活市场动能。

电碳市场的共同推进意味着火电企业微观决策使得两个市场的均衡状态产生内在联系和交互作用，特别是碳成本的传导会影响短期产量调整和长期能源效率改进，也会通过需求侧效应进一步影响市场均衡路径。对电碳市场交互作用下的价格机制和碳成本传导进行分析能够促进电力市场改革设计和碳定价机制设计，实现电—碳市场协同优化，推动电力行业低碳转型，保障我国顺利的实现"双碳"目标。

一、电力市场化改革进程

国家发改委、国家能源局于 2017 年 8 月 28 日联合下发《关于开展电力现货市场建设试点工作的通知》，从南方（广东）起步、蒙西、浙江、山西、山东、福建、四川、甘肃等 8 个地区作为第一批试点，加快电力现货市场的建设。当前我国电力现货市场改革正进入全面推开阶段。第一批 8 个试点省市（甘肃、山西、山东、浙江、福建、四川、蒙西、广东）中，绝大多数在 2021 年顺利完成长周期结算试运行，2022 年进一步开展更长周期的连续不间断试运行。其中，山西作为第一批现货试点的代表，2022 年 4 月起持续开展长周期结算试运行，经受了疫情、迎峰度夏、能源短缺、电价大幅度波动的考验，增强了全国上下对于做好电力现货交易的信心。山西的实践证明，电力现货市场在中国是能搞成功的。在第一批试点省份的鼓舞下，上海和辽宁、江苏、安徽、河南在 2021 年 3 月正式成为第二批电力现货市场试点。第二批 6 个现货试点（辽宁、上海、江苏、河南、安徽、湖北）正在加快推进试运行工作。

我国电价改革也取得突破性进展。2021年10月，国家发改委发布《国家发展改革委关于进一步深化燃煤发电上网电价市场化改革的通知》（发改价格〔2021〕1439号）（下称1439号文）。1439号文提出在2021年10月15日起取消工商业销售目录电价，工商业用户进入市场，燃煤发电量应全部进入市场参与交易，通过市场交易在"基准价+上下浮动"范围内形成上网电价，放开市场价格浮动上下限为燃煤基准价的20%，且高耗能企业市场交易电价不受上浮20%限制。1439号文标志着电力市场改革进入全新阶段，为现货市场建设发展提供了良好基础。

（一）电力市场化改革历史回溯

一般认为，电力市场改革在供需宽松条件下更容易推进。我国两次重要的电力市场化改革节点分别发生在2002年和2015年。2002年，国务院发布《电力体制改革方案》（5号文件），开始引入电力市场竞争机制，推动"厂网分离"改革，但是，由于发电投资规划对于2002—2004年间需求快速增长预期不足，同时加入WTO带来的高耗能产业电力需求激增，导致2004年出现大范围停限电问题，并最终引发严重的发电侧涨价压力，第一次市场改革进展被迫停滞。

2015年新一轮电改吸取了2002年改革的教训。2015年，电改"中发9号文"发布，标志着电改进入第二段"快速通道"。然而，由于我国电价长期以来由政府价格主管部门制定，同时电力产品价格影响到社会生产生活的各个方面，涉及企业生产经营、营商环境评价乃至居民生活，导致电价改革一直存在较高敏感性，电力市场改革中一直难以实现价格的有效浮动和对电力需求的有效引导。

2021 年上半年，受新冠疫情后出口生产恢复影响，我国各地高耗能产业需求出现超调式反弹，与此同时叠加内蒙古关停违规煤矿、安全生产停产检查、全球绿色低碳转型抑制化石能源投资、美元货币超发推高全球大宗商品价格等多重因素，导致一次能源价格和电力需求大幅上涨，而电力市场机制没能有效发挥传导成本、自发调节电力需求的功能，导致燃煤发电企业大面积亏损乃至出现资金链断链风险，部分企业甚至需要"贷款买煤炭"，终于让煤与电产业上游市场化而下游市场化程度不足的"纵向双轨制"矛盾集中爆发。这一爆发的结果是，大面积限电和煤炭供应总量不足的硬约束倒逼电力市场化改革加速。以 1439 号文为核心的电力市场改革发生了重大变化：

第一，打破用户侧价格不能涨的限制。在 1439 号文之前的电力改革中，对价格上涨引发负面影响的担心导致市场价格难以真正浮动，也难以对不同价值的用户进行合理定价，大大限制了市场的功能。1439 号文突破了这一限制，实现了前期改革一直难以攻克的关键一环。

回溯改革历程，2015 年中发 9 号文颁布之前，新一轮改革规划已经在酝酿。为迎接 2013 年 11 月召开的中共十八届三中全会，官方对中国新一轮改革路线图规划问题提出了一套新的改革方案,被各界称为"383"改革方案。"383"方案中对直购电(或者发电与用户直接交易)的目标定位包括:"在治理产能过剩的现实背景下,也有利于加速淘汰钢铁、水泥、电解铝等高耗能产业中规模小、能效低的落后产能。"然而,在2015—2021年期间,直购电或直接交易却在各地方成为一种发电侧单边降价的让利市场,市场规则通过"价差模式"并设定强制负价差产生所谓"红利",而享受降价的企业中,很多企业恰恰来自钢铁、水泥、电解铝等高耗能行业。在价差模式单边让利的市场中,最大的问题不是发电侧形成"零和"乃至"负和"博弈,而在于用电侧不仅总体获益,而且每家企业都获益(仅由于相对偏松的偏差考核机制在一定程度上对用户侧/售电侧形成约束),市场无法产生双向激励(奖和惩),就没有真正产生优化资源配置(优化产业结构)的作用,从而背离了改革初衷。能否扭转这一趋势,实则是我国电改成功与否的关键,也是课题研究与规则设计的关键线索。

第二,通过现货市场和全国市场提高对新能源的消纳能力。这也是决策层下定决心在供需偏紧时期推动改革的关键因素。我国将构建以新能源为主体的新型电力系统,新能源如风电、光伏等发电依赖天气因素,具有间歇性、波动性。提高消纳能力,一是要通过现货市场建立起实时定价功能。在建立电力现货市场的地区,电力批发市场价格信号(主要针对售电公司和直接参与批发市场的大型用户)可以随短期供需实现实时浮动(在中长期完成风险对冲的基础上），从而适应新能源波动性特征。二是在全国更大范围内优化资源配置。未来将从省间中长期交易和省间现货交易起步，逐步建成全国统一电力市场。省间联网和资源余缺互济是提高电力系统稳定性的关键。新型电力系统意味着发电结构的长期快速调整，旧的经验难以维系，很容易产生决策失误和市场效率扭曲。而市场化定价可以根据供需实际情况进行即时定价，适应发电结构长期转变的各个阶段的定价要求，保障安全。

第三，预期将与碳市场等机制产生联动效应。"碳达峰、碳中和"目标在 2020 年以来上升为我国国家战略。实现碳达峰、碳中和的基本途径包括：（1）发展非化石能源发电。发展非化石能源发电主要通过设置固定上网电价（Fit-in-tariff，FIT）、可再生能源配额制（Renewable Portfolio Standards，RPS）和其他各类补贴政策，激励非化石能源发电投资。（2）降低化石能源使用量。降低化石能源使用量主要采用能效规定、淘汰落后产能、鼓励电能替代（能源消费电气化）和碳排放权交易机制（Emission Trading Scheme，ETS）等手段。（3）发展负排放技术。对照我国低碳发展实践，伴随经济发展和能源转型迫切性提升，以政府计划指令为核心的命令控制型能源政策的弊端和不足愈发显现，国家层面可再生能源电价补贴始于 2012 年，因资金欠缴、补贴拖欠而终止于 2021 年。2021 年 8 月，财政部针对人大代表关于可再生能源补贴方面的建议进行的官方回复中明确表示，不宜采用特别国债、地方政府专项债券方式缓解补贴缺口压力，而应通过绿证和碳排放权交易等市场化机制补贴新能源环境效益。2021—2030阶段，以碳排放权交易和可再生能源配额制为主的市场型工具将逐步成为中国实现"双碳"目标的主要动力来源，并对电力行业和电力市场产生重要影响。本次电改在长期内也可与双碳转型的政策工具（比如，全国碳市场）产生相互作用。电价市场化的突破下，电—碳市场将开始密切耦合。此外，可再生能源消纳责任权重市场、用能权市场都将逐步落地，代替当前以行政指令和刚性指标保证能源发展目标的产业治理模式，形成市场型政策工具的一揽子组合，支撑我国实现双碳转型和长期可持续发展目标。

（二）电力现货试点情况

第一批8个试点省市（甘肃、山西、山东、浙江、福建、四川、蒙西、广东）中，绝大多数在2021年顺利完成长周期结算试运行，2022年将进一步开展更长周期的连续不间断试运行。在第一批试点省份的鼓舞下，第二批6个现货试点（辽宁、上海、江苏、河南、安徽、湖北）初步完成规则编写和技术支持系统建设工作后，正在推进试运行工作。

目前，国内试点省份（特别是东部受端省份）市场模式以集中式电力市场为主，代表性的是浙江和广东等省电力市场。与此同时，国内不存在国际意义上的分散式电力市场，福建省和蒙西电力市场更多接近于传统计划调度模式。

表 9.2 国内第一批现货试点省份方案

试点省份	现货竞价方式	电价模式	中长期合约类型	用户侧参与方式	试点阶段
山西	集中竞价	节点电价	差价合约	报量不报价	结算试运行
甘肃	集中竞价	分区电价	差价合约	暂不参与	结算试运行
山东	集中竞价	节点电价	差价合约	报量不报价	结算试运行
浙江	集中竞价	节点电价	差价合约	探索双侧报价	结算试运行
福建	平衡市场集中竞价	系统边际电价	实物合约	暂不参与	结算试运行
四川	集中竞价	系统边际电价	差价合约+实物合约	暂不参与	结算试运行
蒙西	集中竞价	系统边际电价	实物合约，拟改为差价合约	双侧报价	结算试运行
广东	集中竞价	节点电价	差价合约	报量不报价	结算试运行

尽管山西长周期连续不间断试运行检验了市场设计基本可行，但仍然有部分问题值得进一步优化：

第一，现货需求对价格信号的响应能力不足。首先，本身参与双边交易的企业范围小。大部分需求不受现货价格影响。一般工商业用户以电网公司代购电模式进入市场，不仅不参与现货价格调控，连中长期环节的电价方式也是通过电网内部风险对冲后，以均价变动的形式传导的，淡化了分时价格信号对需求的影响。其次，现货规则中规定多种激励形式，例如偏差收益返还等，降低现货价格波动对结算均价的冲击。同时，强制限制中长期签约比例，2022 年前要求用户和发电企业在长期交易环节签订高比例中长期合约。中长期合约覆盖的电量下，降低用户暴露在现货电价中的风险敞口。

第二，新能源存在明显的优序效应，新能源出力较高时现货价格显著降低，在绿色属性交易市场尚未建立健全的背景下，或对新能源投资形成抑制。可再生能源发电边际成本低，比重升高时会对市场价格产生负向影响，学者将这一现象描述为可再生能源发电具有"优序效应"。优序效应、电价上限政策乃至市场设计对调节性资源补偿不足都会导致"消失的钱"（missing money）问题，导致火电企业收益降低以致破产关停，影响供电可靠性，也会提高新能源发电投资的预期风险。

第三，包括进展较好的山西试点在内，目前国内尚无现货试点真正突破交叉补贴的限制，定价逻辑仍然是局部技术类型内进行优化的价差法逻辑，即发电类型未能真正突破燃煤发电市场化的范围，而用户侧相当比例电量也是按照"市场总购电成本变化 / 市场总电量 + 原分类电价"的保留原有政府定价结构的模式进行价格浮动和传导（特别是代理购电环节）。一方面说明电力资源的确具有政策敏感性，因此电价稳定本身被视为是政策绩效之一，让地方层面倾向于对大部分市场激励信号进行平均化处理，以避免对特定群体造成过大冲击后引发舆论反弹。另一方面，这也有助于我们理解改革的过渡性和渐进性：对于严格设计的市场机制来说，渐进提高市场价格和电力成本的波动性或者是当前政策、产业背景下的次优选项和政策理性，而重点在于改革方案能否提供一条市场化的明确道路，明确市场未来的意义和功能，同时指出逐步实现市场功能定位的可行路径。

中国电改实现改革红利的潜在空间原本可能有限，原因在于大量选择性产业规制政策已经代替市场竞争对发电环节实现了较强的激励。在政策设计存在充分信息的前提下，强制性产业规制同样可以带来能效进步和消费者福利增加，甚至各地方在 2021 年 1439 号文出台前已经陷入"低电价陷阱"状态，对于电力消费的"政策红利"超过市场所能自发实现的水平。在此背景下，市场参与各方应当理解市场机制不是解决问题的万能灵药，而是反映供需情况的一个辅助性工具，当上下游成本价格倒挂时，推进电改的社会效益在于消除电力资源定价不足的问题，减少电力的过度消费。现货市场则是在更高频度上去反映实时供需，对新能源转型背景下的电力系统进行定价，以电价波动来降低电量波动。因此市场意识和观念的树立、市场功能定位的梳理和清晰，构成市场化改革阶段性演进目标重要的逻辑线索。

二、电力市场建设的效果分析

市场机制日益成为我国气候治理的基础性的机制平台，但需要注意的是当前各类市场存在普遍、复杂的内在交互的同时，市场机制和交易规则的设计却缺乏协同，导致政策重叠、目标互斥等问题。本小节旨在梳理碳、能、污市场作用机理和交互机制，模拟各类市场主体和相关方行为特征，提出市场协同的机制建议，优化碳市场内部排放权、CCER、碳汇，以及碳市场与电力现货、绿电、消纳配额等跨市场协同。

（一）碳市场、电力市场、绿电交易协同机制研究

风电、光伏等间歇性电源具有出力波动性、不确定性，导致可再生能源电力尽管发电成本较低，但其需火电等发电类型作为备用保证供应安全，因此总体消纳成本较高，甚至高于其发电成本本身，需要设计政策补偿"绿色溢价"。按照市场功能定位，健全的电力市场负责对电源的实时价值进行定价，仅从电力服务视角来看，可再生能源电力需要承担自身波动性引发的系统消纳成本，具体方式包括承担调峰机组辅助服务费用或者自行配置储能设备平滑功率曲线。目前电力市场改革也处于同步进行阶段，可再生能源电力在何种程度承担消纳成本，取决于电力市场设计方案，这意味着成本因素存在政策风险。作为重要节点，光伏发电搭配储能模式预期于2028年实现较火电的平价上网。因此在2030年前，为保证发展动力，须合理运用政策工具实现可再生能源电力正外部性的内部化，实现收入环节获得绿色溢价。

碳排放权交易和可再生能源配额制的理论基础均在于对环境外部性进行定价，实现外部性的内部化。二者区别在于：碳排放权交易是将温室气体排放的负外部性成本内部化，表现为单位排放承担一定水平的碳价，从而激励控排主体降低排放总量和强度。而可再生能源配额制是将可再生能源发电的正外部性收益内部化，表现为单位发电获得相应的绿色电力溢价。可再生能源配额制相当于是一种以市场化手段形成可再生能源电力价格补贴的手段。市场化工具相比于固定上网电价优势在于借助市场机制发现补贴力度和规模，

避免补贴政策缺乏灵活性和过度依赖政府资金等问题。两项政策均具有刺激可再生能源发展的作用，但碳排放权交易影响可再生能源电力收入的传导渠道更为间接、复杂。

首先，碳排放权交易在理论上可以通过碳价渠道提高化石能源消费成本，降低化石能源消费规模，间接提高可再生能源在市场中的剩余需求和收入预期。但是由于发电企业可以将碳成本向下游传递，上述影响在实际上可能并不显著。在可再生能源投资决策方面，直接影响最大的是上网电价补贴（feed-in-tariff），碳市场对可再生能源发展的直接激励效果相对较小。

其次，碳排放权交易引入配额有偿拍卖后，所得资金可用于支持可再生能源发展。比如，欧盟 ETS 和美国加州碳市场均建立了低碳基金用于投资低碳创新项目，资金来源为碳配额有偿拍卖收入。若该机制在中国得以建立，则碳排放权交易与可再生能源发展的关联将更加紧密。

最后，为鼓励化石能源生产和消费主体实现清洁化转型，国际、国内碳排放权交易机制中会设计抵消机制，允许排放主体通过投资可再生能源生产、购买绿证等形式抵消一定比例的温室气体排放量，这也构成可再生能源电力的潜在收入来源。2012 年 6 月，国家发展改革委印发《温室气体自愿减排交易管理暂行办法》，但在 2017 年后国家发改委暂缓受理自愿减排交易相关组织机构与项目的申请备案，国家核证自愿减排量（CCER）相关政策和规则仍在修订中。2021 年 8 月 6 日，北京绿色交易所对全国温室气体自愿减排注册登记系统和交易系统进行公开招标，被各界解读为 CCER 重启在即。目前全国碳排放权交易市场中允许参与企业采用抵消措施，上限暂定为不超过履约责任的 5%。由于抵消机制存在，需要界定交易边界，否则会导致"重复计算"（double counting）的困境。重复计算是指可再生能源发电量在获得绿色属性认定时，须在核证自愿减排量（Chinese Certified Emission Reduction，CCER）与可再生能源电力绿色证书（Green Certificate）之间进行二选一。前者用于碳市场履约，后者用于可再生能源配额制履约。在不允许重复计算的情况下，可再生能源发电被用于碳市场抵消温室气体排放量后，会相应减少可再生能源配额市场的供给量，因而上述两个市场工具之间存在内在联系。

碳市场和可再生能源配额制作为市场化工具存在自动实现资源优化配置的功能，但碳、电价格形成机制不完善，价格传导不畅削弱碳市场作用。基于山东、山西 2021 年 12 月—2022 年 11 月电力现货市场日度运行数据，采用面板固定效应模型和基于气象工具变量的两步广义矩估计方法，对电力现货市场价格机制与碳成本传导效应进行实证检验。实证结果表明：

（1）省级电力现货市场在平均意义上不存在碳配额机会成本向电价的传导，但考虑省份异质性后发现碳价上升可以显著降低平均能效较高的省份电价水平，对平均能效较低的省份影响较弱或者反向影响。结合发电企业微观数据可知，山东燃煤发电企业平均排放强度更低，因此在相同的免费碳配额基准值下碳成本更小。该发现说明碳市场设计有必要考虑降低免费配额分配比重，引入碳配额有偿拍卖机制，减少碳定价政策对于高效化石燃料发电企业的补贴程度。

（2）需求冲击和新能源发电对电价也有显著影响，特别是新能源发电具有显著的"优序效应"，对电力现货市场平均价格具有抑制作用。新能源出力上升 1% 时现货电价平均下降 0.372%；外生需求冲击下负荷上升 1% 时现货电价平均上升 1.8%。在高比例新能源为主体的电力系统中，电力的均价水平可能会降低至无法保证化石燃料发电正常生产经营的水平，应着重考虑实施容量电价、容量市场等保障发电容量充裕性的政策工具。

（3）碳价边际成本传导率存在"峰高谷低"的分时结构，进一步强化了对于容量投资的激励作用。发电成本上升 1% 时，峰时段现货电价平均上升 0.597%；平时段上升 0.731%；谷时段不存在显著的影响。边际成本传导率的"峰高谷低"分时结构进一步强化了对于容量投资的激励作用。当碳价上升到更高水平时，会对可再生电源容量投资及储能、调峰电源等灵活性资源建设产生更强的激励，引导电力系统低碳转型路径。

（4）电价外生冲击对需求水平影响不显著，说明电力现货市场的潜在问题在于需求缺乏弹性，市场价格对电力需求的引导效果有待提升。政策设计方面应考虑推出针对灵活性调节资源的容量电价机制，引导需求侧响应能力投入，提高用户参与市场的程度，保证双碳转型过程中电力系统绿色、经济、安全多元目标的协同推进。

三、进一步深化电力市场改革的关键障碍与突破

双碳转型快速推进下，电力市场结构正发生深刻变化。第一，电源结构变革。能效提升、终端用能电气化、提高零碳和低碳电力比例是降低碳排放的可行途径。第二，电力市场建设提速，碳成本传导成为可能。2021年下半年以来新一轮电改提速，2021年10月1439号文、809号文放松价格规制并大幅推进市场化规模，2022年全国统一电力市场体系相关指导意见落地，现货市场改革持续推进。由于现货市场电价上限相对较高，碳成本传导机制成为可能。之所以市场建设提速，原因在于新能源电力具有波动性、间歇性特征，对电力系统安全运行和成本节约提出挑战，为优化电力资源配置，一方面需要时空维度更加精确的现货定价机制，另一方面也需要资源在更大范围内进行优化配置的全国性市场。与此同时，全国统一电力市场建设正推动以省为主体的电力市场走向更大范围的资源配置优化。电力市场的主要设计难点在于电量平衡与电力平衡必须同时满足，时间戳和空间戳导致系统最优决策复杂性显著增加；大规模生产、输配电网络天然垄断特性强化了策略博弈，产业组织机制复杂性显著增加；资产专用性高、不确定性冲击外溢性强导致系统安全投入的定价机制复杂性显著增加；绿色低碳转型涉及的直接风险和转型风险复杂性显著增加。

碳市场与电力市场的协同优化建立在交互影响机制上。从碳市场对电力市场的影响来看，影响主要体现在化石能源发电成本上升

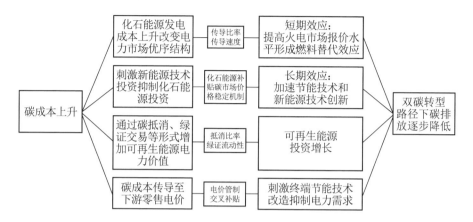

图9.4　碳市场通过电力市场产生作用的机制与路径示意

改变电力市场优序结构，从而在火电市场产生燃料替代效应；刺激新能源技术投资，抑制化石能源投资，加速节能技术和新能源技术创新；通过碳抵消、绿证交易等形式增加可再生能源电力价值，促进可再生能源投资增长；碳成本传导至下游零售电价，刺激终端节能技术改造，减少电力需求中的资源浪费与配置无效率。从电力市场对碳市场的影响来看，影响主要在电能量价值与配额价值有效衔接，实现对碳成本的传导；峰谷电价结构强化／弱化碳成本传导并影响需求侧竞争；辅助服务成本改变电源价格竞争结构，进而影响配额供给；电源的容量价值可反映配额容量（配额储备）的价值等方面。

在碳—电设计实践中，有几点内容值得关注和进一步优化：

（1）在制度特征方面，中国电力市场化改革采用以省为主体的渐进式双轨制改革模式，由于战略层级提升（双碳战略）、地方目标复杂化等问题，提高部分决策权向国家部委的集中程度，有助于减少地区间政策外溢和策略博弈。

省为主体有两层含义，第一，市场设计的任务从中央政府分权下放至省一级政府，是指成为改革试点的省份结合当地实际情况，自行制定市场建设方案。国家部委对市场设计、建设过程提供监督指导。各省在化石能源资源禀赋、可再生能源资源禀赋、经济发展程度、产业结构和电力消费特点方面存在巨大差异。2015—2022年间，第一批现货市场改革试点省份方案各有不同。例如，四川水电丰富，丰枯期特征明显，所以针对丰枯期设置了不同的市场规则。山西省新能源电力发展较快，新能源发电间歇性、波动性对电力系统的影响逐步显现，因此较早地将新能源电力作为市场主体纳入市场设计。

省为主体的第二层含义是指，电力市场运营管理的任务集中在省一级政府部门和市场运营机构，并未进一步下放。电力市场由省级电力市场运营机构负责运行管理。其中，市场运营机构分为交易机构和调度机构。目前现货市场主要由电力调度部门负责运营，调度机构负责汇总省内需求和供给，进行集中的资源优化配置（通过集中优化出清的电力市场算法程序）。从电力经济角度来看，中国省级现货市场主要选择集中式市场模式。全球范围内电力现货市场分为集中式市场和分散式市场，集中式市场的典型案例是美国PJM、加州电力市场等，分散式市场的典型模式是英国、欧盟电力市场。

表 9.3　全球典型电力市场主要特征

国家 /地区	市场体系	交易标的	出清模型	价格机制	交易规模（%）
美国PJM	中长期	电能 + 金融输电权 +发电容量	无约束出清	中长期合约采取双边定价 + 撮合定价	75
	日前市场	电能 + 备用	物理网络模型与机组运行参数	节点边际价格	全电量（25）
	实时市场	电能 + 备用 + 调频	物理网络模型与机组运行参数	节点边际价格	1—2
英国	中长期	双边电能 + 物理输电权	无约束出清，电厂自调度	中长期合约采取双边定价 + 撮合定价	60—90
	日前市场	电能	无约束出清	系统边际价格	20—30
	平衡机制	电能 + 辅助服务	物理网络模型与机组运行参数	按报价支付（PAB）	1—2
北欧	中长期	电能 + 金融衍生品	金融合约无约束出清	中长期合约采取双边定价 + 撮合定价	60—100
	日前市场	电能	价区间联络线传输极限	分区边际价格；输电容量"隐式拍卖"，TSO 获得阻塞盈余，作为输配电价中的一部分	80—90
	日内市场	电能	价区间联络线传输极限	撮合定价	1
	平衡市场	电能与辅助服务	物理网络模型与机组运行参数	系统边际价格	1

（2）在市场结构方面，火力发电以寡头垄断市场为主，电力需求缺乏弹性，可能造成碳定价机制下发电企业获得意外利润。有必要通过维持政府对价格的调控降低市场失灵风险；通过增强虚拟电厂和储能设备投资、公众意识进步等因素可以内生提高需求弹性。

由于具备规模经济性，发电行业难以自发的形成竞争性市场结构。发电集团在一省市场内具有很高的市场份额，各大发电集团在电厂层面还具有交叉持股关系，组织架构、信息、人员相互流动。针对欧盟碳排放权交易体系第一阶段（2005—2007年）时期电力行业碳成本传导的实证研究发现，由于电力需求缺乏弹性、发电集中度较高，化石燃料发电企业具有较强的通过电力价格进行碳成本传导的能力。因此，即便是在高比例免费碳配额的情景下，化石燃料发电企业也可以通过电价上涨将碳配额的机会成本充分地传导给下游电力用户。碳配额的机会成本是指，当期过剩的碳配额可以通过储存（banking）机制转化到未来时期，而在碳定价机制长期不断收紧约束的预期下，当期的免费碳配额对于发电企业而言也具有潜在价值。高比例免费碳配额和接近完全的成本传导率给化石燃料发电企业带来大量"意外利润"（windfall profit），导致消费者剩余向化石燃料发电企业转移。

为了避免政策失效，在进入欧盟碳排放权交易体系第三阶段（2013—2020年）后，欧盟委员会将电力部门免费配额比例降低至0%，发电企业需从一级市场有偿拍卖和二级市场交易中购入100%配额，以进行排放责任履约。同时，欧盟委员会为解决配额过剩问题，稳定碳配额价格，连续推出"配额总量递减""折量拍卖""市场稳定储备"等机制。2018 年 2 月欧盟委员会宣布将于 2019 年启动市场稳定储备机制（MSR）后，欧盟碳配额价格上升，并且在 2020 年新冠疫情对宏观需求产生负向冲击、电力市场供过于求、电力价格快速下跌的背景下，碳配额价格仍保持相对稳定，在 2020 年 3 月短暂暴跌后快速回升，继续稳定在 20 欧元 / 吨以上水平。这说明市场稳定储备机制的确发挥了稳定碳价的作用。2020 年以来，受化石燃料发电超预期、欧盟减排目标提速影响，欧盟碳配额价格水平持续上升，至 2021—2022 年维持在 80—90 欧元 / 吨水平，与能源供应紧张共同构成欧盟电价攀升的解释因素之一。

（3）在成本和技术特征方面，不同类型电源存在成本异质性。政府定价时期按收益率规制原则设置电价，实质上形成低成本电源对高成本电源的交叉补贴。之所以建设高成本机组，原因在于高成本机组在调节性能、环保属性方面具有优势。

之所以建设高成本机组（例如，燃气发电），原因在于高成本机组在调节性能、环保属性方面具有优势。在政府定价体系中以及在市场体系建设初期，上述属性无法实现充分的内部化定价，则政府定价中设置的电源侧交叉补贴仍具有一定合理性。若取消交叉补贴，由于属性定价尚不充分，存量的高成本机组很可能缺乏市场竞争能力并被加速淘汰——不利于实现电力市场多元目标间的统筹协调。对于新能源发电和其他高成本发电类型而言，能否持续推进市场化的关键在于其他内部化定价机制是否缺失——即是否存在"市场缺失"（missing market）问题。

以新能源为例：新能源具有环境正外部性和对电力系统安全的负外部性。在正外部性方面，伴随新能源补贴退出，未来需要市场化双碳激励工具形成溢价。目前政策主要通过可再生能源配额制（绿证交易）、碳市场抵消、新增可再生能源消费不纳入地方能源总量控制考核等方式来实现激励。在负外部性方面，需要通过电力现货市场价格信号来引导新能源发电企业提高发电功率预测精度，配置储能设备，降低对电网运行的负外部性。从这点来看，现货市场建设加速、新能源渗透率长期提升，以及更丰富品种与责任义务的定价之间存在内在联系，政策工具需要协同优化设计。

第三节　绿色金融体系加快完善

绿色发展是新时期我国经济社会高质量发展的五大新发展理念之一，同时也是我国推动建设全球人类命运共同体的重要内容。党的二十大报告强调，"要加快发展方式绿色转型，实施全面节约战略，发展绿色低碳产业，倡导绿色消费"，要"积极稳妥推进碳达峰碳中和，积极参与应对气候变化全球治理"。绿色金融是支持经济和社会低碳绿色发展的重要工具，也是新发展理念的具体体现。自2016 年中国人民银行等七部委发布《关于构建绿色金融体系的指导意见》以来，我国绿色金融体系的发展思路和体系架构已日臻成熟，形成了"五大支柱"，即绿色金融标准体系、环境信息披露规则、激励约束机制、产品与市场体系和国际合作。重点强化"三大功能"，即资源配置、风险防范和价格发现。

我国按照"国内统一、国际接轨、清晰可执行"原则，稳步推进绿色金融标准体系建设。人民银行创设推出碳减排支持工具和支持煤炭清洁高效利用专项再贷款，银保监会发布《银行业保险业绿色金融指引》，为绿色发展和低碳转型项目提供政策指引和资金支持，完善绿色金融激励约束机制。经过多年的发展，我国绿色金融体系在标准制定、激励约束、产品服务创新方面已经取得了重要突破。我国已经成为全球最大的绿色金融市场之一，截至2022年中，我国本外币绿色贷款余额达19.55万亿元，同比增长40.4%；绿色债券存量规模1.2万亿元，位居全球第二位；首批转型债券成功发行，有效引导了金融资源向绿色低碳发展领域倾斜，为产业低碳转型和经济社会绿色发展提供了有力支撑。我国绿色金融资产质量良好，绿色贷款不良率远低于全国商业银行平均不良贷款率，绿色债券尚无违约案例。湖州、衢州、广州等地方试点实现辐射带动，重庆市获批为首个全省域覆盖的绿色金融改革创新试验区。我国绿色金融市场对全球的吸引力和影响力不断提高。我国坚定践行全球应对气候变化行动，不断推动和强化G20和多个国际平台中绿色金融的倡议和共识。人民银行担任G20可持续金融工作组共同主席，组织起草了《G20可持续金融路线图》《G20转型金融框架》等重要文件，并与欧盟合作，共同推出了《可持续金融共同分类目录》。

面向碳达峰碳中和的目标，以及经济社会深刻的低碳绿色转型，未来我国绿色投融资需求仍将持续扩张。发展和完善绿色金融体系，借助市场机制助推能源系统绿色转型，是政策机制的重要补充。与之相比，我国当前绿色金融市场规模、运行效率以及市场成熟度均仍存短板。中国银行业目前所提供的绿色信贷占全部对公贷款余额比重较低，仅约占10%；绿色债券发行额占全部债券发行量比重低（不足1%），远低于欧洲领先国家（超18%）；资管机构发行的ESG产品余额占全部资管产品比重（约0.1%）远低于美国（33%）和欧洲（41.6%）同期可持续投资资产规模。我国的绿色金融业务依然具有很大的成长空间。

一、我国绿色金融体系建设和市场发展

大多数国家和国际组织定义的绿色金融从金融活动的主要目的出发，即绿色金融的目标是支持与可持续发展相关的实体经济活动。在传统的定义中，绿色金融体系对应可持续发展经济活动，包括低碳、气候减缓和适应、节能减排和其他可持续发展活动。近年来，随着碳排放的各种协议和目标逐渐具体化、污染减排的政策陆续落实，绿色金融体系的发展重心落到气候减缓和适应上。

在中国，绿色金融关键目标是实现"双碳"目标，其核心是处理碳排放的外部性问题。碳中和的目标会给实体经济带来绿色溢价，绿色金融工具是为降低绿色溢价服务，既要为实体经济服务，同时要引导实体经济的资源配置，解决外部性问题。从服务的角度，实体占主导地位，金融活动应该适应实体经济的发展；从引导的角度，

金融是重要的资源配置手段。因此有必要将现在的绿色金融体系分为服务型和引导型两种。服务型绿色金融中实体经济改革是降低绿色溢价的根本动力，金融机构按照实体经济低碳转型的需求，提供合适的融资，政策调整、技术进步还是社会机制的转变主要集中在实体经济部门的努力，通过碳排放外部性的内部化来降低绿色溢价。引导型绿色金融中金融是降低绿色溢价的直接动力，指引实体经济的低碳转型，通过金融部门有效分辨提高碳排放与降低碳排放的融资活动，并能针对性降低减排融资活动的成本，或是加征高碳融资活动的费用。目前绿色金融体系以服务型为主，引导型有待发展，继续深化传统金融系统的改革，也要做好绿色金融参与者的培育。

从 2015 年起，我国已开始积极探索绿色金融体系建设，在国家战略和顶层设计中明确相关部署和发展导向。2016 年"十三五"规划明确提出发展绿色金融，政策和市场的关注度提升，政策和市场体系建设进程加快。2021 年，"十四五"规划和《关于加快建立健全绿色低碳循环发展经济体系的指导意见》中明确将"双碳"目标作为国家发展战略，提出以绿色金融作为实现"双碳"目标的重要要求。尤其在"十四五"规划中明确，将碳达峰碳中和纳入生态文明建设整体布局，明确绿色低碳高质量发展路线。规划明确提出了碳达峰期间的目标重点工作，包括构建清洁低碳安全高效的能源体系，实施重点行业减污降碳行动，推动绿色低碳技术实现重大突破，提升生态碳汇能力，倡导绿色低碳生活，完善绿色低碳政策和市场体系等，其中特别强调了加快推进碳排放权交易，积极发展绿色金融。《关于加快建立健全绿色低碳循环发展经济体系的指导意见》进一步细化相关部署，提出大力发展绿色金融，发展绿色信贷和绿色直接融资，加大对金融机构绿色金融业绩评价考核力度，建立绿色债券评级标准，发展绿色保险，支持符合条件的绿色产业企业上市融资，培育绿色交易市场机制，从信贷、债券、保险、直接融资、碳市场等方面鼓励绿色金融体系的发展。

国家及各地金融监管机构也陆续推出绿色金融支持政策。央行于 2015 年在银行间债券市场推出绿色金融债券，并出台相关标准体系。银保监会方面，2019 年 6 月，北京银保监局提出持续引导辖内金融机构大力发展绿色金融，支持绿色信贷相关工作，推动绿色建筑保险研究，支持绿色投资，正式印发《北京市环境污染责任保险试点工作实施意见》；2020 年 8 月，山西银保监局发布《关于进一步加强绿色金融工作的通知》，要求持续提升绿色信贷服务，完善绿色保险体系，支持大同绿色金融改革创新试验区建设；上海银保监局印发《关于推动上海银行业和保险业差异化转型高质量发展的实施意见》，意见中提出创新绿色产品与服务，普惠金融中发展绿色金融业务；浙江银保监局强调跨部门协调深化绿色金融服务，推进绿色金融信息共享，完善绿色金融"二三五"工作机制，推进绿色金融与绿色产业协调发展，发展金融产品创新。证监会方面，北京证监局发布《关于构建首都绿色金融体系的实施办法》，提出构建绿色金融体系，以及推进各类绿色金融工具发展。

在政策的推动下，我国绿色金融市场规模快速扩大。我国绿色

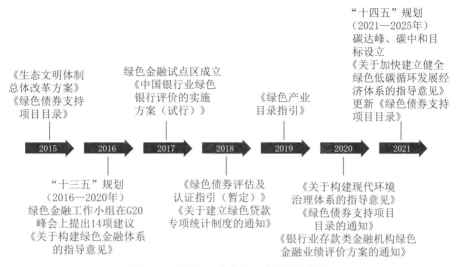

图 9.5　绿色金融支持政策发展路线

金融以间接融资为主，最主要的绿色融资工具是绿色信贷，绿色贷款余额从 2018 年四季度开始稳步增长。分部门看，交通行业的绿色贷款占比较高，而对碳减排量责任较大的电力行业绿色贷款占比较少。每年的绿色新增贷款量有上下波动，2017 年新增量最大，2017

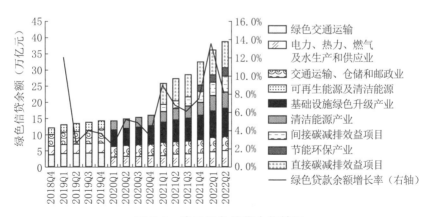

图 9.6　我国绿色信贷余额情况

资料来源：Wind 数据库。

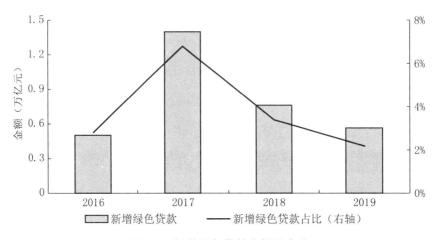

图 9.7　新增绿色贷款金额及占比

资料来源：Wind 数据库。

年后新增绿色贷款量和新增绿色贷款占比均下降，近几年绿色信贷余额同比增速 3.9%，不及整体金融机构贷款余额增速 13%。

　　绿色债务融资工具托管量稳步上升，并且增长率也持续上升。但是目前我国绿色债券尚未体现出明显的融资成本优势。相比于欧洲等先进市场，我国绿色债券一方面融资期限相对较短，另一方面近八成发行人的票面利率高于发行当日同期限同评级的债券估值收益率曲线，这一特征在中低评级的债券中更为明显，例如 AA+ 和 AA 相比 AAA 发行成本较高。

　　我国绿色金融市场中，直接融资工具均处于起步阶段。绿色股权投资、绿色 IPO 和绿色企业再融资等股权融资规模约为 400—500 亿元，远低于间接融资。但随着 ESG 投资理念的普及，相关投资和市场体系的发展较快，ESG 披露和评价陆续规范化。但是目前相关工作还存在信息披露存在信息披露标准化欠缺的问题，公司整体披

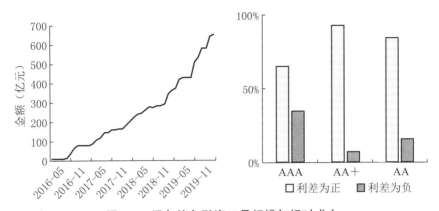

图 9.8　绿色债务融资工具规模与相对成本

资料来源：Wind 数据库。

露范围和质量相对落后。监管部门正在加快弥补信息披露方面的缺失，例如 2021 年的《公开发行证券的公司信息披露内容与格式准则第 2 号——年度报告的内容与格式（征求意见稿）》和《公开发行证券的公司信息披露内容与格式准则第 3 号——年度报告的内容与格式（征求意见稿）》，为未来发展提速打下基础。

绿色保险的政策主要以规范性文件和指导建议为主、企业投保意愿有限，产品类别较为单一。由于绿色保险属于专业化、市场化的环境风险管理机制，利益相关方众多，保费支出对于企业而言更属于额外支出，因此企业投保意愿有限，发展情况有限。

随着"双碳"目标的提出和碳市场的加快建设，碳金融获得快速发展，成为我国绿色金融体系的一个重要亮点。碳交易机制允许企业将碳排放权"商品化"，以碳排放权作为商品交易，用市场手段实现对社会总体碳排放和排放成本的控制。我国从 2011 年 11 月，7 个省市开展碳排放权交易试点工作，2020 年生态环境部发布

《2019—2020年全国碳排放权交易配额总量设定与分配实施方案》，发电行业启动全国性碳交易市场体系建设。2021年7月16日，全国碳交易市场开始正式交易。目前碳市场主要交易标的是控排企业盈余的碳排放配额和自愿减排企业的CCER。CCER用于配额清缴，抵消企业部分超额碳排放率，在碳交易市场中购买盈余配额和CCER的企业用于满足自身实际碳排量，通过碳配额和CCER弥补减排成本，激励生产技术低碳转型。2020年全国碳市场试点成交额为16.0亿元，根据2030年碳达峰目标，未来碳市场交易量将达30亿至40亿吨，市场规模将达1000亿元级别。

表9.4　绿色金融体系发展情况

绿色金融工具	发展现状
绿色信贷	政策体系较为完善，已落实分类统计制度、考核评价制度和奖励激励机制； 政策以自愿型和引导型为主，扶持和激励政策不足； 绿色信贷的实际披露情况和数据质量不足； 目前规模最庞大。
绿色债券	绿色项目认定已经统一，标准较为完善； 但国内标准与国际标准在募集用途占比、三方认证等有差异； 规模占比仍然较低，且发型成本较高，没有优势。
绿色保险	主要以规范性文件和指导建议为主，企业投保意愿有限，产品类别较为单一。
ESG投资	信息披露制度缺乏标准化，公司整体披露范围和质量相对落后，受到披露指引多、重大议题披露难度大、数据统计困难等挑战的制约。
碳市场	7大试点碳市场基本成熟，但交易规模仍然较小，碳价和EU-ETS相比相对较低； 2021年7月全国碳市场正式上线交易； 只有发电行业公司参与，目前参与方比较单一； 政策导向为主，受顶层设计、政府行为、交易制度影响大。

2022 年以来，我国绿色金融发展展现一些重要趋势。一是促进转型金融与绿色金融有效衔接，发挥金融支持碳达峰碳中和目标和平稳有序转型的积极作用，研究转型金融标准，丰富转型金融产品供给。二是推动绿色金融服务对象普惠化，积极开展绿色普惠融合发展。三是 ESG 评价及应用受到重视。四是绿色金融地方试点展现升级扩容趋势。五是金融机构加快自身及业务绿色低碳发展，"绿色银行"建设成效突出。六是金融机构可持续信息披露内容逐步深化，披露质量实现提升。七是数字化赋能绿色金融发展取得新成效。

二、绿色金融体系建设的问题与挑战

绿色投融资资金供需错配，是绿色金融产品创新要解决的首要问题。绿色金融投融资缺口仍较大，根据《中国绿色金融发展研究报告》，2019 年中国绿色投资供给和需求仍有接近 6000 亿人民币缺口，根据 CEADS 数据估计的投资需求，要想实现碳中和，绿色投资需求达到 139 万亿元，2021—2030 年累计绿色投资缺口为 5.4 亿元。其次，绿色金融支持行业较为集中，以 2019 年数据来看，绿色信贷占比超 90%，有超 40% 的绿色信贷投放到交通运输行业，而电力行业碳减排压力最大，显然绿色金融支持行业集中且和碳减排目的匹配度有待提高。未来亟待在科学评估全国各领域、各部门绿色投资需求的基础上，着力改善现有金融系统对投资需求支持不到位之处，主要包括以下几点：

第一，绿色金融产品结构失衡。虽然中国目前已有的绿色金融产品包括绿色信贷、绿色债券、绿色基金、绿色保险、绿色信托等，但当前国内绿色金融体系结构以信贷为主，债券为辅。根据人民银行数据，截至 2020 年末，我国绿色信贷余额已超过 12 万亿元，而同期我国境内贴标绿色债券余额仅为 1.11 万亿元，其他绿色融资方式规模更小，且尚缺乏官方统计标准。截至 2020 年末，绿色信贷占总绿色融资规模的 90% 以上。而银行因为有为储蓄者兑付的要求，因此投资风格比较稳健。我国目前商业银行的绿色信贷多集中于轨道交通运输以及可再生能源等大企业或政府为主导的项目。事实上市场中也有大量归属于中小型企业及创新企业的绿色项目需要资金支持，但它们普遍具有轻资产、技术和市场不确定性较高、短期内自身盈利能力尚未显现等特征，因而对于银行风控而言

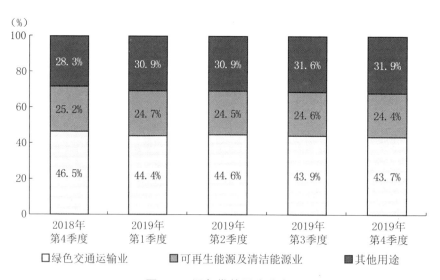

图 9.9　绿色贷款用途分布

资料来源：中国人民银行。

存在较大的风险，也因此导致它们更难从绿色信贷渠道获得需要的融资。

第二，绿色信息披露强制性不足，缺乏统一的披露标准。我国上市企业缺乏明确、统一的绿色信息披露指引。以沪深 300 成分股为例，其企业社会责任报告编制指引包含上交所指引、GRI 报告指南、社科院 CSR 报告指南、港交所 ESG 指引等，存在标准不可比的情况，为企业操纵数据提供了空间。此外，我国自愿披露 ESG 信息的上市公司数量仍较低，气候指标并未像环境指标一样列入强制披露范围内。对于绿色债券，金融债券披露要求较高，除此之外的其他类别债券在披露内容方面并无明确标准。金融机构也缺乏强制性绿色信息披露机制，大部分机构对所持资产、资金投向等未进行可量化的绿色考核指标公布。完整披露环境、气候等相关信息，是优化绿色投资效率、确保绿色金融健康发展的重要保障，亟待强化强制披露制度，优化和统一披露标准。

第三，绿色金融引导作用不足。我国金融机构在投资活动中融入绿色投资理念的比例较低。根据 MSCI 发布的 2021 年《全球机构投资者调查》报告显示，来自加拿大、日本、欧洲的投资经理受访人，在资产管理过程中采用 ESG 框架的比例分别为 75%、59% 和 56%。而中国 2019 年基金管理机构中，开展 ESG 投资的比例仅为 16%。此外，我国包括保险资金、养老金、社保基金在内的长期资金对开展 ESG 较为谨慎，相比之下在海外成熟市场，这类长期资金往往在绿色投资中具有领跑者作用。

三、绿色金融的进一步优化发展

（一）重点推进碳市场基础制度和规则体系加快完善

制定长期、清晰的排放控制目标，形成以确保"双碳"目标实现的导向体系。推动能耗"双控"逐步向碳排放总量和强度"双控"平稳过渡，在充分考虑产业用能及排放特征和趋势，结合经济社会发展形势，适度动态调节。逐步扩大行业覆盖范围，有序推动发电、石化、化工、建材、钢铁、有色、造纸、航空等其他重点排放源行业纳入全国碳市场，形成多行业参与格局。尽早明确行业扩容计划时间表稳定市场预期，组织其他行业强化碳排放核算，夯实数据基础。完善 MRV 法律法规制度体系建设，对碳核查相关方进行能力建设，明确 MRV 管理体系主管部门、企业、第三方核查机构等主要参与主体职责；在现有全国碳市场基础设施的基础上，充分运用大数据、人工智能、云计算等数字技术，对碳核查进行质量控制，建立监督评估机制，强化主管部门执法监督，加大对问题核查机构的处罚力度。逐步引入有偿分配机制，完善配额分配方法。

完善绿色金融与能源金融的监管体系，以制度规避市场风险。政府和相关监管部门需要进一步厘清绿色金融与能源金融的界定标准、信息披露、政策激励、产品创新等规章，完善绿色金融统计制度，将绿色信贷、绿色债券等纳入统计范围。推广应用央行绿色金融网络（NGFS）关于环境风险分析方法，加强金融机构对气候转型风险的认知和分析能力。明确转型技术路径，制定转型金融标准，防范"洗绿"风险。在此基础上，建立绿色金融试验区，建立健全行业自律机制、改革创新试验区联席会议机制等，从而取得可复制的经验。积极推动绿色金融的国际合作，落实《可持续交易所原则》《对外投资合作绿色发展工作指引》，指导投资机构遵循《"一带一路"绿色投资原则》。依托大数据、区块链等新兴数据和信息技术，优化绿色信息征集、披露与管理。打通税务、环保、金融数据系统，构建数据平台，利用大数据和区块链技术优化企业和全产业链绿色绩效相关信息征集、核验、披露与管理，降低"洗绿"风险。

推动政企合作，引导金融机构与各区、重点园区开展长期战略合作，推动相关发展战略和重点项目顺利实施。深化区域合作，推动长三角、京津冀等重点区域开展跨省市的绿色金融产融合作，协调市场规则和标准体系，构建更高维度的全国一体化大市场。

（二）构建多层次、多品种的成熟市场结构

立足于当前金融市场模式，参考借鉴国内外绿色转型金融先进案例，创新转型金融产品，如：转型并购基金、转型贷款、转型债券、转型担保、债转股等，以满足不同类型的转型企业和路径的投融资需求。鼓励以净减排量评估支持项目，避免按照能源技术分类对项目进行"一刀切"。参照供应链金融，构建绿色产业链金融，产业链核心企业提供"绿色担保"，为上下游企业提供申请绿色金融的支持。

先行先试探索和优化5G通信、数据中心、新能源汽车充电设施、城市轨交等新基建，以及气候变化适应性投资的绿色标准。研究各类园区开发建设的绿色标准，明确绿色金融支持规则。

加快推动碳市场规则和机制完善，提升交易活跃度、打造碳金融和气候金融中心、深化跨市场联动，为"双碳"战略的顺利推进提供助力。尽快出台《全国碳排放权交易管理条例》，明确碳排放权金融属性，将碳排放权现货交易、碳金融产品以及碳金融衍生品纳入金融监管。建立多层级碳市场体系，加快整合全国碳配额市场和自愿减排市场（CCER）、碳普惠市场、碳汇市场，加快构建完整的现货产品体系，研究推动碳排放配额与CCER、碳汇联动交易机制与规则，撬动更全面、深入的减排。审慎稳妥有序引入金融机构、咨询机构等非履约主体参与交易，形成多层次市场结构。探索引入集合竞价、中央对手方清算等成熟金融市场交易机制，提升市场交易效率、降低市场参与者信用风险。

（三）加强国际协作，逐步建设全球碳市场核心枢纽

研究在清洁发展机制（CDM）、国际航空碳抵消和减排计划（CORSIA）、《巴黎协定》等不同机制下交易对接机制，协同政策和标准体系。鼓励相关行业企业开展低碳领域的国际化实践，探索碳交易产品跨交易所挂牌上市，以及多币种跨境结算业务体系。

推动碳市场与能源市场、金融市场、国际市场协同联动，选取重点城市打造国际碳金融和绿色金融中心。推动金融市场与碳市场的合作与联动发展，深度挖掘碳资产价值。有序推进碳质押（抵押）、碳租借（借碳）、碳回购等多样化的碳金融工具，培育碳远期、碳期货、碳期权等衍生品交易，支持碳基金、碳债券、碳保险、碳

信托、碳资产支持证券等金融创新，推动建立碳市场发展基金、低碳产业基金、气候投资基金，打造全球绿色金融资产配置中心。

（四）构建绿色产业链视角，完善绿色金融全链条服务体系

以金融科技助力绿色金融产业。现阶段，我国在金融科技方面取得了快速的进展，但与市场潜在需求相比，还有巨大的发展与融合空间，可进一步拓展金融科技在绿色金融领域的运用场景。在市场参与者层面，各类金融机构可运用数据挖掘技术进行绿色和棕色资产的识别、分类，推动 ESG 风险管理；在市场监管者层面，依托金融科技，建立健全绿色金融业务的统计、监测、评估和审计系统，全面落实诸如绿色银行考核、碳减排支持工具等在内的激励政策，辅助开展系统性环境风险分析与压力测试。在市场交易层面，绿色金融市场可在绿色低碳产品贴标、低碳投资者识别与激励、绿色 ABS 资产交易、清洁能源交易等场景中引入区块链与人工智能技术，提高信息披露的透明度，解决数据、机构、资产的可信度问题。

图书在版编目(CIP)数据

碳达峰与碳中和的理论与实践 / 汤维祺著. -- 上海 ：
上海人民出版社，2025. -- ISBN 978-7-208-19375-8

Ⅰ．X511

中国国家版本馆 CIP 数据核字第 2025W8G263 号

责任编辑 郭敬文
封面设计 汪　昊

碳达峰与碳中和的理论与实践

汤维祺 著

出　　版　上海人民出版社
　　　　　（201101　上海市闵行区号景路 159 弄 C 座）
发　　行　上海人民出版社发行中心
印　　刷　上海商务联西印刷有限公司
开　　本　720×1000　1/16
印　　张　24.75
插　　页　2
字　　数　246,000
版　　次　2025 年 4 月第 1 版
印　　次　2025 年 4 月第 1 次印刷
ISBN 978 - 7 - 208 - 19375 - 8/X · 10

定　　价　110.00 元